中国国家标准汇编

485

GB 25885～25895

（2010年制定）

中国标准出版社　编

中国质检出版社
中国标准出版社
北　京

图书在版编目（CIP）数据

中国国家标准汇编：2010年制定．485：GB 25885～25895/
中国标准出版社编．—北京：中国标准出版社，2012
ISBN 978-7-5066-6501-8

Ⅰ．①中… Ⅱ．①中… Ⅲ．①国家标准-汇编-中国-2010
Ⅳ．①T-652.1

中国版本图书馆CIP数据核字(2011)第187917号

中国质检出版社
中国标准出版社 出版发行
北京市朝阳区和平里西街甲2号(100013)
北京市西城区三里河北街16号(100045)
网址：www.spc.net.cn
总编室：(010)64275323　发行中心：(010)51780235
读者服务部：(010)68523946
中国标准出版社秦皇岛印刷厂印刷
各地新华书店经销
*
开本 880×1230 1/16　印张 26.5　字数 697 千字
2012年1月第一版　2012年1月第一次印刷
*
定价 220.00 元

出 版 说 明

1.《中国国家标准汇编》是一部大型综合性国家标准全集。自1983年起，按国家标准顺序号以精装本、平装本两种装帧形式陆续分册汇编出版。它在一定程度上反映了我国建国以来标准化事业发展的基本情况和主要成就，是各级标准化管理机构，工矿企事业单位，农林牧副渔系统，科研、设计、教学等部门必不可少的工具书。

2.《中国国家标准汇编》收入我国每年正式发布的全部国家标准，分为“制定”卷和“修订”卷两种编辑版本。

“制定”卷收入上一年度我国发布的、新制定的国家标准，顺延前年度标准编号分成若干分册，封面和书脊上注明“20××年制定”字样及分册号，分册号一直连续。各分册中的标准是按照标准编号顺序连续排列的，如有标准顺序号缺号的，除特殊情况注明外，暂为空号。

“修订”卷收入上一年度我国发布的、修订的国家标准，视篇幅分设若干分册，但与“制定”卷分册号无关联，仅在封面和书脊上注明“20××年修订-1,-2,-3,……”字样。“修订”卷各分册中的标准，仍按标准编号顺序排列(但不连续)；如有遗漏的，均在当年最后一分册中补齐。需提请读者注意的是，个别非顺延前年度标准编号的新制定的国家标准没有收入在“制定”卷中，而是收入在“修订”卷中。

读者配套购买《中国国家标准汇编》“制定”卷和“修订”卷则可收齐上一年度我国制定和修订的全部国家标准。

3.由于读者需求的变化，自1996年起，《中国国家标准汇编》仅出版精装本。

4.2010年我国制修订国家标准共2846项。本分册为“2010年制定”卷第485分册，收入国家标准GB 25885～25895的最新版本。

中国标准出版社

2011年8月

目　录

ICS 59.060.10
W 04

中华人民共和国国家标准

GB/T 25885—2010

羊毛纤维平均直径及其分布试验方法 激光扫描仪法

Measurement of the mean and distribution of fibre diameter for wool—Laserscan fiber diameter analyser

(IWTO-12-03,Measurement of the mean and distribution of fibre diameter using the sirolan—Laserscan fibre diameter analyser,MOD)

2011-01-10 发布　　2011-06-01 实施

中华人民共和国国家质量监督检验检疫总局
中国国家标准化管理委员会　发布

前　言

本标准修改采用IWTO-12-03《塞罗(Sirolan)　激光扫描纤维直径分析仪测定平均纤维直径及纤维直径分布的方法》(英文版)。

本标准根据IWTO-12-03《塞罗(Sirolan)　激光扫描纤维直径分析仪测定平均纤维直径及纤维直径分布的方法》重新起草。为了方便比较,在附录A中列出了本标准条款和IWTO标准条款的对照一览表。

本标准在采用IWTO标准时进行了修改。修改的技术性差异用垂直单线标识在它们所涉及的条款的页边空白处。在附录B中给出了技术性差异及其原因的一览表以供参考。

为便于使用,本标准还做了下列编辑性修改:

a) “本程序”一词改为“本标准”;

b) 用小数点“.”代替作为小数点的逗号“,”;

c) 删除了IWTO标准的简史和前言;

d) 标准的名称改为《羊毛纤维平均直径及其分布试验方法　激光扫描仪法》。

本标准的附录A、附录B、附录C和附录D均为资料性附录。

本标准由中华人民共和国农业部提出。

本标准由全国畜牧业标准化技术委员会归口。

本标准起草单位:农业部动物毛皮及制品质量监督检验测试中心(兰州)、中国农业科学院兰州畜牧与兽药研究所。

本标准主要起草人:高雅琴、王宏博、牛春娥、郭天芬、杜天庆、李维红、席斌、梁丽娜、常玉兰。

羊毛纤维平均直径及其分布试验方法 激光扫描仪法

1 范围

本标准规定了应用纤维直径激光扫描仪测定羊毛纤维平均直径及其分布的方法。

本标准适用于测量原毛、洗净毛和毛条纤维平均直径及其分布。

2 规范性引用文件

下列文件中的条款通过本标准的引用而成为本标准的条款。凡是注日期的引用文件，其随后所有的修改单(不包括勘误的内容)或修订版均不适用于本标准，然而，鼓励根据本标准达成协议的各方研究是否可使用这些文件的最新版本。凡是不注日期的引用文件，其最新版本适用于本标准。

GB/T 6529　纺织品　调湿和试验用标准大气(GB/T 6529—2008,ISO 139:2005,MOD)

IWTO　钻芯试验规则

IWTO　毛条纤维平均直径和平均长度试验规则

IWTO-19-03　原毛钻芯样的毛基及植物性杂质基的测定

3 原理

从试验样品上切取试验试样，放入异丙醇的水溶液中(水占8%容积)或放入洗涤剂的水溶液中作为稀释悬浮体进行分散，使试验试样通过安装有激光束的测量元件。激光束的直径约500 μm，当各试验试样通过激光束时，强度减弱的激光束被其中的监测仪感应并通过校准检验台转化成以微米为单位的纤维直径，经计算机对样品的各测量值收集和统计，并给出样品直径的平均值和标准差等数据。

4 仪器、器具和试剂

4.1 激光扫描分析仪

由纤维分散器、激光发射器、循环泵、储液罐、透镜、第二过滤器、光束分解器、计算机、纤维光学鉴别器及数字转换器等组成。

4.2 切断器

4.2.1 微型钻芯取样器，用于各种形态的羊毛，钻取长度1.8 mm～2.0 mm。

4.2.2 双刀切断器，用于切取各种羊毛，切取长度1.8 mm～2.0 mm。

4.2.3 哈氏切片器，切取长度1.8 mm～2.0 mm。

4.3 试剂

4.3.1 蒸馏水。

4.3.2 异丙醇(分析纯)。

4.3.3 中性洗涤剂(低泡、去离子)。

4.4 比重计和温度计

4.4.1 SP.GR.0.800～0.900的比重计。

4.4.2 量程为0 ℃～50 ℃的温度计。

5 标准毛条

采用国际羊毛试验室协会(Interwoollabs;IH)的标准毛条(IH标准毛条由8个不同直径的干梳毛

条组成)。

6 预调湿、调湿和试验用标准大气

6.1 预调湿是在 50 ℃烘箱内烘 30 min～50 min。若试验样品的回潮率低于标准平衡回潮率时,可不进行预调湿。

6.2 在 GB/T 6529 规定的标准大气(温度为 20 ℃±2 ℃,相对湿度为 65%±4%)下进行调湿和试验,调湿时间不少于 4 h。

7 取样与试样制备

7.1 取样

7.1.1 原毛

按 IWTO《钻芯试验规则》中的取样方法进行。

7.1.2 毛条

按 IWTO《毛条纤维平均直径和平均长度试验规则》进行。

7.2 原毛试样制备

7.2.1 原毛纤维试验样品按 IWTO-19-03 规定的方法洗净。

7.2.2 将洗净、烘干的样品用多点法取出 2 份各 10 g 的试验样品,并按 6.1 和 6.2 进行预调湿、调湿。

7.2.3 用微型钻芯取样器分别切取短片段纤维为试验试样,每个试验试样至少包含 1 000 根纤维短片段。

7.3 毛条试样制备

7.3.1 取毛条试样的方法应与 IWTO《毛条纤维平均直径和平均长度试验规则》一致,并按 6.1 和 6.2 进行预调湿、调湿。

7.3.2 用双刀切断器或哈氏切片器取样法分别切取短片段纤维为试验试样(约为 0.3 g),每个试验试样至少包含 1 000 根纤维短片段。

8 操作步骤

8.1 仪器的校准

一般在仪器安装、调试后,正式进行测试前应校准仪器。激光扫描分析仪的校准应用 8 个现行的国际毛纺织试验室协会标准毛条,按照附录 C 进行校准。

8.2 仪器核查

8.2.1 在 6.2 规定的条件下进行测试。

8.2.2 用已知平均直径的毛条进行仪器核查,如果实测结果和已知的差值超出表 1 所列的允差范围,需重新调整、校准仪器,直到差值在允差范围内。

表 1 预测量的允许误差范围

毛条平均纤维直径/μm	允许误差/μm
15.0 及以下	0.3
15.1～20.0	0.6
20.1～25.0	0.8
25.1～30.0	1.0
30.1～35.0	1.2
35.1 以上	1.4

8.3 测量及有效性检查

8.3.1 取一个试验试样,除去其中的大块植物性杂质和过长纤维后,将试样全部喂入激光扫描仪中。在除去杂质的过程中,尽量避免不同直径纤维的分离。

8.3.2 激光扫描分析仪的读数率为100个/s。当超过时,仪器将暂停读数直到读数率降到小于等于100个/s。每次测量应至少获得1 000个测量值。达不到1 000个时,需重新进行试样抽取和测量。每个试验样品至少测量2个试验试样。

8.3.3 原毛测试过程中,应用表2中的临界范围极差值判断检测结果的有效性。

如果4个平均纤维直径读数之间最大差值小于或等于相应的 R 值,试验完成,4个读数为有效读数。若大于 R 值,需加试4个试验试样;如果8个读数间最大差值小于或等于相应的 R 值,试验完成,8个读数为有效读数;若8个试样的读数间最大差值大于 R 值,舍去数值最高的末端值之后计算(即7个剩余读数),若7个读数间最大差值在临界区间数值范围内,这7个读数为有效读数,若超出,则保留这8个读数,需再加试4个试验试样;若12个读数间最大差值在临界区间数值范围内,这12个读数为有效读数;如果12个读数间最大差值大于 R 值,舍去数值最高的末端值之后计算(即11个剩余读数),若在临界区间范围内,11个读数为有效读数;如果11个读数间最大差值大于 R 值,很可能是被测纤维本身粗细变异较大,故保留12个读数,12个读数为有效读数。

表2 纤维直径激光扫描分析仪的临界极差值(置信水平99%)

平均纤维直径/μm	标准差/μm	临界极差值 R/μm 试验试样个数				
		4	7	8	11	12
15.0以下	0.106 4	0.5	0.5	0.5	0.6	0.6
15.1~20.0	0.173 6	0.8	0.8	0.9	0.9	0.9
20.1~25.0	0.240 9	1.1	1.2	1.2	1.3	1.3
25.1~30.0	0.308 1	1.4	1.5	1.5	1.6	1.6
30.1~35.0	0.375 4	1.7	1.8	1.9	2.0	2.0
35.1以上	0.442 6	1.9	2.2	2.2	2.3	2.3

9 试验报告

试验报告应包含以下内容:

9.1 试验试样的数目和短片段测试根数。

9.2 平均纤维直径(μm),保留一位小数。

9.3 纤维直径标准差(μm),保留一位小数。

9.4 纤维直径变异系数(%),保留一位小数。

9.5 纤维直径分布频率表。表中数据以1 μm为间隔进行分段,以整微米作为分段点值。

注:平均直径和直径的标准差是由所测试样的合并分布值计算得到的。精确度的估算方法参见附录D。

附 录 A
（资料性附录）
本标准章条编号与IWTO-12-03章条编号对照

表A.1给出了本标准章条编号与IWTO-12-03章条编号对照。

表A.1 本标准章条编号与IWTO-12-03章条编号对照一览表

本标准章条编号	对应的IWTO-12-03章条编号
1	2
2	—
3	3
4.1	4(a)和6.3.1
4.2.1和4.2.2	4(b)和6.3.2
4.2.3	—
4.3	6.2
4.4	6.3.4
5	—
6	—
7.1	6.1
7.2	—
7.3	—
8.1	6.4.4.2
8.2	6.4.4.3
8.3.1和8.3.2	6.4.4.4
8.3.3	—
9	7.1
附录A	—
附录B	—
附录C	附录C
附录D	附录D

附 录 B
（资料性附录）
本标准与 IWTO-12-03 的技术性差异及其原因

表 B.1 给出了本标准与 IWTO-12-03 的技术性差异及其原因。

表 B.1 本标准与 IWTO-12-03 的技术性差异及其原因一览表

本标准的章条编号	技术性差异	原 因
2	增加引用了 GB/T 6529	以适应我国国情
3	删除 IWTO-12-03 中的术语和定义	本标准中所涉及的术语和定义为业内所共知的
4.2.3	增加“哈氏切片器，切取长度 1.8 mm～2.0 mm”	增强可操作性
5	增加了“标准毛条”	以适应我国的表达方式
6	删除 6.4.4.1，增加了“预调湿、调湿和试验用标准大气”	以适应我国检测环境的要求
7.2	删除了 6.4.1.1 中引用的标准 IWTO-28，IWTO-19，IWTO-52，羊毛制备方法采用我国标准常用方法	以适应我国试验要求
7.3	删除了 6.4.1.1 中引用的标准 IWTO-19，羊毛制备方法采用我国标准常用方法	以适应我国试验要求
8.3.3	删除 6.4.4.5 中的图，并将 6.4.4.5 中的（i）～（vii）合并为本标准 8.3.3 中的一段	表达更简练
—	删除 IWTO-12-03 中的“8 参考文献”	更符合标准文本要求
—	删除附录 A	附录 A 为仪器介绍
—	删除附录 B	附录 B 只是双片切断器和微型钻芯取样器的结构介绍
—	删除附录 E	本标准不涉及粗纱和纱线的测量

附 录 C
（资料性附录）
激光扫描分析仪的校准

C.1 适用范围

本附录适用于激光扫描分析仪测试羊毛时的校准。该校准程序应结合现行国际羊毛试验室协会标准毛条使用。可对 80 μm 以上的纤维测试进行校准，该值虽超出了校准毛条中最粗纤维的直径值，但仍可得出有效结果。

注：激光扫描分析仪可测细度范围达 160 μm。

C.2 原理

应用激光扫描分析仪对已知的、通过显微投影仪（PM）法获得的平均纤维直径的 8 个现行国际羊毛试验室协会标准毛条进行测试，将所获得的数据应用线性转换形成一个频率柱状图。用从仪器上获得的读数分别计算 8 个毛条的平均值，并把所得值对毛条已知给定的 PM 值进行回归来确定方程中的系数。用式（C.1）对直方图的分段中点值进行计算，重新计算各毛条的平均值。

$$occ\% = (a + b \times dia)/(1 + c \times dia + d \times dia^2 + e \times dia^3) \quad \cdots\cdots\cdots\cdots(C.1)$$

式中：a、b、c、d 和 e 是校准参数。

将这些求得的新值对已知给定的毛条的 PM 值进行回归，从而得到一个相似的方程。用所得到的方程来计算数据表，表中纤维的激光扫描分析仪读数以 1 μm 为分段间隔。

C.3 测量

C.3.1 仪器的设定

仪器设定的方式关系到仪器所能测的最大纤维直径值。设定值首先要按实际所测纤维情况进行调整。检查设定值是否可以使仪器达到所需的测量范围则应使用校准程序。对于校准来说，每个校准毛条上只需测量 1 000 个片段。如果在校准检测结束后，最大模拟数字转化（ACD）值先于校准毛条中出现的纤维直径的最大值达到，则仪器应进行调整。如果 ACD 值并不是先于软件所允许的最大微米级（通常为 80 μm）达到的，则应调整仪器直到其接近最大值以获得最佳的清晰度。

注：超出 0 μm～80 μm 范围的纤维被自动计数并记录在纤维直径激光扫描分析仪的“超出箱”内，在这种情况下，测试结果不够准确。

C.3.2 切片的准备

从现行标准毛条上准备切片。毛条试样应按照 6.1 和 6.2 进行调湿平衡。

为保证所抽取纤维在整个毛条中分布的均匀性，建议将各标准毛条的全长均分成 6 等份，在每等份上切片构成试样进行校准。

对于羊毛散毛校准，应从细度试样中用微型钻芯取样法获得片段。在这种情况下，应将各国际羊毛试验室协会校准毛条切成大约 20 mm 长度的小段进行细度试样制备，然后按照 7.2.1 的操作程序对各小段进行洗涤和干燥，再按照 6.1 和 6.2 调湿平衡。最后按 7.1.1 进行微型钻芯取样。

C.3.3 校准

仪器应保持长时间内的稳定，并按照操作说明进行检测和调整。用“线性极差”从每个校准毛条上至少获得 10 000 个有效纤维测量值。

C.4 计算

使用迭代程序计算式（C.2）的系数。

$$occ\% = (a + b \times dia)/(1 + c \times dia + d \times dia^2 + e \times dia^3) \quad \cdots\cdots (C.2)$$

8 个毛条的计算值和给定平均值之间差异的平均方差应小于 0.1 μm^2。

用式(C.2)计算校准表，计算机可以用这一表对电流高度值进行赋值（在模拟数字转化部分）。在软件中用分类中点的准确微米值来计算分类的临界值，如 20 μm 分类包括所有大于等于 19.5 μm 和小于等于 20.5 μm 的纤维。

C.5 校准的校验

C.5.1 仪器设置

在校准完成时，为了保证模拟数字转换出现的最大值所对应的纤维直径值大于任何显微投影分布中出现的最大纤维直径值，要对校准表进行检验。否则仪器应重新调整和校准。

C.5.2 用羊毛毛条进行校验

从已知显微投影(PM)平均差和标准差的 8 个羊毛条中取出一个试样进行测试。应用与校准毛条相同的操作程序进行试样的准备。

C.5.2.1 平均纤维直径

对每一个毛条，计算测得的平均值和 PM 平均值之差 d_i，m_i 值是由国际羊毛试验室协会给定的。检验平均值相对于零差异是否显著的计算，使用式(C.3)、式(C.4)和式(C.5)。

$$d = \frac{(\sum d_i)}{n} \quad \cdots\cdots (C.3)$$

$$S_d^2 = \frac{\sum d_i^2 - \frac{(\sum d_i)^2}{n}}{n-1} \quad \cdots\cdots (C.4)$$

$$t = \frac{d\sqrt{n}}{S_d} \quad \cdots\cdots (C.5)$$

式中：

n——参考毛条的数目；

d_i——差的平均值；

S_d^2——差的方差。

同时计算 d_i 对国际羊毛试验室协会 PM 平均值的回归斜率，检测斜率相对于零是否显著的计算，使用式(C.6)、式(C.7)和式(C.8)。

$$g = \frac{n\sum d_i m_i - \sum d_i \sum m_i}{n\sum m_i^2 - (\sum m_i)^2} \quad \cdots\cdots (C.6)$$

$$S_g^2 = \frac{\frac{n\sum d_i^2 - (\sum d_i)^2}{n\sum m_i^2 - (\sum m_i)^2} - g^2}{n-2} \quad \cdots\cdots (C.7)$$

$$t = \frac{g}{S_g} \quad \cdots\cdots (C.8)$$

式中：

m_i——第 i 个毛条的国际羊毛实验室协会 PM 平均值；

g——斜率；

S_g^2——斜率的方差。

T 检验的显著性可用 F 检验代替，纤维直径激光扫描分析仪软件使用的是 F 检验的结果（F 值是 t 值的平方）。

出现以下情况之一，则校准不满意：

——绝对差大于 0.1 μm，在自由度为($n-1$)、1%水平下，t 值显著。

——回归斜率绝对值大于 0.004，且在自由度为（$n-2$）、1%水平下 t 值显著，或者自由度为（$1,n-2$）、F 值在 1%水平下显著。

若校准效果不满意，则纤维直径激光扫描分析仪应进行重新调整和校准，直到校准结果通过上述检验。

注：最新的纤维直径激光扫描分析仪软件带有一个菜单选项可以进行上述的校验程序。

C.5.2.2 纤维直径的标准差

标准差的校验程序有赖于有效标准差数据，但并非是强制性的。

C.5 中描述的用于平均值的校验程序可应用于标准差值。应计算与国际羊毛试验室协会标准差（SD）（PM 方法）之间的差值。斜率限度为 0.01，若没有通过 SD 值校验，则应通过重复校准和校验。

注：可以通过纤维直径激光扫描分析仪上的软件菜单选项来进行校验程序，但仅供获得更多的信息。

附 录 D
（资料性附录）
本标准方法精确度评估

D.1 平均纤维直径

D.1.1 毛条

用要求的方差值计算本标准方法测量切断器切断的毛条精确度(见表 D.1)。

表 D.1 切断器切断的毛条

本标准测量结果方差分量(μm^2)和 95%置信区间(μm)

纤维直径分组	方差因素	激光扫描值
小于 26.0 μm	σ^2 实验室间	0.003
	σ^2 实验室内	0.015
	σ^2 总	0.018
	95%毛置信区间(3 绞)	±0.2
26.0 μm 及以上	σ^2 实验室间	0.016
	σ^2 实验室内	0.062
	σ^2 总	0.078
	95%置信区间(3 绞)	±0.4

根据国际循环试验的结果给出了毛条试验试样平均纤维直径 15 μm～45 μm 内每 5 μm 变幅的精度估计。这些结果见表 D.2。

表 D.2 切断器切断的毛条

5 μm 增量的 95%置信区间

平均纤维直径/μm	95%置信区间/μm
15.0	±0.12
20.0	±0.25
25.0	±0.38
30.0	±0.51
35.0	±0.64
40.0	±0.77
45.0	±0.90

D.1.2 原毛

应用循环试验确定本标准方法的精确度。循环试验中对洗净毛试样切片的 8 000 根纤维进行了测试。实验室间和实验室内方差见表 D.3，计算方法见式(D.1)：

$$95\% \text{ 置信区间} = 1.96\sqrt{\sigma_b^2 + \sigma_w^2} \qquad \cdots\cdots(D.1)$$

式中：σ_b^2、σ_w^2 分别为实验室间方差分量和实验室内方差分量。

表 D.3　水洗钻芯试样

本标准测量结果方差分量(μm^2)和95%置信区间(μm)

纤维直径分组	方差因素	激光扫描值
小于26.0 μm	σ^2 实验室间	0.013 9
	σ^2 实验室内	0.022 5
	σ^2 总	0.036 4
	95%置信区间	±0.37
26.0 μm及以上	σ^2 实验室间	0.068 5
	σ^2 实验室内	0.044 4
	σ^2 总	0.112 9
	95%置信区间	±0.66

在95%置信区间内，利用平均纤维直径的回归方程，对19 μm～40 μm范围内每隔5 μm进行取值，得到5 μm增量的置信区间，见表D.4。

表 D.4　水洗钻芯试样

本标准方法测量的5 μm增量的95%置信区间

平均纤维直径/μm	95%置信区间/μm
15.0	±0.21
20.0	±0.35
25.0	±0.48
30.0	±0.60
35.0	±0.73
40.0	±0.85

D.2　直径分布特征

在95%置信区间下，标准差的估计值为±0.3 μm，变异系数(CV)估计值为±1.5%。用后面的循环试验可以对标准差变化时毛条和原毛的95%置信区间进行估计，所得结果见表D.5。

表 D.5　激光扫描式测量的95%置信区间毛条和原毛的标准差测量值(以2 μm为增量)

标准差/μm	95%置信区间 毛条/μm	95%置信区间 原毛/μm
3.0	0.15	0.18
5.0	0.25	0.23
7.0	0.34	0.28
9.0	0.44	0.33
11.0	0.54	0.38

纤维直径分布较粗疏的精度估计值见表 D.6。

表 D.6 纤维直径的误差率大于给定直径值(95%概率水平)

所测纤维数目	直径分布大于规定值的部分(以百分数表示)					
	10%	8%	6%	4%	2%	1%
2 000	±1.3	1.3	1.1	0.8	0.6	0.4
5 000	0.8	0.8	0.7	0.7	0.4	0.3
10 000	0.6	0.5	0.5	0.4	0.3	0.2
15 000	0.4	0.4	0.4	0.3	0.2	0.1

示例:如果羊毛中大于 30 μm 的纤维比例=10.2%,用 2 000 根纤维进行测试,那么这一结果的 95%置信区间的值为±1.3%,即>30 μm 羊毛百分比=10.2%±1.3%。

ICS 65.020.30
B 41

中华人民共和国国家标准

GB/T 25886—2010

养鸡场带鸡消毒技术要求

Technical requirements for living disinfection on chicken farms

2011-01-10 发布 2011-06-01 实施

中华人民共和国国家质量监督检验检疫总局
中国国家标准化管理委员会 发布

前　言

本标准的附录A、附录B为资料性附录。

本标准由中华人民共和国农业部提出。

本标准由全国畜牧业标准化技术委员会归口。

本标准起草单位:中国检验检疫科学研究院。

本标准主要起草人:张顺合、张乐、王林、廖如燕、慈颖、陈春田、张维。

养鸡场带鸡消毒技术要求

1 范围

本标准规定了养鸡场带鸡消毒的术语和定义、要求、操作步骤及消毒方法。

本标准适用于养鸡场鸡舍的带鸡消毒。

2 规范性引用文件

下列文件中的条款通过本标准的引用而成为本标准的条款。凡是注日期的引用文件，其随后所有的修改单(不包括勘误的内容)或修订版均不适用于本标准，然而，鼓励根据本标准达成协议的各方研究是否可使用这些文件的最新版本。凡是不注日期的引用文件，其最新版本适用于本标准。

NYJ/T 05—2005 集约化养鸡场建设标准

NY/T 388 畜禽场环境质量标准

NY 5027 无公害食品 畜禽饮用水水质

3 术语和定义

下列术语和定义适用于本标准。

3.1

带鸡消毒 living disinfection

鸡舍内在鸡只存在的条件下，用一定浓度的消毒剂对舍内鸡只、空气、饲具及环境进行消毒。

4 要求

4.1 消毒剂

4.1.1 刺激性

在使用浓度下带鸡消毒，对鸡的生长和产蛋无不良影响。

4.1.2 毒性

宜选用对鸡只无急性和慢性毒性作用，无致癌、致畸、致突变作用的中、高效消毒剂。

4.1.3 残留

消毒剂在鸡肉或鸡蛋中残留不超标，不影响肉、蛋品质。

4.1.4 环保

在使用浓度下对环境无不良影响。

4.2 消毒器械

4.2.1 射程：大于等于 5 m。

4.2.2 雾滴大小：5 μm～20 μm。

4.2.3 噪声：应符合 NYJ/T 05—2005 中 10.0.5 的要求。

4.3 温度

舍内饲养温度应符合 NY/T 388 的要求，实施带鸡消毒前需将舍内温度提高 3 ℃。

4.4 湿度

符合 NY/T 388 的要求。

5 操作步骤

5.1 准备

5.1.1 器具

喷雾器、电缆线、湿度计、温度计等物品。

5.1.2 配制消毒剂

消毒剂的种类和使用浓度可参见附录A；按使用说明配制消毒剂，配制消毒剂的水温应与舍内温度一致，水质应符合NY 5027的要求；消毒剂宜交替使用，现配现用。

5.1.3 清理鸡舍

喷雾消毒前要清理鸡舍地面、墙壁、物品上的粪便和灰尘。

5.1.4 暂停通风

在喷雾消毒前应先关门窗，关闭通风设备，暂停通风。

5.1.5 人员防护

喷雾消毒时着常规工作服，戴医用防护口罩、工作帽、护目镜、橡胶手套和穿胶靴；进入另一鸡舍消毒前应更换新的防护用品。

5.2 消毒时间

宜在早晨、傍晚或将鸡舍遮光后进行，每次消毒时间宜相对固定；在消毒时应避开断喙、断趾、剪冠、转群等引起的应激反应时期；为不干扰疫苗的免疫效果，在免疫前12 h至免疫后24 h内，停止带鸡消毒；应避开高温、高湿、大风和气温骤降等恶劣天气。

5.3 消毒频次

1周龄～4周龄每周喷雾消毒1次～2次；4周龄以上每周1次～3次；发生疫情时，每日1次。

5.4 消毒顺序

从内向外依次退步喷雾消毒，按由上到下、由左至右的顺序进行，雾程可根据实际情况调节，先消毒舍顶、墙壁，然后消毒空气、鸡笼、鸡群，最后消毒地面和粪便；鸡舍较大时，可分段关闭窗户进行喷雾消毒。

6 消毒方法

6.1 每次喷雾开始时动作要慢、要轻，喷雾消毒人员不可大声喧哗，以减少应激反应；喷头宜45°仰角喷雾，在距鸡体70 cm～80 cm的高处进行喷雾，避开鸡头，喷雾应均匀，鸡只体表以潮湿为限，不应形成水滴现象。

6.2 消毒器具时应避开饲料，器具表面以略湿为度；对地面和粪便的消毒应彻底。

6.3 空间喷雾量为30 mL/m^3～50 mL/m^3，地面和粪便喷雾量为200 mL/m^2～300 mL/m^2，泥土墙喷雾量为150 mL/m^2～300 mL/m^2，水泥墙和石灰墙喷雾量分别为100 mL/m^2，以表面不流药液为宜。

6.4 一般情况下，喷雾消毒后密闭5 min～20 min后恢复通风；夏天喷雾消毒后应立即通风，冬天要待羽毛干后再通风。

6.5 带鸡消毒工作应填写工作记录单(参见附录B)。

附　录　A
（资料性附录）
带鸡消毒常用消毒剂

带鸡消毒常用消毒剂的种类、使用浓度和作用时间见表 A.1。

表 A.1　带鸡消毒常用消毒剂

消毒剂种类	使用浓度/(mg/L)	作用时间/min
双链季胺盐类消毒剂	1 000～2 000	5～20
酸性氧化电位水	使用其原液(有效氯不低于 50～70)	5～20
二溴海因	500～1 000	5～20
含氯消毒剂	1 000～2 000	5～20
过氧乙酸	3 000	5～20

附 录 B
（资料性附录）
带鸡消毒工作记录单

每次进行带鸡消毒工作，应按表 B.1 填写工作记录单。

表 B.1 带鸡消毒工作记录单

禽舍编号：

日期	日龄	消毒起止时间	消毒剂与浓度/(mg/L)	雾滴大小/μm	面积(体积)/m^2(m^3)	药液用量/kg	鸡只状态	消毒人

ICS 65.020.30
B 43

中华人民共和国国家标准

GB/T 25887—2010

奶牛脊椎畸形综合征检测　PCR-RFLP 法

Method of PCR-RFLP for detecting complex vertebral malformation in dairy cattle

2011-01-10 发布　　　　2011-06-01 实施

中华人民共和国国家质量监督检验检疫总局
中国国家标准化管理委员会　发布

前　言

本标准的附录 B 为规范性附录，附录 A、附录 C 为资料性附录。

本标准由中华人民共和国农业部提出。

本标准由全国畜牧业标准化技术委员会归口。

本标准起草单位：华中农业大学。

本标准主要起草人：张淑君、杨利国、李翔、胡修忠、刘文举、宋利军。

奶牛脊椎畸形综合征检测　PCR-RFLP 法

1　范围

本标准规定了奶牛脊椎畸形综合征的 PCR-RFLP 检测技术。

本标准适用于奶牛脊椎畸形综合征的检测与诊断。

2　规范性引用文件

下列文件中的条款通过本标准的引用而成为本标准的条款。凡是注日期的引用文件，其随后所有的修改单(不包括勘误的内容)或修订版均不适用于本标准，然而，鼓励根据本标准达成协议的各方研究是否可使用这些文件的最新版本。凡是不注日期的引用文件，其最新版本适用于本标准。

GB/T 6682　分析实验室用水规格和试验方法

3　术语和定义

下列术语和定义适用于本标准。

3.1

奶牛脊椎畸形综合征　complex vertebral malformation in dairy cattle;CVM

奶牛的一种常染色体隐性遗传病，主要表现为母牛流产、胎儿早期死亡、出生后不久死亡，患病犊牛主要症状表现为：颈短、脊椎畸形、心脏畸形、腿部畸形、系部呈现对称的内向僵直等。

3.2

SLC35A3 基因　SLC35A3 gene

定位于牛第 3 号染色体上，在基因序列数据库(GenBank)中的登录号为 AY160683，全长 14901bp，mRNA 为 981bp，由 7 个外显子和 6 个内含子组成，该基因编码核糖转运蛋白，与脊柱发育有关，是奶牛脊椎畸形综合征的致病基因。

3.3

限制性片段长度多态性　restriction fragment length polymorphism，RFLP

检测 DNA 用限制性内切酶酶切后形成的特定 DNA 片段的大小。因此凡是可以引起酶切位点变异的突变如点突变(新产生和去除酶切位点)和一段 DNA 的重新组织(如插入和缺失造成酶切位点间的长度发生变化)等均可导致 RFLP 的产生。

4　原理

SLC35A3 基因第四外显子中第 559 位碱基由 G 突变为 T 时，其对应编码的氨基酸由缬氨酸改变为苯丙氨酸，导致奶牛脊椎畸形综合征的发生。采用 PCR-RFLP 技术检测牛样本基因组 DNA 变异，即采用 PCR 技术扩增 SLC35A3 基因片段，限制性内切酶消化 PCR 扩增产物，电泳检测酶切产物，对 SLC35A3 基因进行分型，根据基因型判定奶牛是否携带脊椎畸形综合征的致病基因。

5　扩增 SLC35A3 基因片段的引入酶切位点 PCR 引物

5′CCACTGGAAAAACATGCTGTGAGTA 3′

5′GCTCTCCTCTGTAATCCCCA 3′

预期扩增长度为 225 bp。

6 试剂和仪器

6.1 主要试剂

水应符合 GB/T 6682 的灭菌双蒸水。

Taq DNA 聚合酶及 PCR 缓冲液、*Rsa* Ⅰ限制内切酶及 10×酶切缓冲液、蛋白酶 K、DNA 分子质量标记购自试剂公司。

TE 缓冲液、TAE 缓冲液、TBE 缓冲液、PBS 缓冲液、加样缓冲液、10％过硫酸铵、30％丙烯酰胺、10％聚丙烯酰胺、溴化乙锭、10％SDS、1 mol/L Tris-HCl、0.5 mol/L EDTA (pH8.0)、三氯甲烷/异戊醇(24∶1)、3 mol/L 乙酸钠、固定液、脱色液、染色液、显影液、停显液等。具体配制方法参见附录 A。

6.2 主要仪器

冷冻离心机、核酸蛋白浓度测定仪、梯度 PCR 仪、电泳仪、凝胶成像系统、pH 计、电子天平、恒温水浴锅、双蒸馏水器、微量移液器。

7 检测步骤

7.1 牛基因组 DNA 制备

采用常规的酚仿抽提法提取牛样本基因组 DNA。4 ℃冰箱中保存备用。

7.2 PCR 扩增及其产物检测

20 μL PCR 反应体系：0.4 μmol/L 引物、0.2 mmol/L dNTP、待测 DNA 85 ng～100 ng、1 U *Taq* DNA 聚合酶、10×PCR 缓冲液，加适量双蒸水。可根据需要调整反应体系。

PCR 反应条件：94 ℃变性 3 min，35 个循环(94 ℃ 30 s，65 ℃ 30 s，72 ℃ 30 s)，72 ℃延伸 10 min，4 ℃保温 2 min～10 min。

取 2 μL PCR 产物，2％～3％琼脂糖凝胶电泳(3 V/cm～5 V/cm，电泳 20 min～30 min)，溴化乙锭(EB)染色后，在凝胶成像系统观察条带。PCR 扩增结果示意图见附录 B 中的图 B.1。

7.3 酶切及其产物检测

取 16 μL PCR 扩增产物，加入 5 U 限制内切酶 *Rsa* Ⅰ和 2 μL 10×酶切缓冲液，加水至 20 μL，反应条件参见产品说明书。

10％～12％聚丙烯酰胺凝胶电泳(3 V/cm～5 V/cm，电泳 3 h～4 h)，银染(染色方法参见附录 C)。酶切图谱见附录 B 中的图 B.2。

7.4 结果判定

由于 24 bp 的条带太小，以致在 10％～12％聚丙烯酰胺凝胶电泳检测时显示不出来，但可根据 225 bp、201 bp 条带进行样本基因型判定。

健康奶牛：基因型为 GG 型，即出现 201 bp 一条电泳带；

隐性携带者：基因型为 GT 型，即出现 225 bp、201 bp 两条电泳带；

CVM 患者：基因型为 TT 型，即出现 225 bp 一条电泳带。

附 录 A
（资料性附录）
主要试剂及配制方法

表 A.1 主要试剂及配制方法

试 剂	配 制 方 法
TE 缓冲液	10 mmol/L Tris-HCl(pH8.0),1 mmol/L EDTA(pH8.0)
50×TAE 缓冲液	242 g Tris 碱,57 mL 冰乙酸,100 mL 0.5 mol/L EDTA(pH8.0),加双蒸水定容至 1 000 mL,使用时 50 倍稀释
10%过硫酸铵	称取 1 g 过硫酸铵溶于 8 mL 双蒸水,定容至 10 mL
5×TBE 缓冲液	54.0 g Tris 碱,27.5 g 硼酸,20 mL 0.5 mmol/L EDTA(pH8.0),加双蒸水定容至 1 000 mL,使用时 5 倍稀释
30%丙烯酰胺(丙烯酰胺:甲叉双丙烯酰胺=29∶1)	300 mL 双蒸水中溶解 145 g 丙烯酰胺,5 g 甲叉双丙烯酰胺,用双蒸水定容至 500 mL
10%聚丙烯酰胺	量取 9.3 mL 30%丙烯酰胺,18.5 mL 双蒸水,7 mL 5×TBE,0.23 mL 10%过硫酸铵,0.02 mL TEMED
加样缓冲液	0.25%溴酚蓝(质量浓度),40%蔗糖(质量浓度)
溴化乙锭(EB)	100 mL 双蒸水中加入 0.1 g EB(10 mg/mL),搅拌使完全溶解,转入棕色试剂瓶,锡箔包裹
PBS 缓冲液	氯化钠 8 g,磷酸氢二钠 1.44 g,氯化钾 0.2 g,磷酸二氢钾 0.24 g 加双蒸水定容至 1 000 mL,调 pH 值至 7.0,高压灭菌,室温保存
10%SDS	称取 50 g SDS 加热溶于 400 mL 双蒸水中,定容至 500 mL,高压灭菌,室温保存
1 mol/L Tris-HCl	称取 121.4 g Tris 碱溶于 800 mL 双蒸水中,加浓盐酸调至 pH8.0,定容到 1 000 mL,高压灭菌,室温保存
0.5 mol/L EDTA(pH8.0)	称取 186.1 g 二水乙二胺四乙酸二钠溶于 800 mL 双蒸水中,加入氢氧化钠(约 20 g)调至 pH8.0,定容到 1 000 mL,高压灭菌,室温保存
三氯甲烷/异戊醇(24∶1)	量取 480 mL 三氯甲烷,加入 20 mL 异戊醇,混匀
3 mol/L 乙酸钠	称取 408.1 g 三水乙酸钠溶于 800 mL 双蒸水中,用乙酸调至 pH5.2,加水定容至 1 000 mL,高压灭菌,室温保存
固定液	450 mL 双蒸水中加入 50 mL 乙醇
脱色液	492.5 mL 双蒸水中加入 7.5 mL 浓硝酸
染色液	500 mL 双蒸水中溶解 1 g 硝酸银,置棕色瓶中保存
显影液	500 mL 双蒸水中溶解 15 g 无水碳酸钠,加入 1.32 mL 甲醛(0.046%),用双蒸水定容至 1 000 mL
停显液	485 mL 双蒸水中加入 15 mL 冰乙酸

附 录 B
（规范性附录）
SLC35A3 基因 PCR 扩增产物及酶切产物电泳示意图

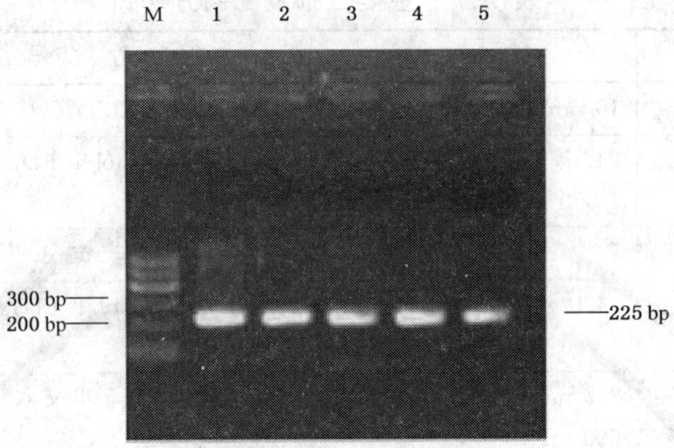

M 为 DNA 分子质量标记；
泳道 1～5 分别为 5 个样本的 PCR 扩增产物(225 bp)。

图 B.1 SLC35A3 基因 PCR 扩增产物电泳示意图

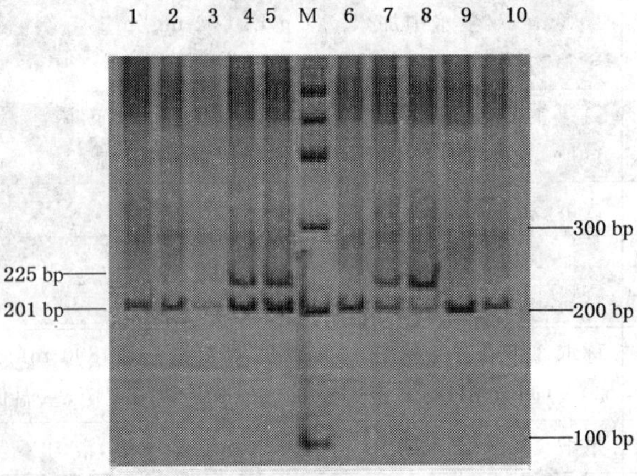

M 为 DNA 分子质量标记；
泳道 1～3、6、9、10 为健康牛群基因型(GG 型)；
泳道 4～5、7 和 8 为隐性携带者牛群基因型(GT 型)。

图 B.2 SLC35A3 基因 PCR-RFLP 酶切产物电泳示意图

附　录　C
（资料性附录）
凝胶染色方法

C.1　电泳完毕，取下玻璃板，小心地将凝胶从玻璃板上剥离下来，放入双蒸水中漂洗一次，然后浸入10%乙醇溶液固定5 min～10 min。

C.2　用1%硝酸脱色3 min～8 min，然后双蒸水迅速漂洗一次。

C.3　0.2%硝酸银晃动闭光染胶15 min～25 min；染色结束后用双蒸水快速冲洗凝胶两次（每次10 s），洗去凝胶表面残留的硝酸银溶液。

C.4　在染胶盒中倒入含3%碳酸钠和微量甲醛的显色液，立即快速地晃动胶盒，避免析出的黑色银颗粒在凝胶表面沉积。显色液颜色变暗时立即更换新鲜的显色液。

C.5　注意观察显色情况，目的条带显现清晰后立刻将凝胶转入3%的乙酸溶液，浸泡10 min停显。

ICS 65.150
B 52

GB

中华人民共和国国家标准

GB/T 25888—2010

月鳢

Snakehead

2011-01-10 发布 2011-06-01 实施

中华人民共和国国家质量监督检验检疫总局
中国国家标准化管理委员会 发布

前　言

本标准的附录A为规范性附录。

本标准由中华人民共和国农业部提出。

本标准由全国水产标准化技术委员会淡水养殖分技术委员会归口。

本标准起草单位：中国水产科学研究院长江水产研究所。

本标准主要起草人：方耀林、周瑞琼、孟彦、邹世平、张燕、许映芳。

月　鳢

1　范围

本标准确立了月鳢(*Channa asiatica* Linnaeus)的名称与分类、主要形态构造特征、生长与繁殖、遗传学特性、检测方法以及检验规则与结果判定。

本标准适用于月鳢的种质检测与鉴定。

2　规范性引用文件

下列文件中的条款通过本标准的引用而成为本标准的条款。凡是注日期的引用文件,其随后所有的修改单(不包括勘误的内容)或修订版均不适用于本标准,然而,鼓励根据本标准达成协议的各方研究是否可使用这些文件的最新版本。凡是不注日期的引用文件,其最新版本适用于本标准。

GB/T 18654.1　养殖鱼类种质检验　第1部分:检验规则

GB/T 18654.2　养殖鱼类种质检验　第2部分:抽样方法

GB/T 18654.3　养殖鱼类种质检验　第3部分:性状测定

GB/T 18654.12　养殖鱼类种质检验　第12部分:染色体组型分析

3　名称与分类

3.1　学名

月鳢(*Channa asiatica* Linnaeus)。

3.2　分类地位

鲈形目(Perciformes)、攀鲈亚目(Anabantoidei)、鳢科(Channidae)、鳢属(*Channa*)。

4　主要形态构造特征

4.1　外部形态特征

4.1.1　外形

体呈圆筒形,后部侧扁。头略扁平,顶部被较大的鳞片,不规则。眼上侧位,位于头的前部。吻宽短,圆钝。口宽大。下颌突出,上、下颌均有细齿。鼻孔两对,前后分离,前鼻孔呈管状,向前伸过上唇;后鼻孔小,近眼前缘上方。侧线在臀鳍起点上方中断,折断处前后两端相隔1个～2个鳞片,后段贯穿于体侧中部。无腹鳍,胸鳍宽圆。背鳍、臀鳍基底长。尾鳍圆形。体绿褐或灰黑,腹部灰白色。体侧沿中线有7个～12个向后两侧作"<"斜向的斑纹。尾柄基部两侧各有一边缘为白色的深色近圆形斑块。背鳍与臀鳍上有白色斑点。

月鳢外形图见图1。

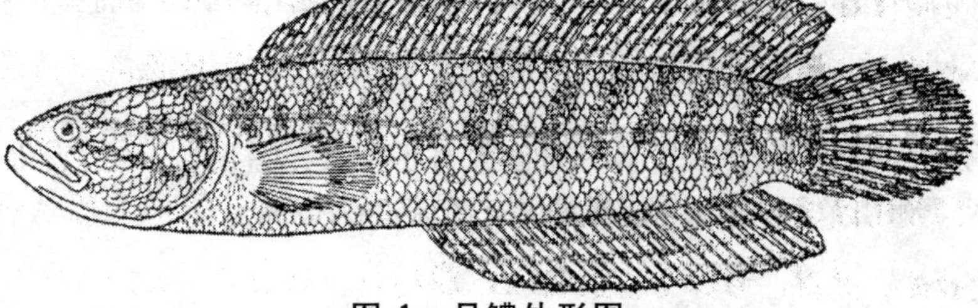

图1　月鳢外形图

4.1.2 可数性状

4.1.2.1 背鳍鳍式

背鳍鳍式:D.41～48。

4.1.2.2 臀鳍鳍式

臀鳍鳍式:A.26～32。

4.1.2.3 胸鳍鳍式

胸鳍鳍式:C.14～16。

4.1.2.4 侧线鳞

侧线鳞:53 $\frac{4\sim6}{8\sim11\text{-V}}$62。

4.1.2.5 鳃耙数

鳃耙数:第一鳃弓外鳃耙数11。

4.1.3 可量性状

体长为体高的4.3倍～6.9倍,为头长的3.1倍～4.5倍。头长为吻长的4.4倍～6.8倍,为眼径的4.3倍～8.0倍,为眼间距的1.8倍～4.3倍。体长为尾柄长的16.0倍～24.0倍,为尾柄高的8.9倍～12.6倍。尾柄长为尾柄高的0.3倍～0.71倍。

4.2 内部构造特征

4.2.1 鳔

单室,无鳔管,细长。

4.2.2 脊椎骨总数

脊椎骨总数51～52。

4.2.3 腹膜

灰白色。

5 生长与繁殖

5.1 生长

不同年龄组野生月鳢体长和体重的实测值见表1。

表1 不同年龄组月鳢体长和体重的实测值

年龄		1	2	3	4	5
雌	体长范围/cm	8.0～13.5	18.1～24.2	23.3～27.5	26.4～31.5	29.6～33.8
	体重范围/g	19.2～31.8	98.4～146.7	218.6～300.2	347.2～421.4	453.6～604.3
雄	体长范围/cm	7.5～13.7	17.4～22.5	24.1～27.9	28.4～32.1	30.2～33.8
	体重范围/g	18.7～29.6	87.2～132.1	207.6～314.8	387.6～485.4	493.6～624.5

5.2 繁殖

5.2.1 成熟年龄

在长江流域,雌雄月鳢的初次性成熟年龄均为2冬龄;在珠江流域雌雄月鳢的初次性成熟年龄均为1冬龄。

5.2.2 产卵类型

4月份至7月份为月鳢的繁殖季节,5月份至6月份为繁殖盛期,产卵适宜水温为18℃～28℃。具筑巢行为,在一个繁殖季节可多次产卵,卵黄内有油球,为浮性卵。

5.2.3 怀卵量

绝对怀卵量为1 000粒～15 000粒。相对怀卵量为15粒/g～32粒/g。

6 遗传学特性

6.1 染色体组型

月鳢的体细胞染色体有两种核型：

a) 2*n*=46,染色体臂数(NF):56,核型公式:2m+8sm+36st,t;染色体组型见图 2。

b) 2*n*=44,染色体臂数(NF):56,核型公式:4m+8sm+32st,t;染色体组型见图 3。

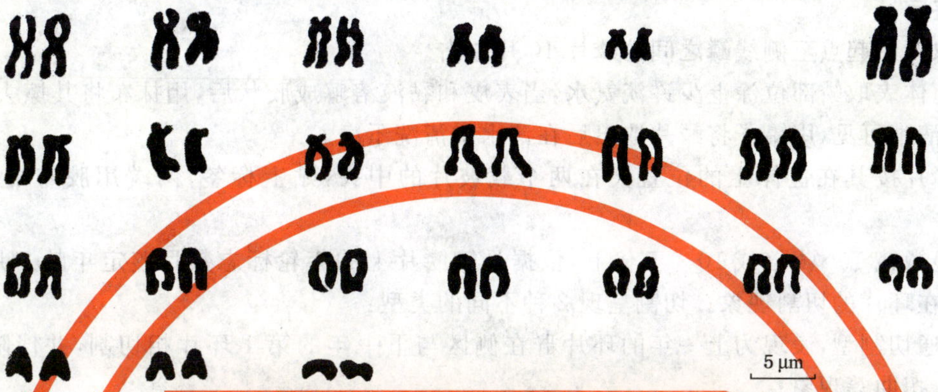

图 2 月鳢染色体组型(2*n*=46)

图 3 月鳢染色体组型(2*n*=44)

6.2 同工酶

月鳢脾脏乳酸脱氢酶(LDH)同工酶电泳及扫描图见图 4。

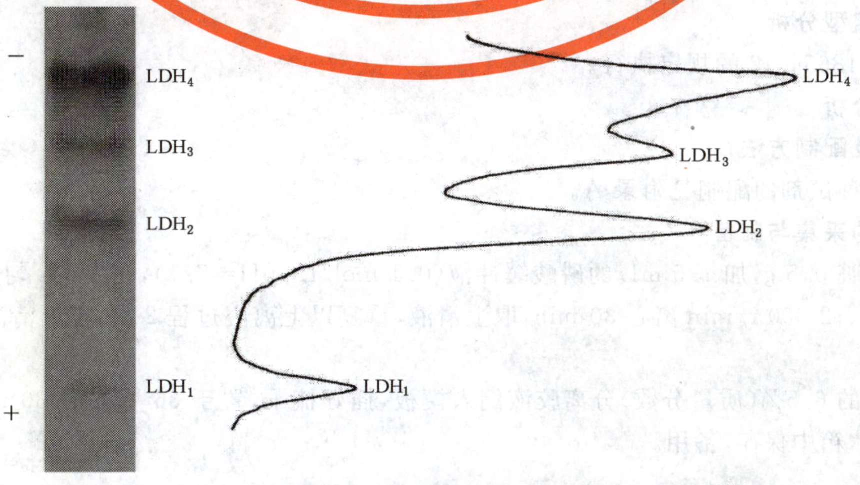

图 4 月鳢脾脏乳酸脱氢酶(LDH)同工酶电泳图和扫描图

7 检测方法

7.1 抽样

按 GB/T 18654.2 的规定执行。

7.2 主要形态构造特征

按 GB/T 18654.3 的规定执行。

7.3 年龄鉴定

7.3.1 选取背鳍起点至侧线鳞之间的鳞片 10 片左右。

7.3.2 在鱼体表取鳞部位涂上少许淡氨水，当表皮和黏液溶解成胶状后，用抹布将其擦去。此时，鱼体体表上鳞片清晰可见，用镊子将鳞片取出后在清水中清洗干净。

7.3.3 将鳞片按其在鱼体上的位置夹在两个载玻片的中央，贴上标签，两端用胶布带封好，备鉴定年龄。

7.3.4 在显微镜 10×4 倍或 10× 5 倍下，依据月鳢鳞片上的年轮标志数目鉴定年龄。月鳢年轮的主要特征表现在环片的切割现象。切割呈现 2 种不同的类型：

——普通切割型，表现为上一年的环片群在侧区与下一年的第 1 环片相切割，并伴随有环片的断裂、扭曲等现象；

——疏密切割型，表现为侧区环片的切割同时伴随有环片排列的疏密出现。

7.4 怀卵量测定

于繁殖季节，对临产卵前的雌鱼进行活体解剖，取出性成熟的卵巢（Ⅳ期），称重后，在卵巢组织前、中、后部各取 0.5 g 左右试样，用 5%（体积分数）福尔马林固定，在解剖镜下计数开始沉积卵黄的卵粒数，平行两次，求得试样的平均卵粒数[即为卵密度，卵粒数/卵巢重（粒/g）]，以卵密度乘以卵巢重，即得卵巢中所含的全部卵粒数。雌鱼的绝对怀卵量 G 按式(1)计算：

$$G=w(n_1/w_1+n_2/w_2)/2 \qquad (1)$$

式中：

G——绝对怀卵量，单位为粒；

w——卵巢重量，单位为克(g)；

n_1——试样 1 的卵粒数，单位为粒；

w_1——试样 1 的重量，单位为克(g)；

n_2——试样 2 的卵粒数，单位为粒；

w_2——试样 2 的重量，单位为克(g)。

7.5 染色体组型分析

按 GB/T 18654.12 的规定执行。

7.6 同工酶分析

7.6.1 试剂及配制方法

同工酶各种试剂的配制见附录 A。

7.6.2 样品的采集与制备

取月鳢脾脏 0.5 g，加 1.5 mL 的磷酸缓冲液（0.1 mol/L，pH=7.1），在 1 mL 匀浆器中冰浴匀浆，匀浆液于 4 ℃、12 000 r/min 离心 30 min，取上清液，重复以上离心过程 2 次，至上清液澄清。

7.6.3 制胶

先将混匀的 6.5%（质量分数）分离胶液倒入模板，插好梳子，置于 36 ℃左右 30 min。待凝胶聚合好，置于 4 ℃冰箱中保存，备用。

7.6.4 点样

点样量为 20 μL。吸取 18 μL 样与 2 μL 溴酚蓝指示剂混匀，加到点样孔中。

7.6.5 **电泳分离**

7.6.5.1 采用聚丙烯酰胺凝胶垂直板连续电泳。

7.6.5.2 电极缓冲液:pH 为 8.3 的 Tris-甘氨酸。

7.6.5.3 电泳:稳压 300 V(起始电流约 30 mA)电泳 5 h～6 h(溴酚蓝至胶边缘 2 cm 处)。

7.6.5.4 染色:电泳结束后,放入预先配好并在 37 ℃恒温箱中保温的同工酶染色液中染色,至酶带显色清晰。

7.6.6 **扫描**

本标准由双波长飞点扫描薄层分析仪根据酶带染色强度不同自动识别。

8 检验规则与结果判定

按 GB/T 18654.1 的规定执行。

附 录 A
（规范性附录）
同工酶各种试剂的配制

A.1 磷酸缓冲液(0.1 mol/L，pH=7.1)的配制

A.1.1 A液[0.1 mol/L，磷酸氢二钠(Na_2HPO_4)]配制：取35.82 g $Na_2HPO_4 \cdot 12H_2O$ 定容于1 000 mL蒸馏水中。

A.1.2 B液[0.1 mol/L，磷酸二氢钠(NaH_2PO_4)]配制：取13.80 g $NaH_2PO_4 \cdot H_2O$ 定容于1 000 mL蒸馏水中。

A.1.3 磷酸缓冲液由A液和B液按体积比67∶33的比例混合而成，现配现用。

A.2 凝胶制备

A.2.1 凝胶制备溶液的配制

各种凝胶制备溶液的配方见表A.1。

表A.1 各种凝胶制备溶液的配方

溶 液	配 制 方 法
凝胶缓冲液（用时稀释5倍）	取Tris 56.75 g加200 mL蒸馏水，用浓盐酸调pH为8.9，加蒸馏水到250 mL，4 ℃贮存
凝胶储液	取丙烯酰胺33.3 g、N,N′-亚甲基双丙烯酰胺0.9 g、四甲基乙二胺(TEMED)338 μL溶于蒸馏水中定容到150 mL，4 ℃贮存
过硫酸铵(AP)	取过硫酸铵1.5 mg溶解到100 mL蒸馏水中，4 ℃贮存

A.2.2 分离胶的制备

用6.5%分离胶制成聚丙烯酰胺垂直板凝胶，该凝胶液配方见表A.2。

表A.2 凝胶制备配方

凝胶缓冲液/mL	25
凝胶储液/mL	14.4
过硫酸铵(AP)/mL	2.4
纯水/mL	8.2
总体积/mL	50

A.3 加样指示剂

0.15%溴酚蓝-50%甘油：称取0.15 g溴酚蓝溶于50 mL蒸馏水，再加50 mL甘油混匀。

A.4 电极缓冲液

电极缓冲液母液，其配方见表A.3。电泳时稀释10倍使用。

表A.3 电极缓冲液制备

溶 液	配 制 方 法
电极缓冲液母液(pH8.3)	取甘氨酸28.80 g溶于800 mL水，用约6.00 g的Tris调pH至8.3，加蒸馏水到1 000 mL

A.5 同工酶染色液的配制

A.5.1 染色用各溶液配方见表 A.4。

表 A.4 染色用溶液配方

溶 液	配 制 方 法	
A	氯化硝基四氮唑蓝(NBT)	125 mg
	辅酶Ⅰ(NAD)	250 mg
	吩嗪甲酯硫酸盐(PMS)	10 mg
	氯化钠(NaCl)	145 mg
	水(H_2O)	100 mL
B 乳酸钠	乳酸钠	15 mL
	水(H_2O)	85 mL
C 0.5 mol/L Tris-HCl 染色缓冲液(pH=7.1)	取 Tris 60.5 g 溶于 800 mL 蒸馏水中,用盐酸调节 pH 至 7.1,加蒸馏水到 1 000 mL	

A.5.2 染色液配方:取 A 液 10 mL、B 液 10 mL、C 液 18 mL、水 62 mL,混合均匀。

ICS 17.160
J 04

中华人民共和国国家标准

GB/T 25889—2010/ISO 22096:2007

机器状态监测与诊断 声发射

Condition monitoring and diagnostics of machines—Acoustic emission

(ISO 22096:2007,IDT)

2010-12-23 发布 2011-06-01 实施

中华人民共和国国家质量监督检验检疫总局
中国国家标准化管理委员会
发布

前　言

本标准等同采用 ISO 22096:2007《机器状态监测与诊断　声发射》(英文版)。

本标准等同翻译 ISO 22096:2007。

本标准与 ISO 22096:2007 相比，编辑性修改内容如下：

——将“本国际标准”改为“本标准”；

——删除了国际标准前言；国际标准引言用我国的语言方法表述；

——对 ISO 22096:2007 引用的其他国际标准，有被等同采用为我国标准的用我国标准代替相应的国际标准，未被采用为我国标准的直接引用国际标准。

本标准由全国机械振动、冲击与状态监测标准化技术委员会(SAC/TC 53)提出并归口。

本标准主要起草单位：武汉理工大学、中国特种设备测试研究院、广州市计量检测技术研究院、郑州机械研究所。

本标准的主要起草人：向阳、沈功田、周伦彬、韩国明。

引　言

声发射(AE)技术可作为一门独立的状态监测技术使用,也可作为其他状态监测技术(振动、红外等等)的补充用于机器状态分析和诊断/预测。由于AE技术的特性,并没有必要掌握所要监测机器的运行机理,但是对它的理解可以从AE现象的结果中最大限度地获取数据。作为机器状态监测的诊断工具,根据机器的安全程度,AE可采用固定式、半固定式或者便携式系统。一个典型的AE系统包括:传感器、放大器、滤波器和数据采集系统。根据特定的应用场合,一系列AE特性可以从获取的AE中抽取出来以指示机器的状态。

机器状态监测与诊断　声发射

1　范围

本标准规定了在一定状态和环境下应用声发射进行机器状态监测和诊断所遵循的一般原则。

本标准适用于所有机器及相关部件，但仅涉及对结构进行的测量。

2　规范性引用文件

下列文件中的条款通过本标准的引用而成为本标准的条款。凡是注日期的引用文件，其随后所有的修改单(不包括勘误的内容)或修订版均不适用于本标准，然而，鼓励根据本标准达成协议的各方研究是否可使用这些文件的最新版本。凡是不注日期的引用文件，其最新版本适用于本标准。

GB/T 20921　机器状态监测与诊断　词汇(GB/T 20921—2007，ISO 13372:2004，IDT)

GB/T 2298　机械振动、冲击与状态监测　词汇(GB/T 2298—2010，ISO 2041:2009，IDT)

ISO 12718　无损检测　涡流探伤　词汇

ISO 18436-6　机器状态监测与诊断　人员培训与认证　第6部分：声发射

3　术语和定义

GB/T 2298、ISO 12718、GB/T 20921 中确立的以及下列术语和定义适用于本标准。

3.1

声发射　acoustic emission

〈机器监测〉在材料内部和/或表面由局部源能量的快速释放使波在结构和流体(液体、气体)中传播时所产生的一系列现象。

注 1：这种释放可能是诸如裂纹扩展、摩擦、冲击和泄漏过程所导致。

注 2：本标准中声发射的定义涵盖了其在机器监测中的广泛应用。

3.2

声发射监测　acoustic emission monitoring

〈机器监测〉表明机器运行状态的声发射数据和信息的检测和采集。

注：在本标准中声发射监测的定义与在机器监测中的应用有关。

3.3

声发射传感器/接收器　acoustic emission sensor/receiver

用于将弹性波运动转换为电信号的变送元件。

3.4

声发射信号　acoustic emission signal

由声发射导致的从声发射传感器输出的电信号。

3.5

声发射特性　acoustic emission characteristics

用来描述与机器和声发射源有关的声发射具体特征的集合。

注：特征可以是突发式的，即声发射事件在时间上是间断的；或者是连续式的，也就是声发射在时间上是不间断的。

3.6

声发射波导　acoustic emission waveguide

能够将弹性波从机器传送到声发射传感器上的装置。

3.7

背景噪声　background noise

由其他非声发射源或与所监测机器部件不相关的声发射源产生的伪信号。

注：它包括电信号、热信号和机械源信号等。

3.8

耦合剂　couplant

AE 传感器和所测物体之间的耦合介质。

例如：油、油脂、粘结剂、水溶性的黏合剂和蜡。

3.9

徐乃星源　Hsu-Nielsen source

在合适的装置中用易碎的石墨铅芯断裂来模拟声发射事件的铅笔芯折断装置。

注：铅芯的变化可引起信号变化。一般，用直径为 0.5 mm(也可为 0.3 mm)和长为(3.0±0.5)mm 的 2H 的铅芯。

3.10

机器　machine

用于执行特定任务，例如材料的成型或者运动、力或能量的传递和转换的机械系统。

注：有时称为设备。

3.11

机器系统　machine system

机组　machine train

机械系统中其主子系统是一特定用途的机器(3.10)，其余的子系统是一些部件和辅助设备，他们各自的功能集成起来以实现机器的运行和正常工作。

4　声发射技术的原理

4.1　声发射(AE)现象

声发射是一种发生在材料内部或者表面的物理现象，术语“声发射”用来描述自然产生的弹性能量以瞬态弹性波的形式释放的过程。发生在材料内部的声发射以弹性波的形式表现在材料表面，并且覆盖较宽的频率范围。一般来说，所检测到的声发射信号的频率范围为 20 kHz 到 1 MHz。

通过使用合适的传感器可以检测到 AE 的波形，这种传感器将材料表面的位移转换为电信号。这些电信号可由合适的仪器或数据处理技术来处理，以表征系统的状态并且有助于检测早期的机械缺陷和结构的完整性。从传感器输出的信号波形受多路径传播和在材料内部或者表面形成的几种波的模式的影响。因此，同一输入源通过不同的传递路径进行传播，传感器的响应也会不同。

4.2　声发射的优点和局限性

AE 有以下优点：

a)　非介入式的；

b)　提供实时过程信息；

c)　由于灵敏度较高，可以比振动分析提前发现故障信息；

d)　可以监测动态性能；

e)　适用于较宽的转速范围，特别在低转速[低于 1 Hz(60 r/min)]时更能显示出其优点；

f)　可以监测到摩擦/磨损过程，例如，松动的配合部件间的摩擦或者润滑状况的恶化。

AE 的局限性包括：

a)　易受衰减的影响；

b) 易受高的运行背景噪声的影响；

c) 不能将监测到的 AE 缺陷特征与准确的故障机理相联系。

5 声发射技术的应用

5.1 用声发射进行机器状态监测

声发射技术可广泛用于机器的状态监测，提供了一条从测点到感兴趣部位的传递路径。这对于结构声发射监测来说尤其重要，详例见表 1。这种方法并不依赖于所测 AE 参数的绝对值，而是依赖于在特定的运行状态下 AE 参数的变化趋势。例如，在稳定运行状态下检测到的 AE 信号电平有增加的趋势，这预示机器状态恶化。轴承故障频率调制的 AE 信号幅值指示轴承元件发生早期故障，而这用振动和冲击脉冲的方法可能检测不到。应该注意到声发射活性将会因机器、运行状态和机器负荷的不同而变化。

表 1　应用声发射进行机器状态监测的举例

机器类型	故障						
	轴承损伤	机械密封异常摩擦	磨损	润滑剂污染和润滑剂损耗	严重不对中	安装故障	过程监测，包括泄漏，性能等
泵	√	√	√	√	√	√	√
齿轮箱	√	—	√	√	√	√	√
电机	√	—	—	√	√	√	—
汽轮机	√	√	—	√	√	√	√
工业燃气轮机	√	√	—	√	√	√	√
发电机	√	—	—	√	√	√	—
柴油机	—	—	√	—	—	—	√
机械加工	√	—	√	√	—	—	—
风扇或风机	√	—	—	√	√	—	√
低速旋转机器(转速通常小于 60 r/min)	√	—	—	√	√	√	√
机器部件，例如阀、热交换器	—	—	√	√	—	√	√
压缩机(空气、燃气等)	√	√	√	√	√	√	√

5.2 干扰因素

在进行 AE 测量之前，必须清楚潜在的噪声源，例如电子噪声(电磁和无线电频率干扰)、空气噪声(例如漏气或在有风的环境下沙粒的撞击)、运行背景噪声(流体在管中的流动)和机械背景噪声，它们的存在可能影响 AE 测量结果。

6 数据采集

6.1 系统安装

典型的结构监测 AE 数据采集系统示意图如图 1 所示。通常连接在被测机器上的传感器依次与前置放大器、数据采集系统相连,有些 AE 传感器包含内置前置放大器。当机器运转时获取数据,数据量和分析范围取决于具体的应用。系统可以是固定式、半固定式或便携式。

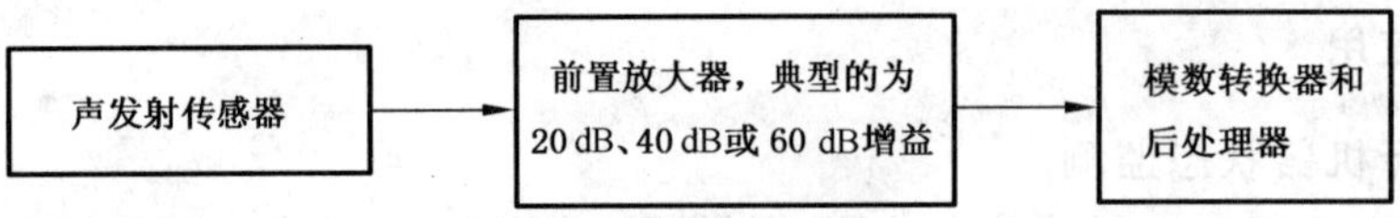

图 1 采集系统示意图

6.2 AE 仪器和传感器

检测是 AE 环节中最重要的部分,应尽量解决安装不良及声耦合方面的问题,并考虑滤波器、传感器和采样频率等的不正确频率选择的影响。检测仪器和传感器的特性表征和校准都应依据 EN 13477-1、EN 13477-2、ASTM E 1106-86 和 ASTM E 976-05 执行。另外,应考虑的传感器参数包括尺寸、灵敏度、频率响应和环境。在可能的情况下,例如大型的圆形轴承,有必要用传感器阵列来进行源定位,定位可用很多方法,AE 波到达时间是其中一种方法。

6.3 传感器的安装和结构监测的耦合剂

为了结构监测,安装的目的是确保传感器通过足够的耦合剂固定到结构上。安装的方法可以是机械式(用磁铁或机械式的夹具等产生的压力),或使用粘合剂,对后一种情况,粘合剂也可以看做是耦合剂。

AE 传感器的位置要保证有一条到达机器被测部件的传递路径,这一路径可以包括不连续的接触面(例如螺母和被固定部件之间的接合面),然而这些表面必须直接或者通过耦合剂接触(例如以润滑油和冷却油为传递耦合剂的滑动轴承的传递路径)。另外,安装传感器的表面应很干净。可以去掉表面油漆露出金属底层来改善信号传递路径,但是去除任何表层不应破坏机器的完整和性能。应该保证传感器表面与结构表面贴合平整,避免表面凹凸不平、存在脏污颗粒或表面不连续。这样做的主要目的是改善传递路径和保证可重复性。

在某些情况下,AE 传感器可安装在波导杆上,通常设立波导杆是为了确保传感器和被测机器部件之间有更直接的传递路径,和/或减少温度对 AE 传感器的影响,波导杆可影响所获得的 AE 波,例如,衰减、波形等。

可以在传感器安装位置中心放少量耦合剂,然后小心地按压在表面上,均匀地将耦合剂铺开,耦合剂的厚度会改变传感器的灵敏度。

在不能使用耦合剂的情况下,可用干接触。这种情况下,可通过实验确定必须的接触压力,例如,用徐乃星源。应保证在传感器的前表面和机器表面之间不存在空气或空隙。

当用粘合剂作为耦合剂时,必须保证将 AE 传感器与结构牢固的粘结,不因为表面变形、热膨胀或机械负荷等因素影响而产生开裂或剥离。同样必须知道粘合剂的性能随着运行条件和环境的变化而发生怎样的变化。

注:粘合剂开裂也是声发射的来源。

传感器电绝缘对于避免由于电气接地而引入背景噪声是很重要的。

7 初步信息

准备和执行检查、解释结果之前必须了解的信息如下:

——机器的识别名称和编号;

——目前详细的运行工况(负荷、转速、温度等);

——运行、维护保养措施的历史;

——机械设计细节;

——失效故障的历史;

——以前的 AE 数据。

解释结果需要参考相关的试验数据库或者已知的机械整体的运行工况:基线。基线就是设备在可接受和稳定的运行条件下所测的或观测到的数据或数据集合。后来的测量数据可与基线数据比较以发现其变化。基线数据必须准确定义机器的初始稳定状态,在正常运行状态下更好。

对于有多种运行工况的机器,很有必要建立每个工况下的基线。对于新的和大修过的机器,存在一个磨合期。因此,在最初的几天或几周运行中通常可看到测量数据有变化。所以在获取基线数据前应该留出磨合时间。对于运行了很长一段时间的设备进行第一次监测,仍然可以建立基线作为趋势参考点。

8 数据分析和结果报告

数据分析的主要目的是将 AE 测量结果和运行状态联系起来,测量或监测任何偏离基线的偏差,以帮助识别机器的状态。

由声发射评价机器运行状态所采用的准则举例如下:

a) 声发射活性随时间的延续持续增大;

b) 稳态运行期间巨大的声发射活性;

c) 当机器正常运转时没有出现声发射信号的特征;

d) 基于仪器内设的信号特征的仪器特定的方法;

e) 在故障重复频率出现幅值调制信号。

9 建立工艺规程

需要强调的是获得成功的声发射测量是基于在设定参数范围内重复准确的监测。这要求声发射检测人员有能力建立、检验和实施书面工艺规程,以进行特定监测应用,同时了解其局限性。这些能力要求在 ISO 18436-6 中有规定。

参 考 文 献

[1] GB/T 22393 机器状态监测与诊断 一般指南(GB/T 22393—2008,ISO 17359:2003,IDT).

[2] EN 13477-1 无损检测 声发射 设备特性 第1部分:设备种类.

[3] EN 13477-2 无损检测 声发射 设备特性 第2部分:运行特性的检验.

[4] EN 13554 无损检测 声发射 总则.

[5] ASTM E 976-05 确定声发射传感器响应重复性的标准指南.

[6] ASTM E 1106-86 声发射传感器的初级校准标准方法.

[7] DSTU 4227 关键对象的声发射诊断指南.

[8] GB/T 12604.4 无损检测 术语 声发射检测(GB/T 12604.4—2005,ISO 12716:2001,IDT).

[9] GB/T 19800 无损检测 声发射检测 换能器的一级校准(GB/T 19800—2005,ISO 12713:1998,IDT).

[10] GB/T 19801 无损检测 声发射检测 声发射传感器的二级校准(GB/T 19801—2005,ISO 12714:1999,IDT).

ICS 29.280
S 35

中华人民共和国国家标准

GB/T 25890.1—2010/IEC 61992-1:2006

轨道交通　地面装置　直流开关设备
第1部分:总则

Railway applications—Fixed installations—
DC switchgear—Part 1:General

(IEC 61992-1:2006,IDT)

2011-01-10 发布　　2011-06-01 实施

中华人民共和国国家质量监督检验检疫总局
中国国家标准化管理委员会　发布

前　言

GB/T 25890《轨道交通　地面装置　直流开关设备》由以下几部分组成：

——第1部分：总则；

——第2部分：直流断路器；

——第3部分：户内直流隔离开关、负荷开关和接地开关；

——第4部分：户外直流隔离开关、负荷开关和接地开关；

——第5部分：直流避雷器和低压限制器；

——第6部分：直流成套开关设备；

——第7-1部分：直流牵引供电系统专用测量、控制和保护装置　应用指南；

——第7-2部分：直流牵引供电系统专用测量、控制和保护装置　隔离电流变送器和其他电流测量设备；

——第7-3部分：直流牵引供电系统专用测量、控制和保护装置　隔离电压变送器和其他电压测量设备。

本部分为GB/T 25890的第1部分。

本部分按照GB/T 1.1—2009给出的规则起草。

本部分采用翻译法等同采用IEC 61992-1:2006《轨道交通　地面装置　直流开关设备　第1部分：总则》(英文版)。

与本部分中规范性引用文件的国际文件有一致性对应关系的我国文件见附录NA。

本部分做了下列编辑性修改：

——3.3.28.3注中的IEC 60466已经被IEC 62271-201替代，对应升级；

——7.8.3后的表8移至7.8.2后，因7.8.2正文中首次出现“表8”；

——在正文中引用IEC 60913为不带版本号不涉及具体条款的引用，第2章对应改为不带版本号；

——增加资料性附录NA。

本部分由中华人民共和国铁道部提出。

本部分由全国牵引电气设备与系统标准化技术委员会(SAC/TC 278)归口。

本部分负责起草单位：中铁电气化勘测设计研究院有限公司。

本部分参加起草单位：中铁第四勘察设计院集团有限公司。

本部分主要起草人：王彦利、田胜利、缪耀珊。

本部分参加起草人：温建民。

轨道交通 地面装置 直流开关设备
第1部分:总则

1 范围

GB/T 25890的本部分规定了直流开关设备和控制设备的要求,适用于向公共轨道交通设施(如城轨车辆、有轨电车以及无轨电车等)供电的额定电压不超过直流3 000 V的地面电气装置。

本部分规定了GB/T 25890通用的基本要求。

2 规范性引用文件

下列文件对于本文件的应用是必不可少的。凡是注日期的引用文件,仅注日期的版本适用于本文件。凡是不注日期的引用文件,其最新版本(包括所有的修改单)适用于本文件。

IEC 60050-441:1984 国际电工词汇(IEV)第441部分:开关设备、控制设备和熔断器[International Electrotechnical Vocabulary(IEV)—Chapter 441:Switchgear,controlgear and fuses]

IEC 60050-446:1983 国际电工词汇(IEV)第446部分:继电器[International Electrotechnical Vocabulary(IEV)—Chapter 446:Electrical relays]

IEC 60050-605:1983 国际电工词汇(IEV)第605部分:发电、输电及配电 变电站[International Electrotechnical Vocabulary(IEV)—Chapter 605: Generation, transmission and distribution of electricity—Substation]

IEC 60050-811:1991 国际电工词汇(IEV)第811部分:电力牵引[International Electrotechnical Vocabulary(IEV)—Chapter 811: Electric traction]

IEC 60060-1:1989 高电压试验技术 第1部分:一般定义和试验要求(High-voltage test techniques—Part 1:General definitions and test requirements)

IEC 60099-1:1999 避雷器 第1部分:交流有间隙非线性电阻型避雷器(Surge arresters—Part 1: General definitions and test requirements)

IEC 60099-4:2004 避雷器 第4部分:交流无间隙金属氧化物避雷器(Surge arresters—Part 4: Metal-oxide surge arresters without gaps for a. c. systems)

IEC 60269-1:1998 低压熔断器 第1部分:基本要求(Low-voltage fuses—Part 1:General requirements)

IEC 60721(所有部分) 环境条件分类(Classification of environmental conditions)

IEC 60850:2000 铁路应用 牵引系统的供电电压(Railway application—Supply voltage of traction systems)

IEC 60913 电力牵引架空线路(Electric traction overhead lines)

IEC 60947(所有部分) 低压开关设备和控制设备(Low-voltage switchgear and controlgear)

IEC 62271-200:2003 高压开关设备和控制设备 第200部分:额定电压为1 kV以上和52 kV以下(包括52 kV)的金属封闭式交流开关设备和控制设备(High-voltage switchgear and controlgear—Part 200:AC metal-enclosed switchgear and controlgear for rated voltages above 1 kV and up to and including 52 kV)

EN 50124-1:2001 铁路设施 绝缘配合 第1部分:基本要求 所有电气和电子设备的空隙和蠕

变距离(Railway application—Insulation coordination—Part 1:Basic requirements—Clearances and creepage distances for electrical and electronic equipment)

3 术语和定义

IEC 60050-441:1984、IEC 60050-446:1983、IEC 60050-605:1983、IEC 60050-811:1991、IEC 60099-1:1999、IEC 60099-4:2004、IEC 60947、IEC 62271-200:2003、EN 50124-1:2001 确立的以及下列术语和定义适用于本文件。

3.1 一般术语

3.1.1

开关设备 switchgear

开关电器及开关器与相关的控制、测量、保护及调节设备的组合的通称,也可指这些开关电器和设备同有关的内部连接、附件、外壳和支持件组成的成套设备。

注:简单起见,本部分中所说的"开关设备"指"开关设备和控制设备"。

3.1.2

直流成套开关设备和控制设备 d.c. switchgear and controlgear assembly

包括全部内部电气连接和机械联结,由供应商完整组装的一个或多个直流开关电器与相关控制、测量、保护和调节等设备的组合。

注1:在GB/T 25890中,"成套开关设备"均指"直流成套开关设备和控制设备"。

注2:成套开关设备的部件指机电部件或电子部件。

注3:内部设有一组开关设备和若干相关控制设备的箱体,即使箱体未完全封闭,也可认为是"成套开关设备"。

3.1.3

开关电器 switching device

用于关合或分断一个或几个电路中的电流的电器。

[IEC 60050-411.14.01]

3.1.4

直流断路器 d.c. circuit-breaker

能关合、承载和分断正常电路条件下的直流电流,也能在规定的非正常电路条件(如短路条件)下关合、承载一定的非正常电流(限定幅值和时间)和分断电流的机械开关电器。

3.1.5

直流隔离开关 d.c. disconnector

在分闸位置上,能提供符合规定要求的隔离断口的直流机械开关电器。

注1:隔离开关能够断开或闭合微小直流电流、或者两端电压差别微小的电路。隔离开关能够承载正常条件下的直流电流,还能够承载规定时间内的异常电流(如短路电流)。

注2:隔离开关不能关合或分断负荷电流、故障电流或由于雷电(或其他瞬态现象)引起的电流。

注3:隔离开关只能关合或分断幅值非常有限的电流,如完好绝缘状况下的静电充电或放电电流。开关关合或分断的最小电流的能力与系统瞬态条件有关,由买方和制造商协商确定。

3.1.6

负荷开关 switch-disconnector

能关合、承载和分断正常电路条件下和规定的过负荷条件下的直流电流,也能在规定的非正常电路条件(例如短路条件)下关合、承载(规定时间内的)电流的开关电器。除此之外,还具备隔离开关的性能(见3.1.5)。

注1:可以要求负荷开关关合短路电流,但不能分断短路电流。

注2:在规定的条件下,户外负荷开关可以分断规定幅值的过载电流。

3.1.7

接地开关 earthing switch

用于电路接地部分的机械开关电器，应能在规定时间内承载非正常电路条件下的电流（如短路电流），但不要求承载正常电路条件下的电流。

[IEC 60050-411.14.11]

注：接地开关可具有短路关合能力（见3.2.23）。

3.1.8

低压限制器 low-voltage limiter

并接于牵引供电系统中可能发生过电压的部位，能够将过电压限制在规定数值内的设备。

3.1.9

直流传感器 d.c. sensor

与具有信号功能的二次侧器件连接，用于测量直流主电路电流或电压，并产生与一次侧输入成正比且（在一定范围内）有线性关系的输出信号的器件。

3.1.10

直流分流器 d.c. shunt

通常为金属栅格构成的器件，接于一次侧回路中，其毫伏级的输出正比于一次侧回路电流。

3.1.11

隔离变送器 isolating transducer

装在主电路传感器输出端口与二次侧保护或测量设备的输入端口之间的器件，其输出与主电路隔离。

3.1.12

霍尔效应传感器 Hall effect sensor

一种环绕主电路载流导体安装，将一个或多个霍尔效应元件置入磁路产生的磁场中，由主导体电流激励的传感器。

3.1.13

分压器 divider

一组与主电源相连的电阻，其底部电阻处输出的电压正比于主电源电压，该输出电压直接或通过隔离变送器间接与二次侧器件的电压端子相连。

3.1.14

操作 operation

开关的动触头从一个位置转换到另一个位置，例如分闸位置到合闸位置或分闸位置到接地位置。

注1：可以指一次合闸操作，也可以指一次分闸操作。

注2：如果有必要区分，可使用术语“电气操作”（例如关合和分断）和“机械操作”（例如合闸和分闸）。

注3：当开关电器处于保持一次回路连通的位置时，指示“合闸”位置。

注4：当开关电器处于保持触头之间的预定距离时，指示“分闸”位置。

3.1.15

（机械开关电器的）操作循环 operating cycle (of a mechanical switching device)

从一个位置转换到另一个位置，再返回到初始位置的连续操作。如有多个位置，则需通过其他所有位置。

[IEC 60050-411.16.02]

3.1.16

（机械开关电器的）人力操作 dependent manual operation (of a mechanical switching device)

完全靠直接施加人力的一种操作，其操作速度和操作力因操作者而异。

[IEC 60050-411.16.13]

3.1.17

(机械开关电器的)储能操作 stored energy operation (of a mechanical switching device)

利用操作前储存于操动机构本身的,并且在预定条件下足以完成操作的能量所进行的一种操作。

[IEC 60050-411.16.15]

注:这种操作可按以下方式分类:

a) 储能方式(弹簧式、重物式等);

b) 能量来源(人力式、电力式等);

c) 能量释放方式(人力式、电力式等)。

3.1.18

(机械开关电器的)人力储能操作 independent manual operation (of a mechanical switching device)

能量来源于人力,并在一次连续操作中储存和释放能量的一种储能操作,操作速度和操作力与操作者的动作无关。

[IEC 60050-411.16.16]

3.1.19

动力储能操作 independent power operation

储存的能量来源于外部的动力源,在一个连续的操作过程中释放储存能量的一种储能操作,操作速度和操作力与操作者的动作无关。

3.1.20

具有防分闸和/或防合闸连锁的开关电器 switching device with interlock preventing opening and/or closing operations

依靠系统规定的连锁,能够防止合闸和/或分闸的开关电器。

3.1.21

(开关电器的)使用类别 utilization category (of a switching device)

与开关电器完成本身用途所处的工作条件有关的规定要求的组合,其要求是从表征实际使用的一个特征组选出的。

注1:改写 IEC 60050-411.17.19。

注2:规定的要求包括关合能力(如适用)、分断能力、其他特性、连接的电路以及有关的使用条件和性能。术语"工作制"在本部分的其他场合应用时,应与"使用类别"中的特定条件一致。

3.1.22

单向开关电器 unidirectional switching device

用于断开预定(并标明)方向的直流电流的开关电器(例如断路器)。

3.1.23

双向开关电器 bidirectional switching device

用于断开从任一(并标明)方向的直流电流的开关电器(例如断路器)。

注:双向能力的验证包含于分断型式试验。

3.2 特性参数

3.2.1 电压

3.2.1.1

标称电压 nominal voltage

U_n

装置或装置部件上标明的电压值。

3.2.1.2 系统电压限值

3.2.1.2.1

系统最高电压 highest system voltage

U_{max}

在 IEC 60850:2000 中规定的持续运行条件下电压的最高值(U_{max1})。

3.2.1.2.2

系统最低电压 lowest system voltage

U_{min}

在 IEC 60850:2000 中规定的持续运行条件下电压的最低值(U_{min1})。

3.2.1.3

额定绝缘电压 rated insulation voltage

U_{Nm}

设定设备绝缘所采用的直流电压最大值。

3.2.1.4

额定电压 rated voltage

U_{Ne}

制造商提供的电压值,与额定工作电流一起限定设备的使用条件,相应的试验和使用类别等与此相关。

注:额定电压可以与标称电压不同,差值在允许的公差范围内。

3.2.1.5

辅助和控制电路的额定供电电压 rated auxiliary and control supply voltage

设备运行时,在回路端子处测得的电压。测量时由制造商提供或要求的辅助电阻或附件应与设备串联,但可以不包含与电源连接的导体。

3.2.1.6 避雷器和低压限制器的电压

3.2.1.6.1

有间隙避雷器额定电压 rated voltage of a gapped arrester

U_r

施加到避雷器端子间的最大直流电压,按照此电压所设计的避雷器应能够持续承受该电压。

3.2.1.6.2

无间隙避雷器额定电压 rated voltage of a gapless arrester

U_r

施加到避雷器端子间的最大直流电压,按照此电压所设计的避雷器,能在所规定的动作负载试验中确定的暂时过电压下正确地工作(见 GB/T 25890.5—2010 中 4.7.5)。额定电压是表明避雷器运行特性的一个重要参数。

3.2.1.6.3

低压限制器额定电压 rated voltage of a low-voltage limiter

U_r

低压限制器能够持续承受的施加到其端子间的最大直流电压。

3.2.1.6.4

无间隙避雷器最大持续运行电压 maximum continuous operating voltage of a gapless arrester

U_c

指 3.2.1.2.1 中规定的电压 U_{max} 所对应的电压。

3.2.1.6.5

有间隙避雷器的电压保护水平　protective voltage level of a gapped arrester

U_p

制造商提供的峰值电压，高于避雷器端子间的以下 3 个电压：I_n 下的残压、最大标准雷电冲击放电电压、最大陡波冲击放电电压/1.15。

3.2.1.6.6

无间隙避雷器的电压保护水平　protective voltage level for gapless arrester

U_p

避雷器冲击保护水平，包括标称放电电流 I_n 下的最大残压。

3.2.1.6.7

低压限制器的最大耐受电压　maximum withstand voltage of a low-voltage limiter

U_w

保证通过低压限制器的电流为零或低于某一限值（泄漏电流）条件下，低压限制器端子间的最大峰值电压。

3.2.1.6.8

低压限制器最大放电电压　maximum sparkover voltage of a low-voltage limiter

U_s

通过带间隙低压限制器的接通而限定的端子间的最大电压，用于限制设备端子间的电压，使之处于安全范围之内。

3.2.1.7

额定冲击耐受电压　rated impulse withstand voltage

U_{Ni}

在规定的试验条件下，不造成设备击穿的具有一定形状和极性的冲击电压最高峰值。

3.2.1.8

工频耐压水平（干试和湿试）　power-frequency voltage withstand level (dry and wet)

U_A

设备能够承受的工频试验电压，能够验证运行工况下的设备整体绝缘水平。

3.2.1.9

恢复电压　recovery voltage

分断电流后，在开关电器的两接线端子间出现的电压。

注：改写 IEC 60050-411.17.25。

3.2.1.10

最大燃弧电压　maximum arc voltage

U_{arc}

燃弧期间，在开关设备两端出现的最大电压。

3.2.2

预期电流　prospective current

当开关设备被一个阻抗可以忽略不计的导体代替时，电路中可能流过的电流。

注 1：改写 IEC 60050-411.17.01。

注 2：预期电流可用同样的方法定性为真实电流：预期分断电流、预期电流的峰值等。

3.2.3

约定自由空气发热电流　conventional free-air thermal current

I_{th}

敞开式设备进行温升试验的电流（见注 1 和注 2）。该电流值大于等于设备的额定工作电流（I_{Ne}）的最大值。

注 1：敞开式是指正常条件下的室内空气环境，无灰尘，无外部热辐射。

注 2：敞开式设备是一个由制造商提供的没有外壳的设备（见 3.3.16）或一个由制造商提供的带一个整体外壳的设备（见 3.3.17）。

3.2.4

约定封闭发热电流　conventional enclosed thermal current

I_{the}

安装于特定外壳内的设备进行温升试验的电流值。该电流值大于等于设备的额定工作电流（I_{Ne}）的最大值。

3.2.5

额定工作电流　rated service current

I_{Ne}

制造商基于额定电压（见 3.2.1.4）、持续工作循环和使用类别（见 3.1.21）以及外壳防护等级（如有），提供的电流值。

注 1：任何超过 I_{Ne} 的电流均属于过负荷情况。

注 2：如果买方规定了过负荷的周期，应明确过负荷周期前后的稳态电流。如果过负荷周期内的温升超过了温升限值，则应选用更高一级的额定工作电流。

3.2.6　避雷器和低压限制器的电流

3.2.6.1

带间隙避雷器的标称放电电流　nominal discharge current of a gapped arrester

I_n

用来划分避雷器等级的、具有 8/20 波形的雷电冲击电流峰值，也可作为动作负载试验的起始放电电流。

3.2.6.2

无间隙避雷器标称放电电流　nominal discharge current of a gapless arrester

I_n

用来划分避雷器等级的雷电冲击电流的峰值（见 IEC 60099-4）。

3.2.6.3

低压限制器的长期耐受电流　long term with stand current of a low-voltage limiter

I_w

在规定条件下，低压限制器能够耐受 1 800 s 的电流。

3.2.6.4

低压限制器的泄漏电流　leakage current of a low-voltage limiter

在标称工作电压下，流过低压限制器端子的电流。

3.2.7

额定短时耐受电流　rated short-time withstand current

I_{NCW}

在规定的使用条件和性能下，在规定短时间内，开关设备在闭合位置时能承载的电流。

3.2.8

（成套开关设备的）额定接地故障电流　rated earth fault current (of a switchgear assembly)

I_{NCWe}

接地回路的最大短时耐受电流。

3.2.9

短路电流 short-circuit current

I_{ss}

电路故障或错误接线引起短路而导致的预期持续电流。

3.2.10

额定短路电流 rated short-circuit current

I_{Nss}

装置承载的预期持续短路电流的最大值。

3.2.11

短路电流峰值 peak of the short-circuit current

$\hat{I}_{ss}$

瞬态条件下短路电流的预期峰值。

3.2.12

截断电流 cut-off current

开关电器进行分断动作中达到的最大瞬时电流值。

注：改写 IEC 60050-411.17.12。

3.2.13

电路时间常数 circuit time constant

t_c

电路中电感与电阻的比值。

3.2.14

（线路）回路时间常数 track time constant (of a line)

T_c

开关电器负载侧的回路时间常数，包括接触网（架空接触网或第3轨）、回流回路以及所有低频或高频阻抗扼流圈。

3.2.15

（开关电器的）额定回路时间常数 rated track time constant (of a switching device)

T_{NC}

用于描述开关电器在规定条件下分断感性短路电流能力的常规值。

3.2.16

电源时间常数 source time constant

T_s

开关电器电源侧的直流电源时间常数，包括变电所内的交流电网、变流设备、平波电抗器、直流接线、变电所和轨道间的馈线和回流线。

3.2.17

分断电流 breaking current

开关电器进行分断的过程中，触头初始分离瞬间的电流。

3.2.18

分断能力 breaking capacity

开关电器在给定的电压与规定的使用条件和性能条件下，能够分断的预期电流值。

注：改写 IEC 60050-411.17.08。

3.2.19

额定短路分断能力 rated short-circuit breaking capacity

在规定条件下，包括开关电器负载端短路在内的分断能力。

3.2.20

临界电流　critical current

I_c

低于额定短路分断电流的分断电流值，在此电流下燃弧时间最长，且明显长于额定短路分断电流的时间。

注：可以产生此结果的一个电流或电流的范围，见附录C。

3.2.21

最大电路能量短路　maximum circuit-energy short circuit

I_{maxE}

通常发生在沿线变电所的近端，可能具有的最大电路能量的短路。

3.2.22

关合能力　making capacity

在规定的使用和性能条件下，开关电器在规定的电压下能够关合的预期关合电流值。

注：改写 IEC 60050-411.17.09。

3.2.23

额定短路关合能力　rated short-circuit making capacity

在规定条件下，包括开关电器负载端短路在内的关合能力。

3.2.24

远端故障短路　distant fault short-circuit

在远离开关电器分断故障的位置处发生的短路。

3.2.25

击穿放电　disruptive discharge

绝缘失效的现象，在试验电压作用下，放电将绝缘完全连通，电极间的电压降低到零或接近零。

注1：指固体、液体、气体介质及这3种介质组合的放电。

注2：固体介质的击穿放电将对介电强度产生永久性破坏(非自恢复性绝缘)。

注3："火花"指在气体或液体电介质中发生的放电。

注4："闪络"指在置于气体或液体介质中的固体表面发生的击穿放电。

注5："击穿"指在固体介质内部发生的击穿放电。

3.2.26

(开关设备的)环境温度　ambient air temperature (of a switchgear)

在规定条件下测定的开关设备或其外壳周围的空气温度。

3.3　元件

3.3.1

元件　component

具有特定功能的开关设备的基本部件(例如：断路器、隔离开关、负荷开关、熔断器、分流器、电压电流互感器、套管、母线等)。

3.3.2

导电部分　conductive part

能导电，但不一定承载工作电流的部分。

[IEC 60050-411.11.09]

3.3.3

外露导电部分 exposed conductive part

容易被操作者触及的导电部件和虽在正常情况下不带电，但在故障情况下可变为带电的部件。

[IEC 60050-411.11.10]

注1：只有在故障条件下通过一个外露导电部分才能带电的电气设备的导电部分，不能认为是外露导电部分。

注2：典型的外露导电部分如外壳等。

3.3.4

带电部分 live part

正常使用时带电的导体和导电部分，包括回流导体。

注：开关设备的回流电路可视为带电部分或接地部分。回流电路的额定绝缘电压由买方规定。

3.3.5

电气间隙 clearance

两个导电部分间最短的直线距离。

3.3.6

对地电气间隙 clearance to earth

任何导电部分与任何接地部件或用作接地的部件之间的电气间隙。

3.3.7 主触头之间的电气间隙

3.3.7.1

断开触头间的电气间隙 clearance between open contacts

在断开位置时机械开关电器一极的触头间或与触头相连的任何导电部分间的电气间隙。

3.3.7.2

隔离断口 isolating distance

在满足规定的隔离器安全要求时处于断开位置触头间的电气间隙。

3.3.8

爬电距离 creepage distance

两导电部分间沿绝缘材料表面的最短距离。

注：两个绝缘材料部件间接缝认为是表面部分。

3.3.9 主供电电压的电路

3.3.9.1

(开关电器的)主电路 main circuit(of a switching device)

开关设备中用以分断和闭合主供电电压下承载电流的电路。

3.3.9.2

(成套开关设备的)主电路 main circuit(of a switchgear assembly)

成套开关设备中，在主供电电压下承载电流的所有导电部分，但不包括母线。

3.3.9.3

(成套开关设备的)母线 busbars(of a switchgear assembly)

成套开关设备中，在主供电电压下将电流分配给一个或多个功能单元的所有导电部分。

3.3.10 主电路触头

3.3.10.1

(机械开关电器的)主触头 main contact (of a mechanical switching device)

机械开关电器的主电路中的一个触头，在闭合位置可承载主电路的电流。

3.3.10.2

弧触头　arcing contact

在其上建立电弧的触头。

注：弧触头可以作为主触头使用：为了保护另一触头，弧触头也可以设计成晚于被保护触头打开、先于被保护触头闭合的独立触头。

3.3.11

(开关电器的)控制电路　control circuit (of a switching device)

接入电路中用以控制和启动开关电器关合、断开操作的开关电器的所有导电部分，不包括接入主电路的部分。

3.3.12

(开关电器的)辅助电路　auxiliary circuit (of a switching device)

构成回路(不包括主电路和控制电路)的所有开关电器的导电部分。

3.3.13

(成套开关设备的)辅助电路　auxiliary circuit (of a switchgear assembly)

接入电路中(不包括主电路)用于控制、测量、信号和调节的所有开关电器的带电部分。

注：开关设备的辅助电路包括开关电器的控制和辅助电路。

3.3.14

运输单元　transport unit

开关设备不需拆除即可方便运输的部件。

3.3.15

功能单元　function unit

开关设备的一部分，由实现单一功能的主电路和辅助电路的全部元件构成。

注：功能单元可按其功能加以区别，如输入单元、输出单元等。

3.3.16

外壳　enclosure

能提供一个规定的防护等级来防止某些外部影响和防止接近或触及带电部分及运动部分的部件。

3.3.17

整体外壳　integral enclosure

构成装置一部分的外壳。

3.3.18

隔室　compartment

开关设备中，除了用于接线、控制和/或通风所必需的孔洞外的封闭部分。

注1：隔室可以由其包含的主要器件命名，例如：断路器隔室、母线隔室等。

注2：隔室间接线所必需的孔洞由套管或其他等效措施进行封闭。

注3：母线隔室可以延伸几个功能单元而不需要套管或其他等效措施。

3.3.19

隔板　partition

开关设备中把一个隔室同其他隔室分开的部件。

3.3.20

活门　shutter

开关设备的一个部件，在一个位置上作为带电部分的防护外壳或隔板，在另外一个位置上允许可移动部件的触头与带电部分连接。

3.3.21

套管　bushing

用于使单个或多个导体穿过外壳并与外壳绝缘的构件,包括固定方法。

3.3.22

可移件　removable part

即使主电路带电时,也能够从金属封闭开关设备内整体移出和更换的部件。

3.3.23

可抽件　withdrawable part

开关设备的一种可移开部件,能够移至保证断开的触头间满足绝缘距离或间隙要求的位置,但整个部件仍与开关设备的外壳保持机械连接。

3.3.24

可移件的工作位置(连接位置)　service position (connected position) of a removable part

按其预定的功能完全连接起来的可移件的位置。

3.3.25

(可抽件的)试验位置　test position (of a withdrawable part)

在主电路中建立起隔离断口或间隙并连接好辅助电路、控制电路的可抽件的位置。

3.3.26

(可抽件的)分开位置　disconnected position (of a withdrawable part)

在可抽件的所有回路建立起隔离断口或间隙,而同开关设备的外壳保持机械连接的可抽件的位置。

注:在开关设备中,辅助电路可以不分开。

3.3.27

(可移件的)移出位置　removed position (of a removable part)

可移件位于外壳的外面,并在机械和电气上与外壳分开时的位置。

3.3.28　**开关设备的类型**

3.3.28.1

金属封闭开关设备　metal-enclosed switchgear

除了外接连线外,开关设备组装在一个接地的完整金属外壳内。

注:金属封闭开关设备细分为3类:

——铠装式金属封闭开关设备;

——间隔式金属封闭开关设备(有一个或多个非金属隔板);

——箱式金属封闭开关设备。

3.3.28.2

铠装式金属封闭开关设备　metal-clad switchgear

内部主要部件分别安装在用接地金属隔板隔开的不同隔室中的金属封闭开关设备。

注1:该术语适用于金属封闭开关设备,开关设备依靠金属隔板提供满足(或高于)GB/T 25890.6—2010要求的防护等级,且至少下列设备应具有单独的隔板:

——每个主开关电器;

——与一个主开关电器的一端连接的元件,如:馈线回路;

——与主开关电器另一端连接的元件,如:母线;如果不止有一组母线,则每组母线应分别置于单独隔室。

注2:具有金属隔板并符合注1中的所有要求的金属封闭开关设备,可以应用一个绝缘的活门挡板作为活门的组成,这些的组合提供满足(或高于)GB/T 25890.6—2010中表1中给出的防护等级,并满足由绝缘材料制成的隔板和活门的标准。

3.3.28.3

(带非金属隔板的)间隔式金属封闭开关设备　compartmented switchgear (with non-metallic partitions)

部件安装于单独隔室内的金属封闭开关设备，类似于铠装式金属开关设备，但是利用1个或多个非金属隔板提供满足(或高于)GB/T 25890.6—2010中表1给出的防护等级。

注：如果满足IEC 62271-201规定的条件，主电路部件单独嵌在固体绝缘材料中的金属封闭开关设备可以认为是一种间隔式金属封闭开关设备。

3.3.28.4

箱式金属封闭开关设备　cubicle switchgear

除铠装式和间隔式开关设备以外的开关设备。

注：该术语适用于具有金属外壳以及如下特点的开关设备：
——隔室数量少于铠装式和间隔式金属封闭开关设备的要求；
——隔板防护等级低于GB/T 25890.6—2010中表1给出的等级；
——没有隔板。

3.3.29

防护等级　degree of protection

外壳提供的保护程度，防止人员触及或接近外壳内的带电部分和运动部分，并防止固体进入设备(见参考文献中GB 4208—2008)。

3.4 与直流断路器、负荷开关以及辅助继电器有关的术语

3.4.1

直流空气断路器　air d. c. circuit breaker

触头在大气压力下，在空气中分、合的直流断路器。

3.4.2

气体断路器　gas circuit-breaker

直流装置不采用。

3.4.3

半导体断路器　semiconductor circuit-breaker

依靠半导体的可控导电性来关合和/或分断电路电流的断路器。

注：半导体器件可带有机械触头。

3.4.4

线路断路器　line circuit-breaker

L

用于连接或断开供电回路与直流电源间连接的断路器。供电回路指将电能输送至机车车辆上的电机和牵引设备的回路。这些断路器装有电气保护及脱扣装置。线路断路器用于将牵引线路与带电母线隔离。

注：线路断路器都是自由脱扣断路器(见3.4.11)。

3.4.5

整流断路器　rectifier circuit-breaker

R

连接整流器出线与配电柜带电母线的断路器。

注1：整流断路器安装逆流串联脱扣装置，用在整流器故障时将整流器与直流母线断开。这些断路器为单方向操作工作，在正向时具有短时额定值。

注2："正向"和"逆向"为相对于正常情况下电能流向的方向。

3.4.6

互联断路器 interconnecting circuit-breaker

I

用于连接或断开不同区段接触网的断路器。

注：这类断路器有时被称为母线分段断路器或电分段断路器。

3.4.7 **限流断路器**

3.4.7.1

快速限流断路器 high speed current limiting circuit-breaker

H

断路器分断时间足够短，防止短路电流达到不设置分断开关情况下的电流峰值。

3.4.7.2

高速限流断路器 very high speed current limiting circuit-breaker

V

分断时间少于H型断路器的断路器，详细参数见GB/T 25890.2—2010的5.2b)。

3.4.8

半快速断路器 semi-high speed circuit-breaker

S

保证中断电流且此电流不超过电流限值的断路器。

3.4.9

带防合闸锁扣的断路器或负荷开关 circuit-breaker or switch-disconnector with lock-out preventing closing

如果导致断开操作的条件继续存在(例如：来自过负荷或短路电气保护的控制信号)，即使发出和/或保持闭合命令，主电路主触头也不会合闸的开关电器。

3.4.10

脱扣(操作) tripping (operation)

由继电器或脱扣器启动的开关电器的分闸操作。

3.4.11

自由脱扣断路器 trip-free circuit-breaker

当合闸操作开始后，即使合闸指令仍保持，只要脱扣操作开始进行，其动触头仍返回并保持断开位置的断路器。

注：为确保将可能接通的电流正常分断，可能要求触头瞬时到达合闸位置。

3.4.12

(机械开关电器的)脱扣器 release (of a mechanical switching device)

一种与机械开关电器有机械联接的装置，且用它来释放锁扣机构，使开关电器断开或闭合。

注1："脱扣器"术语指当设备的输入电气回路满足规定的条件时，进行机械动作执行分闸操作的所有装置。

注2：一个断路器可以有几个脱扣器，它们分别在不同条件下动作。

注3：一个脱扣器可以由机械、电磁或电子部件组成。

3.4.13

(机械开关电器的)继电器 relay (of a mechanical switching device)

与安装于开关电器操动机构上的脱扣器有电气连接，命令开关电器操作的装置。

注1："继电器"术语指当设备的输入电气回路满足规定的条件时，进行电气动作执行分闸操作的所有装置。

注2：一个断路器可以有几个继电器，它们分别在不同条件下动作。

注3：一个继电器可以由电磁或电子部件组成。

3.4.14

过流继电器或过流脱扣器　overcurrent relay or overcurrent release

当流过继电器或脱扣器的电流超过预定值时，使机械开关电器有延时（或无延时）动作的继电器或脱扣器。

3.4.14.1

直接过流继电器或过流脱扣器　direct overcurrent relay or direct overcurrent release

过流继电器或脱扣器直接由开关电器主电路的电流启动。

3.4.14.2

间接过流继电器或过流脱扣器　indirect overcurrent relay or indirect overcurrent release

过流继电器或脱扣器由开关电器主电路的电流通过分流器或传感器启动。

3.4.15

串联过流继电器或过流脱扣器　series overcurrent relay or series overcurrent release

作为断路器主电路一部分的继电器或脱扣器。

注：断路器的分闸操作也能够由其他专用于牵引设备的继电器或脱扣器（例如：差动继电器、热继电器等）引起。

3.4.16

瞬动继电器或瞬动脱扣器　instantaneous relay or instantaneous release

无动作延时的继电器或脱扣器。

3.4.17

脱扣器辅助开关　release auxiliary switch

由继电器或脱扣器控制，在故障状态下显示继电器或脱扣器操作的辅助开关。辅助开关可以设有延时复位。

3.4.18

分励继电器或分励脱扣器　shunt relay or shunt release

由独立电压源供电的继电器或脱扣器。

3.4.19

欠压继电器或欠压脱扣器　under voltage relay or under voltage release

当接线端子处的电压降至设定值之下时，引起开关电器断开的继电器或脱扣器。

3.4.20

（串联过流继电器或脱扣器的）电流整定值　current setting (of a overcurrent relay or release)

主电路的电流值，继电器或脱扣器的动作特性与其有关，且继电器或脱扣器根据该电流值进行整定。

注：一个继电器或脱扣器可有一个以上的电流整定值。

3.4.21

（串联过流继电器或脱扣器的）电流整定值范围　current setting range (of a series overcurrent relay or release)

继电器或脱扣器的电流整定值可以在最大值与最小值之间进行选择的范围。

3.4.22

防跳跃装置　anti pumping device

在一次合—分动作后，即使合闸指令仍然保持，也能防止重新合闸的装置。

3.4.23　**分断特性**

3.4.23.1

分闸时间　opening time

t_i

主电路中分闸操作开始时刻起到全部触头完全分离时刻止的时间间隔。

断路器的分闸操作可以由内置串联过流继电器(或脱扣器)(见3.4.23.3)或其他装置启动(见3.4.23.4)。

3.4.23.2

过流分闸时间　overcurrent opening time

过流继电器或脱扣器的分闸时间。

3.4.23.3

串联过流继电器(或串联过流脱扣器)启动的分闸时间　opening time with command from the series overcurrent relay (or series overcurrent release)

主电路中电流达到(继电器或脱扣器的)电流整定值时刻起到全部触头完全分离时刻止的时间间隔。

3.4.23.4

非过流继电器(或过流脱扣器)启动的分闸时间　opening time controlled by a device other than an overcurrent relay (or overcurrent release)

启动分闸操作的控制能量(能量发出或损耗)变化的初始时刻起到全部触头完全分离时刻止的时间间隔。

3.4.23.5

燃弧时间　arcing time

t_a

开始起弧的初始时刻与电弧完全熄灭的时刻之间的时间间隔。

3.4.23.6

全分断时间　total break time

t_b

分闸开始时刻与电流截止时刻之间的时间间隔。

$$t_b = t_i + t_a \qquad \cdots\cdots(1)$$

3.4.23.7

焦耳积分　joule integral

I^2t

断路器分断过程中,在全分断时间内电流值平方的积分。

$$I^2t = \int_{t_0}^{t_1} i^2 t \qquad \cdots\cdots(2)$$

式中:

t_0——分闸开始时刻;

t_1——电流截至时刻。

焦耳积分也可以只考虑燃弧时间。

3.4.23.8

断路器的 I^2t 特性　characteristic I^2t of a circuit-breaker

给定的 I^2t(对应于全分断时间)的数值信息(通常为波形),为试验电路的预期电流(处于相应的电压,继电器或脱扣器具有特定电流整定值)和时间常数的函数。

3.4.23.9

全分断时间-电流特性　total break time-current characteristic

在规定的继电器(或脱扣器)电流整定值和规定的试验回路时间常数的条件下,描述全分断时间与预期电流关系的波形。

3.4.23.10

截断(电流)特性　cut off (current) characteristic

在规定的脱扣器电流整定值和规定的试验回路时间常数的条件下,描述截断电流与预期电流关系的波形。

4　工作条件及要求

4.1　环境条件

户内设备的环境条件在附录B中规定。

在附录B中规定的条件下安装的设备,在进行招标和设备订货时不需要特别说明。

一个或多个常规条件不能满足的工作条件应认为是异常工作条件。在这种情况下,设备的附加要求应由买方和制造商协商确定。

当设备工作于非正常条件下,利用试验验证设备适用于该非正常条件。对于标准中有规定的试验项目或参数参照标准的说明,对于标准中没有规定的参照买卖双方的约定。

4.2　绝缘水平

在询价单、定单以及铭牌中应标明(按照GB/T 25890相应部分规定的方法)采用的额定绝缘电压和额定冲击电压水平。

绝缘水平和电气间隙见表1。

爬电距离的推荐值见附录D。

设备的几个特殊部分考虑了开关冲击电压,并在本部分的适当位置说明。除非另有特殊说明,开关冲击电压水平与雷电冲击电压相同。

设备内部、设备与其接地金属外壳、设备与其绝缘材料外壳之间的距离可以低于表1所述的最小值。但应该进行适当的型式试验验证,在实际运行的气候条件或正常的工作条件下,无放电发生,且给定的绝缘水平和距离是足够的。

表1　绝缘水平

U_n	U_{Ne}	U_{Nm}	OV	U_{Ni}		U_a		户内电气间隙		户外电气间隙	
				A	B	A	B	A	B	A′	B′
kV	kV	kV		kV	kV	kV	kV	mm	mm	mm	mm
0.6	0.72	0.9	3	6	7.2	2.8	3.4	10	12	18	22
			4	8	9.6	3.6	4.3	14	17	21	25
0.75	0.9	1.2	3	8	9.6	3.6	4.3	14	17	21	25
			4	12	14.4	5.5	6.6	22	26	27	32
0.75	0.9	1.8	3	10	12	4.6	5.5	18	22	23	28
			4	15	18	6.9	8.3	27	32	33	40
1.5	1.8	2.3	3	12	14.4	5.5	6.6	22	26	27	32
			4	18	21.6	8.3	10	32	38	39	47
1.5	1.8	3	3	15	18	6.9	8.3	27	32	33	40
			4	20	24	9.2	11	36	43	43	52

表 1(续)

U_n	U_{Ne}	U_{Nm}	OV	U_{Ni}		U_a		户内电气间隙		户外电气间隙	
				A	B	A	B	A	B	A′	B′
kV	kV	kV		kV	kV	kV	kV	mm	mm	mm	mm
3	3.6	3.6	3	25	30	11.5	13.8	45	54	53	64
			4	30	36	14	16.8	54	65	63	76
3	3.6	4.8	3	30	36	14	16.8	54	65	63	76
			4	40	48	18.5	22.2	72	86	82	98
3	4.8	6.5	3	40	48	18.5	22.2	72	86	82	98
			4	50	60	23	27.6	91	109	101	121

项目	数据来源	
U_n=标称电压	(IEC 60850:2000)	A:对地和极间—户内 B:隔离断口—户内 A′和B′对应于A和B,但为户外数值
U_{Ne}=额定电压		
U_{Nm}=额定绝缘电压	(EN 50124-1:2001 A.2)	
U_{Ni}=额定冲击电压	A(EN 50124-1:2001 A.2) B≅A×1.2	
U_a=工频耐受电压	A(EN 50124-1:2001 B.1) B≅A×1.2	

A和A′条件下的间隙依据EN 50124-1:2001中表A.3的PD4对应于户内设备的值,PD4A对应于户外设备的值。B和B′由A和A′乘以1.2得出。

注1: 最大电压U_{Nm}=2.3 kV时,可以认为OV3类是足够的并已被国际上认可。对于连接于接触网的户外设备,与隧道和城市轨道交通不同,建议采用OV4。

注2: 在U_{Nm}高于2.3 kV时,在有保护的条件下,例如隧道内或城市轨道交通工程,买卖双方可以协商确定采用OV3,此外均推荐采用OV4类。

注3: 当多条线均给定一个U_n时,建议采用较低的电压水平,特别是第3轨/第4轨和轻轨系统。

注4: 冲击电压仅作参考,只有在对应的标准中有明确规定时才进行试验(除了GB/T 25890.5—2010中包括的设备以外的所有设备,如额定绝缘电压高于2 500 V均需要做此试验)。

5 标准特性和常规假定

5.1 主电路的标准特性和常规参数

5.1.1 主要参数的一般假定

5.1.1.1 纹波系数

直流电流的最大纹波系数为三相全波交流整流器产生。

当峰值纹波系数较高时,应在招标书中告知制造商。

注: 电压值是考虑了波形纹波的实际电压的平均值。

5.1.1.2 短路电流的峰值

短路电流的峰值习惯上假定为，在阻抗很小的开关设备输入或输出端子处故障时的预期短路电流稳态值的1.42倍。当故障点与开关设备的距离增加时，该值将减小。

注1：实际上从未出现过1.66倍稳态值的理论值，而本部分中使用的计算系数1.42是通过试验验证的。

注2：通过调整 I_{ss} 以获得所需要的峰值。

5.1.1.3 最大电路能量短路

当与变电所的距离增加时，电路的时间常数(电感与电阻的比值)也逐渐地从始端时间常数变化为末端时间常数。当电路的时间常数约为两个值的中间值时，其位置大约为最大电路能量的发生位置。附录E给出了这方面的理论说明。

实际上，该值是在短路电流 I_{ss} 和电路时间常数 t_c 假设为表2给出的值的位置得到的。

表2 最大电路能量的试验电路参数

T_{Nc}/ ms	t_c	I_{ss}
≥63	$0.5T_{Nc}$	$0.5I_{Nss}$
31.5	$0.65T_{Nc}$	$0.65I_{Nss}$
16	$0.8T_{Nc}$	$0.8I_{Nss}$

如果使用了一个大容量的平波电抗器，最大电路能量故障可能会发生在变电所出口。

5.1.1.4 远端短路故障

为了在试验中模拟远端短路故障工况，通常将回路的电流值定为2倍满负荷电流，即 $2I_{Ne}$。

由于回路阻抗主要由线路决定，电路时间常数取额定的远端时间常数 T_{Nc}。

5.1.2 标准短路强度

5.1.2.1 概述

为了使设备的特性标准化，5.1.2.2和5.1.2.3给出了额定短路电流和额定时间常数的优选值。如果可能的话，对于特定电路，应选用刚刚超过计算值的优选值。

5.1.2.2 标准额定短路电流(I_{Nss})

优选数值(kA)：31.5，40，50，63，75[1)]，80，100，125。

注：U_n=1.5 kV时为100 kA及以下，U_n=3 kV时为63 kA及以下。

5.1.2.3 标准的额定线路时间常数(T_{Nc})

优选数值(ms)：16，31.5，63，80，100，125，160，200。

5.1.3 主电路的标准电压

标称电压 U_n 的标准值列于IEC 60850：2000。表1中对应的值 U_{Nm} 应大于IEC 60850：2000中

1) 此值已经在一些国家应用，并且能够继续应用。对于其他地方新安装的设备的优选值为80 kA。

的 U_{max1}。

IEC 60850:2000 中规定的 U_{max2} 的值并应限定在 300 s 内，出现此电流时应保证不会引起绝缘破坏、闪络或危险的温升。

5.1.4 主电路标准额定工作电流(I_{Ne})

优选数值(A):400,630,1 000,1 600,2 000,2 500,3 150,4 000,6 300,8 000。

5.2 辅助和控制电路的标准特性

对于独立于主电路的辅助和控制电路，额定电压的优选值见表 3。

表 3 辅助和控制电路的优选电压

单位为伏

AC	24	48		110	127	230/400	
DC	24	48	60	110	125	220	440

对于其他设备(例如：线圈)，除非买方另有规定，工作电压允许范围应为其额定电压的 85%～110%。

根据 IEC 60269-1:1998，所有在 500 V 以上的电压下工作的辅助电路都应有熔丝或其他的有效方式进行保护。

注：建议所有根据具体标准制造的监视继电器都应是插入型，应配备锁定装置以防止可抽件被意外地移动。并且，除非装有位置显示装置，否则还应配备一个透明的不可燃盖板。

6 温升限值

对于在试验中设备各部件的温升，其测量应参照本部分第 7 章以及其他部分的详细规定，其数值应不超过表 4 和表 5 给出的限值。

如果最大环境温度总是低于 40 ℃，如买方和制造商同意，这些限值可以提高。对于最大环境温度超过 40 ℃的特殊环境条件，温升的降低值为该最大环境温度与 40 ℃的差。另外，应注意每个单独的设备散发的热量不应影响其临近设备的正常散热，也不会受到临近设备传导发热的影响。

表 4 绝缘线圈的温升限值

绝缘等级	电阻变化测量的温升限值[a]/K
105(A)	65
120(E)	80
130(B)	90
155(F)	115
180(H)	140

[a] 如果无法用电阻法进行测量，可以采用其他方法。在这种情况下，温度测量可采用温度计法或其他适当的方法。

表 5 各种元件的温升限值

元件	使用温度计测量的温升限制/K
裸线圈	105[a]
空气中的触头：	
——弹簧形状的纯铜；	35
——弹簧形状的黄铜或青铜；	65
——非弹簧形状的纯铜或铜合金；	75
——实心银板；	100
——其他金属或烧结金属	[b]
外部绝缘连接端子	70[c]
空气中的软连接	90

[a] 在该值不会对相邻部分的可靠运行产生不利影响时采用。

[b] 根据采用的金属的品质确定，原则是不损坏其本身和相邻部分。

[c] 70 K 的温升限制的依据是按照 GB/T 25890 中其他部分进行的常规试验。在实际安装条件下，使用或测试的材料连接线的类型、特性和布置可能与本试验中有所不同，因而端子的温升限值将有所不同，需由买方和制造商协商确定。

在设备上进行试验时，如果试验期间空气的温度为 10 ℃～40 ℃，对观察到的温升不应做任何修正。如果在这一范围之外，可根据买方和制造商之间达成的协议对观察到的温升进行修正。

当温度超过表 4 和表 5 所列的温升 15%时被认为是一个危险的温度，除非另有规定。

7 试验

7.1 概述

用于不同类型设备的型式试验和例行(验收)试验，其试验程序细节，将在本标准的适当部分加以说明。

对所有的试验，均应在试验报告中记录所测得的环境温度。

除本标准其他部分另有要求者外，各单元应在全装配的情况下进行试验，即在其独立箱体内或模拟箱体内、或在实际运用条件下进行试验。

试验分类及其一般程序应在该产品标准中列出。

注 1：本部分所列试验要求对范围中所列出的大多数设备是通用的。

注 2：对于本部分及本标准其他部分没有述及的试验程序，可参阅类似产品的 EN 和 IEC 出版物。

注 3：研究性试验是允许的，并在 GB/T 25890 的其他部分提及。它可由制造商主动进行，或由买卖双方共同协议为取得试验程序经验或可能用于今后设备的新技术而进行。显然，研究性试验的结果不影响对该材料的验收。

7.2 试验容差

除本标准其他部分另有说明者外，试验容差不应超过表 6 所列范围。

表 6 试验容差

参　　数	容　　差/ %
电流	$^{+10}_{0}$
电压	$^{+10}_{0}$
频率(如果可用)	$^{+5}_{-5}$
时间常数	$^{+30}_{0}$

7.3 运动部件试验

7.3.1 机械性能试验

对有运动部件的设备,应进行机械性能试验。他们一般属于例行试验,在正常条件下,于实验室内完成。对于环境温度低于−5 ℃的设备,应在定货时由买卖双方协商确定附加试验的项目。

试验应在主电路无负荷电流情况下进行。

试验内容包括:在控制电路以额定电压供电时,进行一定数量的操作试验(产品标准中对进行校验的次数有严格规定)。

控制电路的所有电阻和阻抗都应接入,但在电源与控制电路端子间则不应接入任何附加阻抗。该试验的目的是为了验证设备的分、合闸控制装置在设定的最大和最小限值条件下符合正确操作的要求。

必要时,应在设定的最低和最高环境温度下进行异常环境条件下的型式试验,这种试验应在 7.4 温升试验后立即进行。

本试验可确保在规定限值内当电压和环境温度两者最不利的条件重合时设备可以正常运行。

操作机构应尽可能地调整到正常操作条件。

7.3.2 电气耐久性试验

作为型式试验的电气耐久性试验应在实验室条件下进行,一般在开关电器及相连设备上进行。

试验包括按相应产品标准的规定进行一定数量的操作循环。

试验应在控制电路额定电压下进行,并在额定工作电压 U_{Ne} 下分断工作电流 I_{Ne}(在买卖双方协议下也可以是约定发热电流 I_{th} 或 I_{the}),其时间常数取为 0.01 s。

操作机构应尽可能调整到正常操作条件。

被试单元的连通时间仅需满足装置在机械上完全闭合,合闸瞬态电流完全消失,分断电流开始建立的一段时间即可。

控制电路的所有电阻和阻抗均应接入,但在电源与控制电路输入端子间则应没有附加阻抗。

装置在经过试验后如果能够承受以下条件,则可认为试验合格:

——在通过对触头的必要调整和维护后,在额定工作电流 I_{Ne} 条件下按 7.4 进行试验时,其温升未超过第 6 章的限值。当主电路电阻(未经维修)较试验前高出 50%以上时应作温升试验。允许进行次数不多的无负荷操作使电阻变化降至 50%以下。如果必需进行温升试验,则允许触头的温升额外增加 10 K。

——能承受两倍于额定电压(U_{Ne})的交流电压：

- 主电路与地间；
- 处于断开位置的主触头间。

如果试验后，单元仍能够正常工作并满足上述规定的各项条件，则认为试验合格。

7.3.3 机械耐久性试验

作为型式试验的机械耐久性试验应在实验室条件下进行。

试验包括对开关电器及其相关机械设备按产品标准规定的次数连续循环操作。控制电路电压应在5.2规定的限值之内。

控制电路的全部电阻和电感均应接入电路，但不应在开关电器控制电路的电源与输入端子间接入任何附加阻抗。

操作机构应尽可能调整到正常操作条件。

试验结束后，如果装置仍能按产品标准规定要求正常工作，则认为试验合格。

7.4 温升试验

7.4.1 概述

温升试验是一种在实验室进行的型式试验。但实验室条件应尽量复制设备最终安装场所的条件。

线圈和电阻应以其最大的额定控制电压(见5.2)或U_{max1}(见3.2.1.2.1)供电，交流电路的频率则应为额定频率。

触头、引出线及其他导电部件应能承受其额定工作电流(见3.2.5)(开关电器在有外壳或无外壳情况下的热电流)。

高于周围温度的温升应在稳态情况下读取。当最长试验时间为8 h时，温度变化小于1 K/h可认为符合稳态条件。对于辅助或控制电路的线圈和电阻，由于在正常情况下其带电流的时间不长，可不必进行3倍时间常数带电流紧接着长时间不带电流的试验。

7.4.2 环境温度

环境大气温度应在试验的最后1/4周期内读取，并至少要用2支温度计或热电元件有规则地布置在设备周围，其高度约为设备高度的1/2，距离则为1 m。温度计或热电元件应有防护以防止气流或热辐射，还应注意避免在温升快速变化时可能产生的显示误差。

7.4.3 主电路的温升试验

有集成箱体的设备应在箱体内进行温升试验。

试验导线的尺寸应在试验报告中说明。

当采用铜芯缆线时，推荐采用下述电流密度：

——I_{Ne}=3 000 A:1.5 A/mm²；

——3 000 A<I_{Ne}≤6 500 A:1.3 A/mm²；

——6 500 A<I_{Ne}≤10 000 A:1.1 A/mm²。

当采用铜母线时，应采用表7中的数值。

对于户外设备，当温升限值低于第6章规定但达到30 K时，电缆电流密度和铜母线尺寸与表7规定略有不同，推荐数值见GB/T 25890.4。

表 7　铜母线根数和尺寸的推荐值

I_{Ne} A	铜　母　线	
	根数	截面/mm×mm
630～800	2	50×5
801～1 000	2	60×5
1 001～1 250	2	80×5
1 251～1 600	2	100×5
1 601～2 000	3	100×5
2 001～2 500	4	100×5
2 501～3 150	3	100×10
3 151～4 000	4	100×10
4 001～5 000	5	100×10
5 001～6 300	6	100×10
6 301～8 000	4	160×10

铜母线的布置方式应将截面尺寸中较长方向取为垂直方向。

主电路的温升试验应在额定工作电流 I_{Ne} 下进行，并紧接着通过规定设定的过负荷电流或常规的热电流 I_{th} 或 I_{the}，对于选定哪个电流，应由买卖双方协商确定。

试验中与主电路的临时连线不应造成热量的明显发散或导入。温升测量应在主电路端子间和临时连线间进行(距临时连线 1 m)，其温升差值不应超过 5 K。

7.4.4　辅助和控制电路的温升试验

长期连续运行的设备应按 7.4.3 进行试验。对那些只在合闸和分闸操作中带电流的回路只需进行连续 10 次带电流操作，每次的持续时间与运行的具体情况有关，连续带电流操作的时间间隔应不超过 5 s。

7.4.5　所有部件的温度测量

除线圈以外的所有带电部分的温度测量，可采用诸如在尽可能接近触头热点处设置热电元件的方法，对于导线或结点热电元件的设置位置宜尽量靠近相邻的绝缘层。

试验时应保证热电元件与被试部件表面的良好热传导性能。

对于并联线圈，可采用电阻法进行测量。只有在不能用电阻法测量时才允许采用其他测量方法。测量前热元件测得的线圈温度与环境温度间的差值不应大于 3 K。

7.5　绝缘试验

7.5.1　冲击耐受电压试验

冲击耐受电压试验作为型式试验或研究性试验，只对本部分列出的特定产品进行。

除 GB/T 25890 另有规定外，试验应包括主电路带电部分与其他所有已经接地的带电部分间 3 个

1.2/50 正脉冲波再紧接着 3 个相同波形的负脉冲波的冲击耐受电压试验。脉冲波的峰值 U_{Ni} 按表 1 选取。

根据开关的功能和特定类型，有时可能对同一设备需要作第二次相同的试验，但此时主电路应处于断开位置，将线路侧所有导电部件接地后施以冲击电压。

如果没有闪络发生，则可认为试验合格。

注：浪涌(长波)放电试验应认为是一种研究性试验。

7.5.2 工频耐受电压试验

工频耐受电压试验一般为例行试验。试验电压频率应在 45 Hz～62 Hz 范围之内，波形应接近正弦波(见 IEC 60060-1:1989 及 EN 50124-1:2001 附录 B)。

不同绝缘水平的试验电压 U_A 列于表 1，施加电压时间为 60 s。

——对于开关设备：闭合位置下的主电路与其余已经进行接地的导电部件之间；打开位置下的触头之间，即一个触头与其余全部导电部分(进行接地连接)之间；

——除避雷器外(对避雷器有不同要求)的其他设备均应将试验电压施于带电部分与地间。

室内设备应在干燥状态下进行试验；户外设备应在潮湿状态下进行型式试验，在干燥状态下进行例行试验。

辅助和控制电路的工频试验电压为 2 000 V，采用较低的试验电压应由买卖双方协商确定。

注：试验程序应由买卖双方协商确定，以 GB/T 4585 作为指导文件。

7.6 短路条件和分断负荷条件

7.6.1 短路条件和分断负荷的试验电路

典型的试验电路如图 A.1，典型曲线和特性则如图 A.2。

供电电源 S 向一个可调变阻器 R、可调电抗器 L 和试验对象 A 供电。

如果供电电源不是直流发电机，在最小供电频率为 50 Hz 下的最小整流脉波数为 6。

为了模拟变电所故障，试验电路应产生一个具有图 A.2 中的曲线 1 特性的峰值电流。

电抗器 L 应无铁芯，并与变阻器 R 串联，其阻值可由 L-R 组成的单元阻抗值求定。对单元阻抗实行并联是允许的，但此时各单元阻抗的时间常数应相同。

对远离变电所的短路电流试验或分断负荷、分断过负荷试验，其试验回路应能产生一个特定时间常数的指数形波，其特性如图 A.2 的曲线 2。L 和 R 应加在开关装置的负载侧，但这种情况并不是总能在实验室条件下实现，因此对有些回路的调整可以在交流侧进行，考虑到回路阻抗的 80% 是在负载一侧，上述措施应该可以接受。

任何与上述试验电路不同之处均应在试验报告中注明。

试验对象中在正常状态下应该接地的所有部件，包括机壳、防护罩等均应与大地绝缘并通过装置 D 接入导体负极，其接线如图 A.1。

装置 D 设有一个直径为 0.8 mm、长度为 50 mm 的铜线或类似的熔丝，用以检测短路电流。另外还设有一个电阻，使短路电流不小于 1 500 A。

注：一根 0.8 mm 直径的铜线在直流 1 500 A 时的熔断时间为 0.01 s。

此值为预期短路电流的稳态值。

7.6.2 试验实施细则

单元在切断试验电流后不应在过零时重燃。极间不应发生闪络，且在装置 D 中应没有动作电流。

单元应保持在允许再进行机械操作的状态,触头间燃弧不应影响其正常分断功能。

7.6.3 试验后装置的状态

单元在完成试验后不应产生功能性破坏。

在试验结束后应立即对装置进行无负荷条件下的合—分闸循环操作,检查其是否可靠动作。

试验后在进行初步维护保养前,装置应能承受两倍于额定电压 U_{Ne} 的交流电压 60 s。对于隔离开关,买方可要求做泄漏电流试验,在 1.1U_{Ne} 直流供电电压下经 60 s 其泄漏电流不应超过 2 mA。应对所有断开触头与地间和端子与机座间进行泄漏电流检测。

比较试验前后主电路的电阻,应无较大偏差(电阻增值不超过 50%),如果电阻增值超过 50%,可进行若干次无负荷操作使电阻增值降至 50%以下。如果不能,则应重复进行温升试验以确认试验合格。在这种情况下,允许触头的温升增加 10 K。

7.7 短时耐受电流试验中的性能验证

7.7.1 试验和试验值

试验应在额定电压 U_{Ne} 下进行,试验电路应符合 7.6.1 的规定。试验电流为预期电流值,即不小于 I_{NCW} 的持续值,且峰值为 1.42I_{NCW},其持续时间为 0.25 s。试验应在被试单元上重复进行。

试验可以在较低直流电压值或按两种交流试验项目进行。在这种情况下不涉及预期电流试验,要求的试验电流值就是实际试验中出现的电流。

交流试验可分成两部分:其一是周期不小于 15 ms 且具有非对称峰值电流 1.42I_{NCW} 的试验;另一部分是持续时间较长(不超过 3 s),具有较低方均根电流,且其焦耳积分为 $I^2t=I^2_{NCW}\times 0.25$ 的试验。

注:可对 I_{ss} 值作调整以满足需要的峰值电流。

7.7.2 试验条件

所有开关电器试验均应在环境温度和开关合闸位置下进行。

7.7.3 试验实施细则

试验实施细则应按 7.6.2 的规定(如果适用)。

试验中所有开关电器均应保持合闸状态,不应进行分闸操作。

7.7.4 试验后的单元状态

试验后单元的机械部分和绝缘部分不应发生明显退化,并应符合 7.6.3 的规定(如果适用)。

7.8 手动设备强度和位置指示器可靠性的验证

7.8.1 被试装置条件

被试装置的安装条件应与正常运行条件相同。首先应测定开启时的作用力 F。对于转动装置,该力为作用于转动装置最外点的力。

为了试验方便,力的作用点可取靠近转动轴上的点,该力可视为开启力 F。

7.8.2 工作模式

被试单元应处于闭合状态。应采取适当措施,使其固定和运动部件保持接触。然后对装置施加适当压力,其值如表 8,此力应在不发生任何抖动情况下持续 10 s。

表 8 试验作用力或力矩

序号	动作类型	举例	操作力		
			正常值	极值	
				最小	最大
1	由 1～2 个手指传动	按 钮	3F	50 N	
2	单手传动	操纵杆	3F	100 N	500 N
3	单手牵引	操纵杆	3C/D	150 N	650 N
4	用手指转动 ——直径＜25 mm ——直径＝25 mm	凸形按钮	 3C/D 3C/D	 25 N 50 N	
5	横握旋转	箭形钮	3C/L	50 N	
6	单手旋转	旋转门	3C	5 N·m	
7	单手水平旋转	碰 锁	3F	100 N	500 N
8	双手对称旋转	轮或操纵杆	3F	150 N	650 N

说明：
——C：正常开启时所需力矩；
——D：机构直径；
——F：正常开启时垂直作用于控制元件轴上的力；
——L：机构长度。

注：如果 3F（或 3C）或 3C/L 小于表中所列数值，在试验中可取最小值；如大于列表数值，则取最大值。

7.8.3 试验后的单元状态

试验完成后，撤除施加在操动元件上的操作力，操动器或位置指示器的各部分不应损坏。

附 录 A
（规范性附录）
试验主接线图

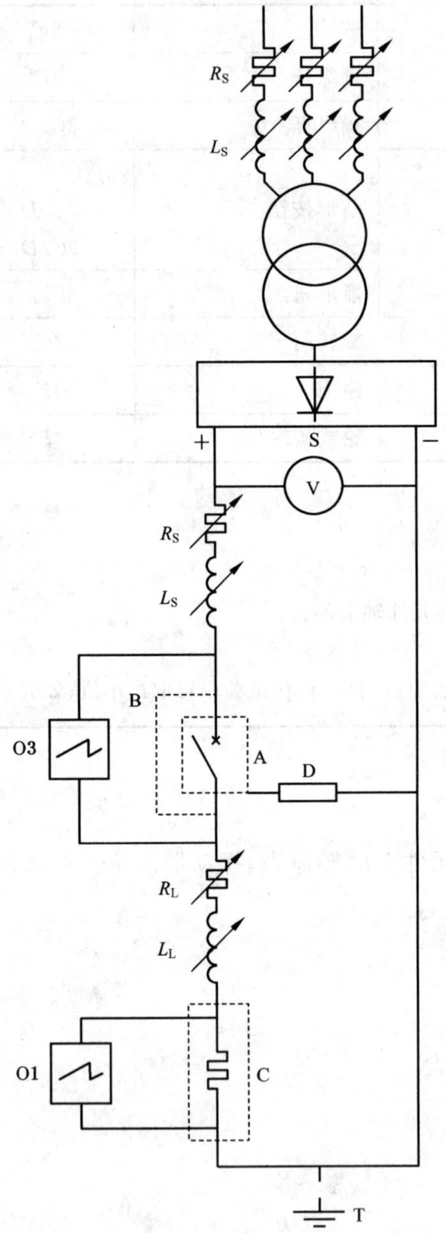

图中：

V ——电源电压测量装置；
S ——电源；
R_S——电源调节电阻；
L_S——电源调节电抗；
R_L——负载调节电阻；
L_L——负载调节电抗；
A ——被测设备；
B ——校准时的临时接线；
O1——电流示波器；
O3——燃弧电压及恢复电压示波器；
D ——框架故障电流检测装置；
T ——接地连接(需要时设置)；
C ——电流传感器。

图 A.1 开关在短路和过载情况下的分断能力试验主接线

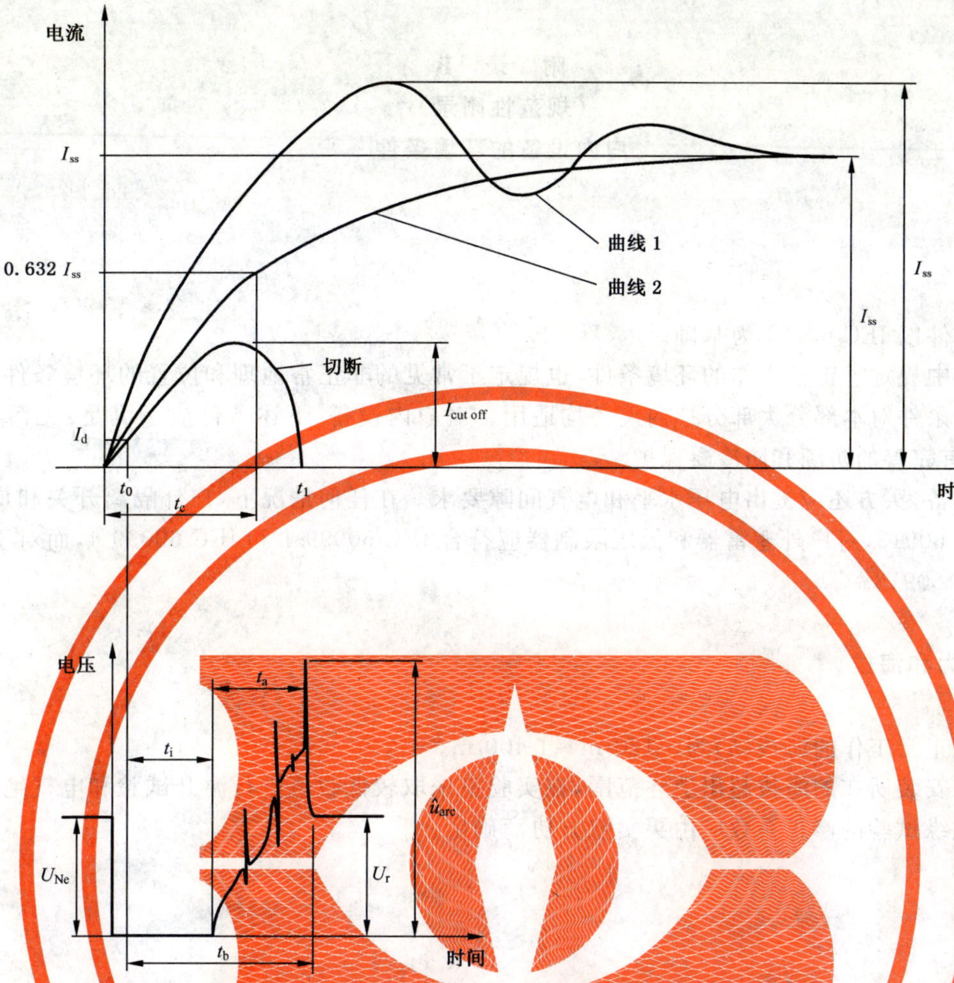

图中：

$I_{cut\ off}$——截断电流(3.2.12)；

I_d——大电流脱扣器整定值(3.4.21)；

$\hat{I}_{ss}$——I_{ss}的峰值(3.2.11)；

I_{ss}——预期短路电流稳态值(3.2.9)；

t_a——燃弧时间(3.4.23.5)；

t_b——全分断时间(3.4.23.6)；

t_i——分闸时间(3.4.23.1)；

t_c——电路时间常数(3.2.13)；

U_r——恢复电压(3.2.1.9)；

U_{Ne}——额定电压(3.2.1.4)；

$\hat{u}_{arc}$——最大燃弧电压(3.2.1.10)；

t_0——分闸初始时刻(3.4.23.7)；

t_1——电流截至时刻(3.4.23.7)。

图 A.2 分断短路和过负荷时的典型校准曲线(代表两种不同情况)(见 7.6)

附 录 B
（规范性附录）
户内设备的环境条件

B.1 概述

此环境条件以 IEC 60721 为基础。

环境条件中规定了正常工作的环境条件，也规定了常见的非正常地理和位置的环境条件。

这些环境条件对本部分大部分户内设备均适用。对户内设备，下述条件应予满足：无污染、存在的尘埃非导电、有完善的防潮和防冷凝保护。

对户外设备，买方还应提出电压水平和电气间隙要求。在任何情况下，户外隔离开关和户外接地开关应符合 IEC 60913，对户外避雷器和低压限制器应符合 IEC 60099-1 和 IEC 60099-4，而对于线路设备则应满足 IEC 60913。

B.2 大气压力和海拔

设备应能正常工作的海拔(h)为－120 m～1 400 m。

如果设备安装所在的海拔超出上述范围，在实验室采取较低数值进行温升试验和电气绝缘试验时，温升和电气绝缘试验的修正系数应由买卖双方协商确定。

B.3 温度

户内设备应能在下述环境温度下工作：

——Θ_{min}：运行过程中的最低环境温度：－5 ℃；

——Θ_{ts}：运输和储存过程中的最低环境温度：－25 ℃；

——Θ_{mxts}：运输和储存过程中的最高环境温度：55 ℃；

——Θ_{d}：最大日平均环境温度：35 ℃；

——Θ_{A}：极端最大环境温度：40 ℃。

任何与上述不同的温度条件应予明确。

B.4 大气条件

户内空气应清新，其相对湿度在最高温度为＋40 ℃时不应超过 50％RH，当温度较低时允许有较高的相对湿度，例如：在＋20 ℃时可达 90％RH。在温度发生变化时，允许出现轻微的凝露。

户内设备在非正常工况下可能出现的不同情况应提请供应商注意。

在设备启用时湿度可能达到 100％，这属于应明确的非正常条件之一，需要由买卖双方达成一致，采取适当措施防止启动失败或操作错误。

在户外，灰尘的沉积可能导致导电性能降低，还可能出现雨、雪、冰、雾引起的潮湿。

B.5 通风

应对设备安装场所实行通风，以保证环境温度在 B.3 规定的限值之内。

B.6 污秽

对于户内设备，如果污秽程度超过B.1和IEC 60721的一类水平，应说明。

注：对于净空，表1中的数据已经考虑了适当的污秽等级，附录D中的爬电距离同样也已考虑。

任何与上述不同的电气间隙和爬电距离值均由买方和制造商商定。

B.7 振动

设备应适宜于安装在轨道线路近旁，并设基础以缓解列车通过时的振动。此外，当具有表B.1特性的10 Hz正弦振动波单独作用时，设备应正常工作。

表B.1 正弦振动限值

方　向	加速度峰值	额定持续时间
垂直	5 m/s^2	30 s
水平	5 m/s^2	30 s

任何与上述不同的条件均应加以说明。

B.8 火灾危险区

可分为3级：

——F0：无特殊火灾危险。除设备设计固有的特性外，不需采取特别措施以限制火焰。这被认为是正常条件；

——F1：用于火灾危险区的设备，需要严格限制火焰的产生。除本部分有规定者外，买卖双方应协商确定设备的耐火时间（在此时间内，在有限热能条件下，允许有少量燃烧）。应尽量减少不透明烟雾和有毒物质的产生。燃烧的材料应无卤，并且不会对外部火源提供较多热量。这被认为是一种非正常条件；

——F2：在采取一定措施后，设备应能在遭遇外部火源时继续工作一段时间，同时还应满足F1的要求。这也是一种非正常条件。

附 录 C
（规范性附录）
直流断路器和开关临界电流的测定

C.1 概述

空气断路器的临界电流是一种小电流，此时的燃弧时间最长。这是因为电弧电流产生的磁场较弱，致使灭弧室内电弧从发生到熄灭的移动较缓。

C.2 单方向断路器和开关

本要求是对单方向分断电流的开关设备提出的，它适用于 U_1 和 U_2 型的线路开关 L。

分断试验按下列电流进行：

25 A，50 A，100 A，200 A，400 A。

应在额定电压 U_{Ne} 和时间常数不小于 0.01 s 下进行。当负载电感在 50 mH 以上时，可采用更低的时间常数。如买方同意，可采用小于 50 mH 的电感。

每一试验电流应进行 10 次分断操作，从最低值开始，依次进行。

在试验前应确认灭弧室没有残余磁场。

试验的实际值并不重要，只需满足后一次试验电流值较前次值按两倍关系递增即可。

每一电流值下的燃弧时间都具有较大分散性。

在电流和燃弧时间曲线上标出结果，以表明其分散度。在试验电流范围内可能发现临界电流的存在，而临界电流本身，也可能存在一个相当宽的范围。试验的最大和最小电流可显示其燃弧的时间较临界值为小。如果看出临界电流的存在，则应继续按减半或倍增规则延伸试验电流范围以确认临界电流。

C.3 双向断路器和开关

本要求是对双向分断电流开关提出的要求，它适用于内部联络开关 I 和整流断路器 R。

首先应按单向开关分断试验方式建立其临界电流。

对断路器来说，接下来的试验应令灭弧室切断一个大于 1 kA 的电流以建立起该方向的剩余磁场。对于负荷开关的分断工况，接下来的试验应令灭弧室切断一个大于 1 kA 的电流，如果其额定电流小于 1 kA 时则取额定分断电流。

然后，在前述大电流相反方向通以临界电流进行分断操作。

需进行 5 次操作，然后再重复上述过程。这样可保证灭弧室在反方向保持剩磁情况下分断小电流，进行 10 次分断操作。

下一步，应在减半或倍增试验电流下进行 10 次与临界电流相同的操作。如果发生燃弧时间延长，则应继续进行试验直至燃弧时间下降为止。每次试验电流值均应按减半或倍增方式选取。

可发现此时的燃弧时间比单向的临界电流长，因为此时反向剩余磁场起了作用。

此外，较临界电流小的电流，对剩余磁场的去磁作用较小，从而导致燃弧时间增加。

附 录 D
（资料性附录）
推荐的爬电距离

根据本部分需要，对不同 CTI 值提出两类材质的建议爬电距离，如表 D.1：

表 D.1 材料分类

Ⅰ类材料	600=CTI
Ⅱ类材料	400=CTI<600

上述 CTI 值是按照 GB/T 4207 和 GB/T 6553 对样品按方法 A 专门进行试验后得到的。

基于上述前提，表 D.2 给出了爬电距离推荐值。

表 D.2 爬电距离推荐值（以 U_{Nm} 为基础）

材料分类	户内设备	户外设备
Ⅰ	25 mm/ kV(U_{Nm})	30 mm/ kV(U_{Nm})
Ⅱ	30 mm/ kV(U_{Nm})	40 mm/ kV(U_{Nm})
最小爬电距离不应小于表 1 给出的最小净空值。		

有关测量方法可参阅欧盟标准 EN 50124-1。

注：CTI 是 comparative tracking index 的英文简称，它是一种检验介电材料最大耐受电压的试验。IEC 标准正是通过 CTI 检验，作出了对不同介电材料爬电距离的建议的。

附　录　E
（资料性附录）
最大短路能量故障点位置的确定

直流牵引系统的简易等价电路如图 E.1。

注：附录中的注脚 C 表示全电路。

因此：

$$T_s=\frac{L_s}{R_s}=\text{电源时间常数} \qquad \cdots\cdots\cdots\cdots (E.1)$$

$$T_c=\frac{L}{R} \qquad \cdots\cdots\cdots\cdots (E.2)$$

式中：

$L=(l\times x)$；

$R=(r\times x)$。

$$\text{故障点 } F \text{ 的全电路时间常数 } t_c=\frac{L_s+(L\times x)}{R_s+(R\times x)} \qquad \cdots\cdots\cdots\cdots (E.3)$$

故障点为 F 时电路中的能量：

$$E=l_c\times I^2/2$$

式中：

l_c ——整个短路回路的电感；

I ——预期短路电流值。

设在距离为 x 时短路能量最大，则

$$l_c=L_s+(l\times x) \quad I=\frac{U}{R_s+r\times x} \qquad \cdots\cdots\cdots\cdots (E.4)$$

$$\therefore \quad E=\frac{1}{2}\frac{(L_s+l\times x)U^2}{(R_s+r\times x)^2} \qquad \cdots\cdots\cdots\cdots (E.5)$$

取极值 $\frac{dE}{dx}=0$ 时，

于是：

$$x=\frac{R_s}{r}-\frac{2L_s}{l} \qquad \cdots\cdots\cdots\cdots (E.6)$$

显然上式只有在 x 为正值才有意义，将全电路时间常数 t_c 代入上式，最大短路能量位置的 t_c 等于：

$$t_c=\frac{T_c}{2} \qquad \cdots\cdots\cdots\cdots (E.7)$$

可见，当全电路时间常数为线路时间常数的 $\frac{1}{2}$ 时，短路能量最大。

t_c 时刻的预期短路电流可由下式求出：

$$I=\frac{U}{R_s+r\times x} \qquad \cdots\cdots\cdots\cdots (E.8)$$

其中：$x=\frac{R_s}{r}-\frac{2L_s}{l}$。

如果 $I_{ss}=\frac{U}{R_s}$ 则最大短路能量点的预期短路电流为：

$$I_{\mathrm{maxE}}=\frac{I_{\mathrm{ss}}}{2\left(1-\frac{T_{\mathrm{s}}}{T_{\mathrm{c}}}\right)} \quad \cdots\cdots (E.9)$$

当 $T_{\mathrm{s}} >> T_{\mathrm{c}}$ 时，

$$I_{\mathrm{maxE}} \approx \frac{I_{\mathrm{ss}}}{2} \quad \cdots\cdots (E.10)$$

图 E.2 给出了电流比 $I_{\mathrm{maxE}}/I_{\mathrm{ss}}$ 与时间常数比 $T_{\mathrm{s}}/T_{\mathrm{c}}$（在 T_{s} 与 T_{c} 值相差不大时）的关系曲线。

由图可见，当 $T_{\mathrm{s}}=\frac{1}{2}T_{\mathrm{c}}$ 时，最大能量点正好处于 $I_{\mathrm{maxe}}=I_{\mathrm{ss}}$ 的位置，即 $x=0$ 时。

它也可由以 $\frac{R_{\mathrm{s}}}{r}=\frac{2L_{\mathrm{s}}}{l}$ 代入式(E.1)，并取 $T_{\mathrm{s}}=\frac{T_{\mathrm{c}}}{2}$ 得出。

在型式试验时，I_{ss} 可取额定电流值（以注脚 N 表示，即 I_{ss}）。

在 T_{NC} 值较小及电源时间常数为未知情况下，可应用 5.1.1.3 中的数据。

t_{c} 和 I 值应调整至使试验值与未知 T_{s} 值相近。

这些计算仅能预估断路器在达到预期电流值时储存在回路中的能量。

如果断路器能成功限制短路电流，则其电弧能量应小于此值。

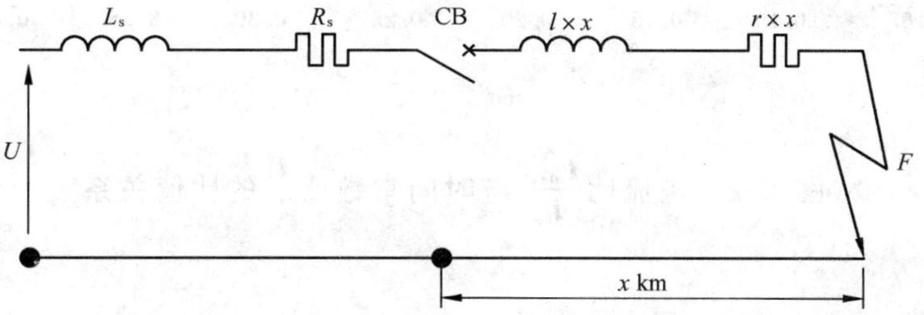

图中：

U ——供电电压；	F ——距开关为 x km 的短路点；
R_{s}——电源电阻；	L_{s} ——电源电感；
l ——线路单位电感；	CB ——断路器或开关；
r ——线路单位电阻；	x ——CB 与 F 间的距离(km)。

图 E.1 直流牵引系统等价电路

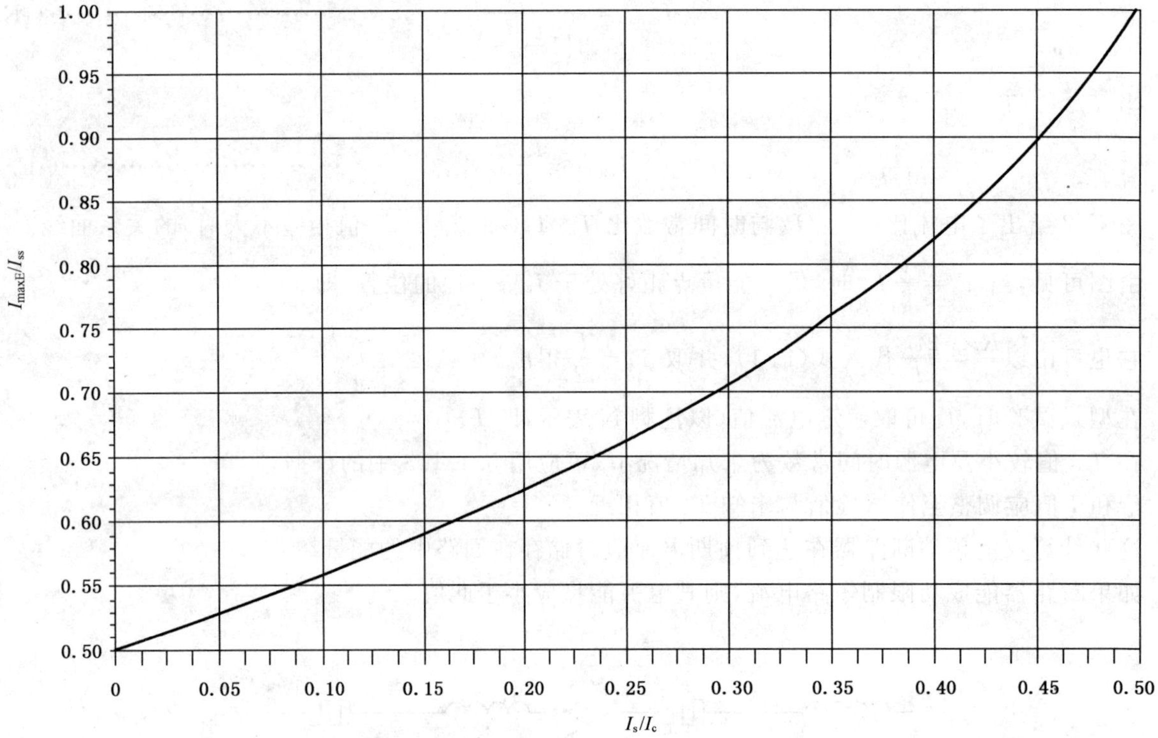

图 E.2　电流比$\frac{I_{maxE}}{I_{ss}}$与时间常数比$\frac{T_s}{T_c}$的比值关系

附 录 NA
（资料性附录）
规范性引用文件与我国标准的一致性对应关系

与本部分中规范性引用文件有一致性对应关系的我国文件如下：

——GB 3906—2006 3.6 kV～40.5 kV 交流金属封闭开关设备和控制设备(IEC 62271-200:2003,MOD)；

——GB 13539.1—2008 低压熔断器 第1部分:基本要求(IEC 60269-1:2006,IDT)；

——GB/T 2900.36—2003 电工术语 电力牵引(IEC 60050-811:1991,MOD)；

——GB/T 2900.59—2008 电工术语 发电、输电及配电 变电站(IEC 60050-605:1983,MOD)；

——GB/T 4796—2008 电工电子产品环境条件分类 第1部分:环境参数及其严酷程度(IEC 60721-1:2002,IDT)；

——GB/T 4797.1—2005 电工电子产品自然环境条件 温度和湿度(IEC 60721-2-1:2002,MOD)；

——GB/T 4797.4—2006 电工电子产品 自然环境条件 太阳辐射与温度(IEC 60721-2-4:2002,IDT)；

——GB/T 4797.5—2008 电工电子产品环境条件分类 自然环境条件 降水和风(IEC 60721-2-2:1988,MOD)；

——GB/T 4797.6—1995 电工电子产品自然环境条件 尘、沙、盐雾(neq IEC 60721-2-5:1991)；

——GB/T 4797.7—2008 电工电子产品自然环境条件分类 自然环境条件 地震振动和冲击(IEC 60721-2-6:1990,IDT)；

——GB/T 4797.8—2008 电工电子产品自然环境条件分类 自然环境条件 火灾暴露(IEC 60721-2-8:1994,IDT)；

——GB/T 4798.1—2005 电工电子产品应用环境条件 第一部分 贮存(IEC 60721-3-1:1997,MOD)；

——GB/T 4798.2—2008 电工电子产品应用环境条件 第2部分:运输(IEC 60721-3-2:1997,MOD)；

——GB/T 4798.3—2007 电工电子产品应用环境条件 第3部分:有气候防护场所固定使用(IEC 60721-3-3:2002,MOD)；

——GB/T 4798.4—2007 电工电子产品应用环境条件 第4部分:无气候防护场所固定使用(IEC 60721-3-4:1995,MOD)；

——GB/T 4798.5—2007 电工电子产品应用环境条件 第5部分:地面车辆使用(IEC 60721-3-5:1997,MOD)；

——GB/T 4798.6—1996 电工电子产品应用环境条件 船用(idt IEC 60721-3-5:1985)；

——GB/T 4798.7—2007 电工电子产品应用环境条件 第7部分:携带和非固定使用(IEC 60721-3-7:2002,MOD)；

——GB/T 4798.8—1997 电工电子产品应用环境条件 产品内部的微气候(idt IEC 60721-3-9:1993)；

——GB/T 4798.10—2006 电工电子产品应用环境条件 导言(IEC 60721-3-0:2002,IDT)；

——GB/T 20159.1—2006 环境条件分类 环境条件分类与环境试验之间的关系及转换指南

贮存(IEC/TR 60721-4-1:2003,IDT);

——GB/T 20159.2—2008 环境条件分类 环境条件分类与环境试验之间的关系及转换指南 运输(IEC/TR 60721-4-2:2003,IDT);

——GB/T 20159.5—2008 环境条件分类 环境条件分类与环境试验之间的关系及转换指南 地面车辆使用(IEC/TR 60721-4-5:2003,IDT);

——GB/T 20159.6—2008 环境条件分类 环境条件分类与环境试验之间的关系及转换指南 船用(IEC/TR 60721-4-6:2003,IDT);

——GB/T 20159.7—2008 环境条件分类 环境条件分类与环境试验之间的关系及转换指南 携带和非固定使用(IEC/TR 60721-4-7:2003,MOD);

——GB/T 20159.8—2008 环境条件分类 环境条件分类与环境试验之间的关系及转换指南 导言(IEC/TR 60721-4-0:2002,IDT);

——GB/T 14048.1—2006 低压开关设备和控制设备 第1部分:总则(IEC 60947-1:2001,MOD);

——GB/T 14048.2—2008 低压开关设备和控制设备 第2部分:断路器(IEC 60947-2:2006,IDT);

——GB/T 14048.3—2008 低压开关设备和控制设备 第3部分:开关、隔离器、隔离开关及熔断器组合电器(IEC 60947-3:2005,IDT);

——GB/T 14048.4—2003 低压开关设备和控制设备 机电式接触器和电动机起动器(IEC 60947-4-1:2000,IDT);

——GB/T 14048.5—2008 低压开关设备和控制设备 第5-1部分:控制电路电器和开关元件 机电式控制电路电器(IEC 60947-5-1:2003,IDT);

——GB/T 14048.6—2008 低压开关设备和控制设备 第4-2部分:接触器和电动机起动器 交流半导体电动机控制器和起动器(含软起动器)(IEC 60947-4-2:2002,IDT);

——GB/T 14048.7—2008 低压开关设备和控制设备 第7-1部分:辅助器件 铜导体的接线端子排(IEC 60947-7-1:2002,IDT);

——GB/T 14048.8—2008 低压开关设备和控制设备 第7-2部分:辅助器件 铜导体的保护导体接线端子排(IEC 60947-7-2:2002,MOD);

——GB/T 14048.9—2008 低压开关设备和控制设备 第6-2部分:多功能电器(设备)控制与保护开关电器(设备)(CPS)(IEC 60947-6-2:2007,IDT);

——GB/T 14048.10—2008 低压开关设备和控制设备 第5-2部分:控制电路电器和开关元件 接近开关(IEC 60947-5-2:2004,IDT);

——GB/T 14048.11—2008 低压开关设备和控制设备 第6-1部分:多功能电器 转换开关电器(IEC 60947-6-1:2005,MOD);

——GB/T 14048.12—2006 低压开关设备和控制设备 第4-3部分:接触器和电动机起动器-非电动机负载用交流半导体控制器和接触器(IEC 60947-4-3:1999,IDT);

——GB/T 14048.13—2006 低压开关设备和控制设备 第5-3部分:控制电路电器和开关元件-在故障条件下具有确定功能的接近开关(PDF)的要求(IEC 60947-5-3:1999,IDT);

——GB/T 14048.14—2006 低压开关设备和控制设备 第5-5部分:控制电路电器和开关元件-具有机械锁闩功能的电气紧急制动装置(IEC 60947-5-5:1997,IDT);

——GB/T 14048.15—2006 低压开关设备和控制设备 第5-6部分:控制电路电器和开关元件-接近传感器和开关放大器的DC接口(NAMUR)(IEC 60947-5-6:1999,IDT);

——GB/T 14048.16—2006 低压开关设备和控制设备 第8部分:旋转电机用装入式热保护控制装置(IEC 60947-8:2003,IDT);

——GB/T 14048.17—2008 低压开关设备和控制设备 第5-4部分:控制电路电器和开关元件 小容量触头的性能评定方法 特殊试验(IEC 60947-5-4:2002,IDT);

——GB/T 14048.18—2008 低压开关设备和控制设备 第7-3部分:辅助器件 熔断器接线端子排的安全要求(IEC 60947-7-3:2002,IDT);

——GB/T 1402—2010 轨道交通 牵引供电系统电压(IEC 60850:2007,MOD)。

参 考 文 献

GB/T 4207 固体绝缘材料在潮湿条件下相比电痕化指数和耐电痕化指数的测定方法(GB/T 4207—2003,IEC 60112:1979,IDT)

GB 4208—2008 外壳防护等级(IEC 60529:2001,IDT)

GB/T 4585 交流系统用高压绝缘子的人工污秽试验(GB/T 4585—2004,IEC 60507:1991,IDT)

GB/T 6553 恶劣环境下电气化绝缘材料漏电和腐蚀电阻的评估试验方法(GB/T 6553—2003,IEC 60587:1984,IDT)

GB/T 11021 电气绝缘 耐热性分级(GB/T 11021—2007,IEC 60085:2004,IDT)

IEC 60068-2(所有部分) Environmental testing—Part 2:Tests

IEC 60815 Guide for the selection of insulators in respect of polluted conditions

IEC 62128-1 Railway applications—Fixed installations—Part 1:Protective provisions relating to electrical safety and earthing

IEC 62128-2 Railway applications—Fixed installations—Part 2:Overvoltages and related protections

EN 50124-2 Railway applications—Insulation co-ordination—Part 2:Overvoltages and related protections

EN 50327 Railway applications—Fixed installations—Harmonization of the rated values for converter groups and tests on converter groups

EN 50328 Railway applications—Fixed installations—Electronic power converters for substations

EN 50329 Railway applications—Fixed installations—Traction transformers

ICS 29.280
S 35

中华人民共和国国家标准

GB/T 25890.2—2010/IEC 61992-2:2006

轨道交通 地面装置 直流开关设备
第2部分:直流断路器

Railway applications—Fixed installations—DC switchgear—
Part 2:DC circuit breakers

(IEC 61992-2:2006,IDT)

2011-01-10 发布　　2011-06-01 实施

中华人民共和国国家质量监督检验检疫总局
中国国家标准化管理委员会　发布

前　言

GB/T 25890《轨道交通　地面装置　直流开关设备》由以下几部分组成：

——第1部分：总则；

——第2部分：直流断路器；

——第3部分：户内直流隔离开关、负荷开关和接地开关；

——第4部分：户外直流隔离开关、负荷开关和接地开关；

——第5部分：直流避雷器和低压限制器；

——第6部分：直流成套开关设备；

——第7-1部分：直流牵引供电系统专用测量、控制和保护装置　应用指南；

——第7-2部分：直流牵引供电系统专用测量、控制和保护装置　隔离电流变送器和其他电流测量设备；

——第7-3部分：直流牵引供电系统专用测量、控制和保护装置　隔离电压变送器和其他电压测量设备。

本部分为GB/T 25890的第2部分。

本部分按照GB/T 1.1—2009给出的规则起草。

本部分采用翻译法等同采用IEC 61992-2:2006《轨道交通　地面装置　直流开关设备　第2部分：直流断路器》(英文版)。

与本部分中规范性引用文件有一致性对应关系的我国文件如下：

——GB/T 1402—2010　轨道交通　牵引供电系统电压(IEC 60850:2007,MOD)。

本部分由中华人民共和国铁道部提出。

本部分由全国牵引电气设备与系统标准化技术委员会(SAC/TC 278)归口。

本部分负责起草单位：中铁电气化勘测设计研究院有限公司。

本部分参加起草单位：铁道第一勘察设计院集团有限公司、中铁第四勘察设计院集团有限公司。

本部分主要起草人：王彦利、韩鲁斌、李汉卿。

本部分参加起草人：吴树强、陶临生、刘巍。

轨道交通　地面装置　直流开关设备
第2部分:直流断路器

1　范围

GB/T 25890的本部分规定了牵引系统地面装置所有直流断路器的要求。

注:本部分不规定成套开关设备、电磁兼容(EMC)和可信性的要求,这些要求在本标准的其他部分和GB/T 25890.1—2010列出的其他相关标准中规定。

2　规范性引用文件

下列文件对于本文件的应用是必不可少的。凡是注日期的引用文件,仅注日期的版本适用于本文件。凡是不注日期的引用文件,其最新版本(包括所有的修改单)适用于本文件。

GB/T 25890.1—2010　轨道交通　地面装置　直流开关设备　第1部分:总则(IEC 61992-1:2006,IDT)

GB/T 25890.6—2010　轨道交通　地面装置　直流开关设备　第6部分:直流成套开关设备(IEC 61992-6:2006,IDT)

IEC 60850:2000　铁路应用　牵引系统的供电电压(Railway application—Supply voltage of traction systems)

EN 50124-1:2001　铁路设施　绝缘配合　第1部分:基本要求　所有电气和电子设备的空隙和蠕变距离(Railway application—Insulation coordination—Part 1: Basic requirements—Clearances and creepage distances for electrical and electronic equipment)

3　术语和定义

GB/T 25890.1—2010确立的术语和定义适用于本文件。

4　工作条件

本部分中设备的环境条件见GB/T 25890.1—2010中4.1的要求。

5　断路器特性

5.1　特性概要

断路器的特性用下列项目加以要求(如果适用):

——断路器类型(5.2);

——主电路额定值、限值及短路特性(5.3);

——控制电路(5.4);

——辅助电路(5.5);

——脱扣器(5.6)；

——电弧电压(5.7)。

5.2 断路器类型

根据断路器的应用情况，有以下分类方法(如果适用)：

注 1：根据应用情况，以下要求也适用于多相系统中具有电气或机械联锁的单极断路器。

a) 分断：

——在空气中；

——依靠半导体器件；

——在真空泡中。

注 2：在本部分中只规定了在空气中的分断和依靠半导体器件进行的分断。根据应用需要，经过买卖双方协商确定，本部分也可用于其他特定的分断介质。

b) 分断特性(设计等级)：

——快速限流断路器 H：被分断电流的预期稳态值最小为断路器电流整定值的 7 倍，且 $\left[\frac{\mathrm{d}i}{\mathrm{d}t}\right]_{t=0} \geqslant 5$ kA/ms 时，断路器分断时间不大于 5 ms，全分断时间不大于 20 ms；

——高速限流断路器 V：无论电路的参数如何，断路器分断时间不大于 5 ms；

——半快速断路器 S：被分断电流的预期稳态值最小为断路器电流整定值的 3.5 倍，且 $\left[\frac{\mathrm{d}i}{\mathrm{d}t}\right]_{t=0} \geqslant 1.7$ kA/ms 时，断路器分断时间不大于 15 ms，全分断时间不大于 30 ms。

c) 系统功能(安装位置)：

——互联断路器 I(也称母联或分段断路器)；

——线路断路器 L；

——整流断路器 R。

d) 分断电流方向：

——单向 U；

——串联单向脱扣器 U_1；

——串联双向脱扣器 U_2；

注 3：U_2 断路器用于故障反向电流较小(远端故障电流)且在常规选择方式下不能启动过载保护(即：相邻牵引变电所所间距离较远)。

——双向 B。

e) 主电路的试验项目；

注 4：与 5.3.4.2 和表 2 不同时应进行要求。

f) 合闸操作和分闸操作的驱动：

——储能操作；

——人力储能操作；

——动力储能操作；

——磁力操作；

——脱扣器或继电器启动自动脱扣；

——分/合闸操作联锁；

——自由脱扣机构；

——防跳跃装置。

g) 继电器或脱扣器类型：

——安装的继电器或脱扣器类型。

h) 外壳：

——无防护外壳 O(见 GB/T 25890.1—2010 中 3.3.16)；

——具有整体的防护外壳 E(见 GB/T 25890.1—2010 中 3.3.17)；

——具有分拆的保护外壳 P。

买方应明确所需断路器的特性，只需要求与所选断路器类型有关的试验项目。

上述分类适用于本部分，也可用于引用表 1 归类方法的其他标准。

表 1　分类代号缩写

项目	b	c	D[a]	H[a]
选项	H	/I	/U_1	/O
	V	/L	/U_2	/E
	S	/R	/B	/P
举例	H/L/B/E			
	V/I/P		S/R/O	
	H/R 和 L/U_2 [b]			

注：如断路器不适于完成 5.3.4.2 要求的全部工作周期，应根据表 2 第 1 列用表示实际能力的小写字母来指明(例如：H/Iff，fr/P)。

[a] 可选代号。

[b] 如果断路器具有或需要具有多个功能时，这些功能要求之间以“和”字连接。

如果半导体断路器只用于装备整流器的变电所时，应明确标识。如果当变电所的整流断路器故障时也可用作馈线并联断路器，也应明确标识。

5.3　主电路额定值及限值

5.3.1　概述

断路器的额定参数要求由买方提出。标称电压应选用 GB/T 25890.1—2010 中表 1 列出的数值，电流和回路时间常数(基于最大时间常数的馈线配置)应选用 GB/T 25890.1—2010 中 5.1.2 给定的推荐值。

卖方应对这些参数进行确认，明确所推荐的断路器的额定参数，并补充其他相关数据。

所有参数应根据 5.3.2～5.3.4 的要求提出，定义应满足 GB/T 25890.1—2010 的要求，一些参数经双方协商后可省略。

5.3.2　电压

断路器的各种电压如下：

——系统电压和限值(见 GB/T 25890.1—2010 中 3.2.1 和 5.1.3)；

——标称电压 U_n(见 IEC 60850:2000)；

——额定电压 U_{Ne}(见 GB/T 25890.1—2010 中 3.2.1.4)；

——额定绝缘电压 U_{Nm}(见 GB/T 25890.1—2010 中 3.2.1.3)，应等于或高于 U_{max}；

——额定冲击耐受电压 U_{Ni}(见 GB/T 25890.1—2010 中 3.2.1.7)；

——工频耐受电压等级(干试)U_a(见 GB/T 25890.1—2010 中 3.2.1.8 和表 1)；

——最大电弧电压(见 GB/T 25890.1—2010 中 3.2.1.10)；

——辅助和控制电路的额定供电电压(见 GB/T 25890.1—2010 中 3.2.1.5)。

5.3.3 电流

断路器的各种电流如下：

——约定发热电流 I_{th}、I_{the}(见 GB/T 25890.1—2010 中 3.2.3 和 3.2.4)；

——额定工作电流 I_{Ne}(见 GB/T 25890.1—2010 中 3.2.5)；

——额定短路电流 I_{Nss}(见 GB/T 25890.1—2010 中 3.2.10)；

——额定短时耐受电流 I_{Ncw}(见 GB/T 25890.1—2010 中 3.2.7)；

注 1：短时定额仅适用于不装串联脱扣器的断路器或串联脱扣无效的单向断路器。在实际中可用于整流断路器的正方向，其串联脱扣器只在反向电流下动作。

注 2：额定短时电流可以与额定短路电流 I_{Nss} 不同。

——过载能力：买方应向卖方提供周期负载的要求(见 GB/T 25890.1—2010 中 3.2.5 的注 2)。

5.3.4 短路特性

5.3.4.1 额定短路分断及关合能力

额定短路分断及关合能力的定义见 GB/T 25890.1—2010 中 3.2.19 和 3.2.23，相关条件包括额定电压 U_{Ne}、额定工作电流 I_{Ne}、额定短路电流 I_{Nss}、额定回路时间常数 T_{Nc} 和类别(H、V 或 S)。

额定短路关合能力指额定短路电流 I_{Nss} 的预期峰值(见 GB/T 25890.1—2010 中 3.2.10)。

在要求的回路时间常数下，断路器能分断所有低于或等于额定短路分断能力的短路电流。

在额定回路时间常数 T_{NC} 和相对较小的回路时间常数 T_C 条件下，断路器具有相同的分断能力。

预期最大短路电流为系统中全部电源产生的预期短路电流的叠加，电源包括整流变流器电能和机车再生电能。

选定最大短路电流及上述回路时间常数时应考虑 GB/T 25890.1—2010 中第 5 章。

5.3.4.2 试验项目和试验顺序

表 2 中列出了三类断路器的试验项目，表 3 中列出了试验项目的试验顺序。

注：如果制造商选择或供货商提供的断路器的短路分断能力超出实际需要的分断能力，可由买卖双方协商，按照 8.3.8，在实际需要的电流下增加 f)、e)和 d)试验项目。试验可采用标准试验顺序(顺序 1 或顺序 2)，也可按买卖双方商定的试验顺序，次数由买卖双方商定。

表 2 断路器试验项目

项目	用途	条件	试验电流	预期峰值	时间常数
f	L	最大故障	I_{Nss}	$\geqslant 1.42I_{Nss}$	由其他电路参数确定
e	L[a]	最大能量	$0.5I_{Nss}$	由其他电路参数确定	$0.5T_{Nc}$
d	L	远端故障	$2I_{Ne}$	由其他电路参数确定	T_{Nc}
l	L	小电流	l_c	不适用	$\geqslant$0.01 s
ff	I	最大正向故障	I_{Nss}	$\geqslant 1.42I_{Nss}$	由其他电路参数确定
fr	I	最大反向故障	I_{Nss}	$\geqslant 1.42I_{Nss}$	由其他电路参数确定
lr	I,R[b]	逆向短路后正向小电流	I_c	不适用	≈0.01 s
r	R	有并联整流器时的 最大逆向故障	I_{Nss}	$\geqslant 1.42I_{Nss}$	

表 2(续)

项目	用途	条件	试验电流	预期峰值	时间常数
s	R	短时正向电流	I_{Ncw}	$\geqslant 1.42 I_{Ncw}$	

注 1:对于装有大容量平波电抗器的变电所,最大能量条件可相当于最大故障条件。

注 2:各种实际电路均应确定 I_{ss},I_{Nss},线路断路器 L、互联断路器 I 及整流断路器 R 各自对应的 I_{Nss} 可能不同。

[a] 最大故障位置下系数同时影响 I_{Nss} 和 T_{Nc},考虑实际情况,取 0.5。T_c 较小时见 GB/T 25890.1—2010 中表 2。

[b] 仅当买方明确要求时进行。

表 3 试验顺序

试验项目	试验顺序
f,e,d[a] 顺序 1 顺序 2	 O—15 s—CO—15 s—CO—60 s—CO O—7 s—CO—10 s—CO—60 s—CO
f,fr,r	O—15 s—CO
l,lr	10 次(O—120 s—CO)
s	承载 0.25 s

注 1:O=分闸操作,C=合闸操作。

注 2:第一次分闸基于此前已经建立的短路。

[a] 由买方选择试验顺序 1 或试验顺序 2。如果无要求,则按顺序 1 进行试验。

按照满足多个试验项目设计的断路器应对每个项目分别试验,这些试验应在同一台断路器上进行,在试验循环之间允许对断路器进行维护,断路器的后续试验应在元器件充分冷却后进行,买卖双方另有约定的除外。

试验时串联的过流脱扣器应调至最大整定值,例如,对于 f、e、ff、fr 试验项目为 $4I_{Ne}$、$4I_{th}$ 或 $4I_{the}$,对于 r 和 s 试验项目为 $0.5I_{Ne}$、$0.5I_{th}$ 或 $0.5I_{the}$。

对于试验项目 d)和 l),断路器的脱扣整定值应调整为达到稳态电流时跳闸。对于试验项目 d),当回路时间常数大时,应在 0.15 s 时开始跳闸。

5.4 控制电路

控制电路的主要特性参数如下:

——控制电路的电压;

——电流类别(直流或交流);

——交流电流的频率。

电源的电压及其频率是决定断路器性能、热特性和绝缘特性的基本条件。

电压应满足 GB/T 25890.1—2010 中 5.2 的要求,额定绝缘水平满足 EN 50124-1:2001 的要求,另有特殊要求的除外。

电源电压变化范围为 GB/T 25890.1—2010 中 5.2 要求电压的 85%~110%。

控制电路电压与主电路相同时,控制电路电压可接受的变化范围与主电路要求的变化范围一致。

制造商应提供控制电路在额定电压下的电流值,提供断续通电的控制电路中电流的持续时间。

5.5 辅助触点和辅助电路

辅助电路的主要参数包括:触点的数量、额定值(热电流和电压)和类型(常开、常闭及转换)。除非另有要求,额定电压应满足 GB/T 25890.1—2010 中 5.2 的要求,额定绝缘水平满足 EN 50124-1:2001 的要求。

买方应提供所需辅助触点的最小数量。

交流 1 000 V 或直流 1 500 V 及以上电路的辅助接线,应与交流 1 000 V 或直流 1 500 V 以下电路的辅助接线分开敷设。

关于辅助电路的其他性能,应满足 5.4 的要求。

5.6 脱扣器

5.6.1 类型

脱扣器的类型包括:

——串联(直接或间接)过流脱扣器;

——分励脱扣器;

——低电压脱扣器;

——其他类型的脱扣器。

5.6.2 特性

以下要求适用于与断路器整体安装的直接或间接脱扣器。

脱扣器可以是瞬时型、延时型或定时型,也可以是这三者的组合。其他特性如下:

a) 过流(直流)脱扣器:

——类型(直接或间接);

——额定电流;

——整定电流(整定范围);

——单向断路器的主电路电流方向;

——脱扣器向断路器发出信号的动作时间,与电流上升率有关。

脱扣器应能承受第 8 章中要求的试验条件下的电流,温升不超过 GB/T 25890.1—2010 中第 6 章要求的限值。

装设可互换脱扣器或可调节脱扣器的断路器,应在脱扣器或其定值刻度盘上标识整定电流(或整定范围)。标识可以是安培,也可以是脱扣器指示电流的倍数。买方应明确所需的整定范围。最小值与最大值之比通常不应超过 1∶2。

b) 分励脱扣器:

——额定电压;

——在额定电压和要求时间内消耗的功率。

5.7 电弧电压

制造商应明确断路器按照第 8 章进行试验时操作引起的最大电弧电压 $\hat{U}_{arc}$ 的数值。

注:此最大电压是任意试验项目中所测得的峰值,不一定与最大电流同时出现。

此电压值不应超过设备额定冲击耐受电压,同时不应超过 4 倍标称电压,买方如果要求更低的电弧电压,应加以说明。

6 结构

6.1 概述

无论是否特别明确，断路器应包括相关的安全、操作、控制和保护所需的部件和连接件，除非断路器制造商与成套开关设备制造商另有约定。除非另有说明，设备应可靠接地、绝缘、屏蔽或安装在箱体内，以保护设备及其相关操作、维护部件。

控制电路、辅助电路和触点应满足 GB/T 25890.1—2010 中 5.2 的要求。

6.2 材料

断路器结构中不得含有石棉材料。

注：特别注意材料的防潮、防火性能，材料应阻燃，降低火焰在箱体之间传播的风险。见 GB/T 25890.1—2010 中附录 B。

6.3 电弧触头

电弧触头在开断电弧过程中容易消耗，应便于更换。

6.4 电气间隙和爬电距离

电气间隙应不低于 GB/T 25890.1—2010 中表 1 的要求，爬电距离应不低于 GB/T 25890.1—2010 中附录 D 的要求。

注：考虑在清洁工作间隔期内，按正常和短路情况进行多次操作会导入外界污渍的影响，可以增加电气间隙和爬电距离。

为了避免运行中出现贯通的污垢，在条件允许处应设置伞裙。

6.5 主连接

断路器应设置固定型、可拆型(螺栓或线夹)或插接型连接装置。

6.6 主连接的位置

对于非可抽出式断路器，主连接端子应在正常操作位置能够接近断路器。端子位置应由买卖双方协商确定。

对于可抽出式断路器，主连接端子应满足 GB/T 25890.6—2010 的详细要求。

6.7 接地端子

金属外壳的框架、构件和固定零件均应相互可靠连接，并连接至一个接地端子，接地端子的位置应便于接地。

注 1：接地端子可以利用保证足够电气连通的常规结构件。

对于可抽出式断路器，应保证在打开活门前能够实现接地，并且在接地断开之前活门应关闭。

注 2：买方可要求设置专用的接地端子。如果利用螺栓或螺栓类似物体兼做接地端子，应在维护手册中明确清洁和拧紧的要求。

接地端子应防腐蚀，并标注永久性的标准接地符号。

接地端子应能够承受额定接地短路电流(I_{Ncwe})0.25 s。

6.8 人力操作维护

注：为了在维护时进行合闸操作，买方可以要求卖方提供手柄。手柄可以是固定式，也可以是可移式。

如果采用固定式手柄，除非断路器已经完全从柜体内拉出或所有一次连接都已经断开，否则不能进行操作。

6.9 断路器外壳

断路器外壳应满足 GB/T 25890.6—2010 的要求。

6.10 温升

6.10.1 限值

温升应不超过 GB/T 25890.1—2010 中第 6 章给定的数值。

6.10.2 主电路

断路器的主电路包括串联脱扣器和辅助继电器，应能承受额定电流 I_{Ne}、I_{th} 或 I_{the}。主电路也应符合买方要求的负载周期的要求，见 GB/T 25890.1—2010 中 3.2.5 的注 2。

6.10.3 控制电路

用于断路器分闸和合闸操作的控制电路和控制装置，在工作期间不应超过额定温升限值。

6.10.4 辅助电路

辅助电路和辅助装置应能承受约定发热电流(用于开关装置)或额定工作电流(用于其他设备)，并且不应超过额定温升限值。

6.11 绝缘强度

绝缘强度应满足 GB/T 25890.1—2010 中表 1 的要求。

6.12 电气耐久性和机械耐久性

断路器根据 GB/T 25890.1—2010 中 7.3.2 和 7.3.3 进行试验时，应能够承受下列操作次数：

a) 检测机械耐久性，主电路中不施加电流，操作循环次数要求如下：
  ——L 断路器：20 000 次或 10 000 次；
  ——I 和 R 断路器：4 000 次。

注：对于 L 断路器，每天需要操作两次或以上时，推荐循环次数为 20 000 次。

b) 检测电气耐久性，主电路中施加额定工作电流 I_{Ne}，操作循环次数要求如下：
  ——L 断路器：200 次；
  ——I 和 R 断路器：100 次。

试验中进行以上次数的操作循环，每组操作不少于 20 次 CO，组间间隔时间不大于 180 s。当额定电流大于 4 000 A 时，买卖双方可以协商减少每组操作数量。

6.13 操作

6.13.1 合闸操作

合闸装置(包括辅助控制继电器)，在 5.4 要求的电源电压下，在断路器的任意操作条件下，都应正确动作。

6.13.2 分闸操作

6.13.2.1 总则

断路器应能自动脱扣,另有要求的除外。

本条仅适用于同断路器配套安装的继电器。

6.13.2.2 过电流继电器启动分闸和脱扣器启动分闸

对于新断路器,脱扣器和继电器动作的最低精度范围为整定值的±5%,电子装置为整定值的±10%,电磁装置为其电流范围的任意值。

6.13.2.3 分流器脱扣器启动分闸

在5.4要求的任意电源电压下,在电压最大降低了额定电压的15%时,在断路器的任意操作条件甚至开断极限电流时,分流器脱扣器均应正确动作。

6.13.2.4 低电压继电器或低电压脱扣器启动分闸

如果断路器设有低电压继电器或低电压脱扣器,当电压缓慢下降至额定电压的70%～35%时,低电压继电器或低电压脱扣器应启动断路器分闸。

当电源电压低于额定电压的35%时,低电压继电器或低电压脱扣器应禁止断路器合闸,当电源电压等于或高于额定电压的85%时,应保证断路器可靠合闸。

注:剩余电压继电器和剩余电压脱扣器是特殊类型的低电压继电器或低电压脱扣器,当电压位于额定电压的35%～10%时启动。

6.14 防腐蚀

设备的钢材和其他材料应进行适当的防腐蚀处理,灭弧罩内的灭弧栅除外。

买方可提出自己的技术要求,卖方应按照买方要求制造或提供等效产品。

6.15 噪声

所有设备的噪音应降至最小,如果买方要求,卖方应提供断路器分断额定电流 I_{Ne} 时的噪声水平。

6.16 散热

所有设备应为自然冷却,买卖双方另有约定的除外。

6.17 伺服控制(如果适用)

伺服控制可以安装在断路器上,也可与断路器安装于同一接地的框架上。

伺服控制故障不应妨碍手动、电动和自动控制启动的断路器分闸操作。

6.18 其他装置

断路器应具有以下装置:

a) 电动、磁力或机械的活门装置;

b) 与动触头联动的机械位置指示器或类似装置,指示断路器的“合闸”和“分闸”状态,采用符号“I”和“O”或“ON”和“OFF”分别代表合闸状态和分闸状态;

c) 断路器框架接地装置,可采用活动接触的触点,也可采用接线端子。

买方可以要求断路器设置以下装置：

d） 维护用手动合闸工具；

e） 操作计数器。

注：这些装置也可作为标准配置由制造商提供。

除了断路器正常操作所需的辅助触点以外，制造商应提供额外的两组触点，用于远动和监控。此外另加的触点，其数量及型式应由买卖双方协商确定。

7 信息和标识

7.1 信息

买卖双方应交换所有必要信息，确保断路器适于其工作条件。信息内容在第5章的概述中进行了规定，技术要求和参数选择在第6章中进行了规定。附录A中对这些数据进行了汇总。

7.2 标识

每台断路器均应有耐久的标识。

在断路器本体或附于本体的铭牌上应标明以下内容：

a） 制造商或注册商标；

b） 制造商声明遵守的标准代号；

c） 分类代号（示例见表1）；

d） 序列号；

e） 制造日期；

f） 额定电压 U_{Ne}；

g） 辅助及控制电路的额定电源电压；

h） 额定工作/发热电流（I_{Ne}、I_{th} 或 I_{the}）；

i） 额定短路分断能力；

j） 额定回路时间常数（T_{Nc}）；

k） 额定短时耐受电流（I_{Ncw}）（如果适用）；

l） 输入和输出端子（除非进线和出线无分别）；

m） 接地端子和接地标识（如果适用）；

n） 脱扣器整定范围（安培或伏特）；

o） 与正常条件（见GB/T 25890.1—2010中第4章）不同的工作条件（一般另设标识牌）。

有关安全、识别、指导和信息的全部数据均应明确标识。吊装点应明确标识。

断路器安装后，应保证在试验位置看到序列号和型式代号，其他数据应在安装前可见。制造商宜提供一个额外的包含断路器重要技术数据的标识牌，设置在断路器的外壳上。

8 试验

8.1 概述

试验的总体要求见GB/T 25890.1—2010中第7章。

注：本部分和GB/T 25890.1—2010中未要求的试验事项参考类似设备的有关标准。

试验应在额定电流、电压、频率和气压下进行，另有特殊要求的除外。本要求适用于断路器整体（包括主电路、控制电路和辅助电路），并应与第5章保持一致。

试验允差满足 GB/T 25890.1—2010 中表 6 的要求。

8.2 试验项目和试验顺序

表 4 综合列出了应进行的试验项目,并要求了各组试验的顺序。

表 4 试验项目和试验序列

组别	试验项目	类别	见条目
1	整体操作性能		
	结构验证和断路器特性验证	型式试验 例行试验	8.3.1
	机械操作试验	型式试验 例行试验	8.3.2
	绝缘试验	型式试验 例行试验	8.3.3
	温升试验	型式试验	8.3.4
	验证继电器和脱扣器的整定	例行试验	8.3.5
	电气耐久性试验	型式试验	8.3.6
	机械耐久性试验	型式试验	8.3.7
2	短路性能		
	验证短路工况下的关合和开断特性以及 H、V 和 S 特性	型式试验	8.3.8
	R 类整流断路器的短时耐受电流的验证	型式试验	8.3.9
	验证继电器和脱扣器的整定	型式试验	8.3.5
3	临界电流探测和小电流试验负载	型式试验	8.3.10

8.3 试验性能

8.3.1 结构验证和断路器特性验证

8.3.1.1 结构验证

被试断路器应在全部细节上符合其图纸。

8.3.1.2 主电路电阻测量

主电路电阻测量应在断路器处于环境温度时进行。

注:在每次短路试验的前后也都要求进行本项测量(见 8.3.8 和 8.3.9)。

8.3.1.3 环境温度下线圈电阻的测量

测量应在环境温度下进行,并应将测量值修正到 35 ℃下的数值。

8.3.2 机械操作试验

本试验应按照 GB/T 25890.1—2010 中 7.3.1 的要求在试验室环境温度下进行。

检查内容包括:

——在合闸机构带电时，断路器应完成1次满意的分闸操作（自由脱扣工况，见GB/T 25890.1—2010中3.4.11）；

——在分闸操作过程中启动的合闸操作不应完成。

试验时应记录分闸和合闸的次数。

在非正常的环境和工作条件下，如果买方提出要求，应再次进行本试验（见GB/T 25890.1—2010中7.3.1）。

8.3.3 绝缘试验

8.3.3.1 概述

绝缘试验应按GB/T 25890.1—2010中7.5的要求进行，并满足以下条件：

进行绝缘试验的试品应为按照工作条件安装的新断路器。如果断路器的支持结构为绝缘材料，所有金属部件应模拟实际安装条件插装在各固定点上。

8.3.3.2 冲击电压耐受试验

对于U_{Nm}大于2 500 V的断路器，本试验为型式试验，其余条件下仅作为研究性试验。

本试验应按照GB/T 25890.1—2010中7.5.1的要求，在分闸位置和合闸位置均进行。

8.3.3.3 工频电压耐受试验

8.3.3.3.1 概述

工频电压耐受试验为例行试验。

8.3.3.3.2 主电路

本试验应按照GB/T 25890.1—2010中7.5.2的要求，在分闸位置和合闸位置均进行。

8.3.3.3.3 控制和辅助电路

在以下条件下施加试验电压60 s：

a) 在所有正常情况下不与主电路连接的辅助电路和控制电路与断路器金属框架之间施加电压；

b) 如果某一辅助电路与其余辅助电路分开或隔离，则在此回路与其余部分之间进行试验；

c) 此前已经通过本项试验的设备可以断开。

注：试验期间半导体器件应短接。

8.3.3.4 试验参数

方均根(RMS)试验参数值见GB/T 25890.1—2010。

触头间的试验电压可以选择较其主电路对地试验电压降低一级的电压水平。同样地，辅助和控制电路对地与辅助和控制电路之间可以选择不同的试验电压。

对于第一次试验的新断路器，按要求电压的75%进行两次试验。

8.3.4 温升试验

温升试验的相关要求见GB/T 25890.1—2010中7.4，温升不应超过GB/T 25890.1—2010中第6章的要求。

如果主电路与辅助、控制电路之间的相互热传递比较显著，则应按照GB/T 25890.1—2010中7.4.3和7.4.4，同时进行温升试验。

8.3.5 验证继电器和脱扣器的整定

8.3.5.1 过流继电器和脱扣器

在整定值范围内，流过断路器(对于单向断路器应为正确的方向)并启动断路器分闸的各组电流满足 6.13.2.2 的限值要求。

受电流上升率影响分闸启动的断路器，整定值处的电流上升率不应超过 200 A/s。

8.3.5.2 分流器脱扣器、欠电压继电器、欠电压脱扣器

这些装置启动断路器分闸的限值范围分别满足 6.13.2.3 和 6.13.2.4 的要求。

8.3.6 电气耐久性试验

本试验为在试验室内进行的型式试验。

试验步骤见 GB/T 25890.1—2010 中 7.3.2，循环次数见 6.12。

试验应用断路器自身的合闸机构进行，试验电压为断路器的额定电压 U_{Ne}，试验过程中不应出现超过 GB/T 25890.1—2010 中第 6 章要求的温升。

8.3.7 机械耐久性试验

本试验为在试验室内进行的型式试验。

试验步骤见 GB/T 25890.1—2010 中 7.3.3，循环次数见 6.12。

试验应用断路器自身的合闸机构进行，试验电压满足 GB/T 25890.1—2010 中 5.2 的要求，试验过程中不应出现超过 GB/T 25890.1—2010 中第 6 章要求的温升。

对于 I 系列和 R 系列断路器的全部操作循环和 L 系列断路器的前 4 000 次操作循环，试验时不允许进行维护。对于 L 系列断路器后续的操作循环，试验时允许按照制造商的说明书进行维护，但不允许更换任何部件。

试验后，如果断路器除了进行清洁和润滑外无需任何维护就能够正常操作，或满足本节的要求，则认为通过了试验。

8.3.8 验证短路工况下的关合和开断特性以及 H、V 和 S 特性

8.3.8.1 试验值的允差

本试验按照制造商提供的数值进行，数值依据 5.3.1～5.3.3，并与 5.3.4 一致。报告上的试验值与要求值的偏差不应超出 GB/T 25890.1—2010 中表 6 要求的范围。

受到试验室条件限制时，双方可协商修订试验允差。

8.3.8.2 试验条件

试验应在完整的断路器上进行。除操作电机外，控制装置上应施加 5.4 要求的最低电压。

断路器在外壳内使用时，应在制造商要求的具有最小容积和尺寸的壳体内进行试验。断路器不在外壳内使用时，应在敞开的环境下进行试验，并设置模拟使用环境下紧邻墙体或顶蓬的屏蔽物。屏蔽物和壳体应采用金属材料，并与断路器接地框架相连。根据断路器的实际工作条件，屏蔽物和壳体内可以嵌入绝缘材料。

8.3.8.3 试验程序

按照 5.3.4 的要求，按照规定的操作循环和脱扣器整定值，根据断路器的类型进行一定数量的操

作。每个操作循环均进行一次，考虑试验的严酷性，允许在操作循环之间对断路器进行维护。

如果断路器主电路的两个端子都可能连接电源的正极，对两种连接方式均应进行表 2 中 f)、e)和 d)的试验。

在每个操作循环之后，均应按照 GB/T 25890.1—2010 中 7.6.3 进行绝缘试验。

8.3.8.4 试验电路

典型的试验电路见 GB/T 25890.1—2010 附录 A，详细要求见 GB/T 25890.1—2010 中 7.6.1。

对于 e)和 d)试验，负载侧连接的阻抗不大，应将断路器动触头侧反向连接再进行一次试验。这样，在开断电弧电流过程中，断路器的两端均承受了对地的电压。

对于"V"类断路器，进行 d)试验时应将所有回路阻抗连接到断路器负载侧，使续流二极管承受电压，然后将所有回路阻抗连接到断路器电源侧，使过电压吸收装置承受电压。

如果"V 类"断路器可能在最大能量工况下使用，e)试验也应同样进行。

8.3.8.5 试验电路的时间常数

对于最大短路故障，不测量时间常数，如果峰值电流与稳态电流的比值不超过 1.42，则认为假定数值正确。进行最大能量试验时，电路时间常数应不小于额定回路时间常数 T_{Nc} 的 0.5 倍（见 GB/T 25890.1—2010 中 5.1.1.3）。对于远端故障工况，电路时间常数 T_c 应为额定回路时间常数 T_{Nc}。进行电气耐久性试验时，回路时间常数 T_c 应为 0.01 s。进行临界电流试验时，回路时间常数 T_c 的实测值应尽可能接近 0.01 s。

进行调校试验时，应测量试验电路的时间常数，测量结果即试验电流（见 GB/T 25890.1—2010 中图 A.2 的曲线 2）。

8.3.8.6 恢复电压

试验时，恢复电压的平均值不应低于额定电压值。

8.3.8.7 试验实施细则

8.3.8.7.1 试验电路调校

本试验在额定电压 U_{Ne} 下进行，使用远远小于试验电路阻抗的临时连接装置 B 替代试验单元 A 进行调校。

整定电阻 R 和电抗器 L 用于实现短路电流稳态值和额定时间常数。这些数值为预期电流，由制造商提供，应不超出 GB/T 25890.1—2010 中 7.2 要求的允差范围(也可见 8.3.8.1)。

调校短路电流峰值时，不应小于 $1.42I_{ss}$。

注：可以改变 I_{ss} 值，以达到要求的峰值。

8.3.8.7.2 试验程序

按照试验要求连接断路器的端子，以试验单元 A 代替临时连接 B。试验在 GB/T 25890.1—2010 中 7.6.2 要求的条件下按照 8.3.8.3 进行。

电流开断后，恢复电压应保持 0.1 s。

8.3.8.7.3 断路器关合和开断短路电流的性能

试验期间，断路器应分断短路电流，且电流过零后不重燃。短路电流应为额定短路电流。

断路器应达到表 5 要求。

表 5 试验项目 f、ff 和 fr 负载试验断路器性能验证

型号	分闸时间 ms	全分断时间 ms	I_{Nss}与整定值的比值	$t=0$ 时的 di/dt kA/ms
H	=5	=20	=7	=5
V	=2	=4	不适用	不适用
S	=15	=30	=3.5	=1.7
见 GB/T 25890.1—2010 3.4.7 和 3.4.8。				

试验过程中保护装置 D 的熔丝不应熔断。

试验中应确定截断电流。

8.3.8.8 断路器试验后的状态

断路器试后状态应满足 GB/T 25890.1—2010 中 7.6.3 的要求。

8.3.8.9 H、V、或 S 类断路器在试验项目 f、ff 和 fr 下的性能验证

进行试验项目 f、ff 和 fr 的最大短路试验时，如果试验电流和整定值满足表 5 的要求，则认为断路器满足其类别 H、V 和 S 的要求。

各类断路器的分闸时间和全分断时间应满足表 5 的要求。

如果进行标准的型式试验时，试验电流的比值和 di/dt 小于表 5 的要求，并且分闸时间和全分断时间超出要求，则应进行单独的分断试验，在整定范围内减小断路器的整定值，以验证其是否满足表 5 中要求的分闸时间和全分断时间。

8.3.9 试验项目 s 下短时耐受电流试验特性的验证

8.3.9.1 试验参数值

满足 GB/T 25890.1—2010 中 7.7.1 的要求。

8.3.9.2 试验条件

满足 8.3.8.2 和 GB/T 25890.1—2010 中 7.7.2 的要求。

8.3.9.3 断路器试验性能

满足 8.3.8.3 和 GB/T 25890.1—2010 中 7.7.3 的要求。

8.3.9.4 断路器试验后的状态

试验完成后的机械部分和绝缘部分应满足 GB/T 25890.1—2010 中 7.7.4 的要求(如果适用)。

8.3.10 临界电流探测及试验项目 l 和 lr 的进行

对于所有断路器，临界电流探测均为型式试验，用于给定表 2 中试验项目 l 和 lr 中小电流试验下的电流数值。

GB/T 25890.1—2010 附录 C 给出了临界电流的探测方法。

对于 L 类断路器，其试验项目 l 按照 GB/T 25890.1—2010 中 C.2 的要求按单方向断路器进行。

注 1：本条对 U_1 和 U_2 型断路器均适用。

对于 R 类和 I 类断路器，其试验项目 lr 按照 GB/T 25890.1—2010 中 C.3 的要求按双方向断路器进行。

注 2：R 类断路器具有一个单方向逆流分闸脱扣器，并开断其正向小电流。

附 录 A
（资料性附录）
所 需 信 息

A.1 概述

附录 A 提供了信息概况，也可以用来指导履行第 7 章的要求。

A.2 买方的技术条件

买方提供的设备采购技术规格书中应包括以下内容：

a) 不同于正常工作条件（见 GB/T 25890.1—2010 中第 4 章）的情况；

b) 断路器类型（包括工作负载和分类）；

c) 第 5 章中要求的由买方提供的数据；

d) 第 6 章中要求的由买方提供的数据和接线端子参数；

e) 断路器持续电流额定值及负载周期；

f) 试验顺序：顺序 1 或顺序 2；

g) 过流保护刻度范围及调节步长；

h) 辅助电源的最大及最小电压；

i) 有关运输和到货地点要求，包括最大包装尺寸；

j) 买方需要的 L 断路器的最少机械操作次数[见 6.12a)]。

A.3 制造商的技术条件

制造商应提供以下技术要求：

a) 标识：
   1) 制造商或注册商标；
   2) 分类代号；
   3) 制造商声明遵守的标准代号；
   4) 制造日期和序列号；
   5) 接线端子（主电路和辅助电路）。

b) 特性：
   1) 类型、用途和试验项目[见 5.2 的 b)、5.2 的 c)和 5.3.4]；
   2) 不同于正常工作条件（见 GB/T 25890.1—2010 中第 4 章）的适用性；
   3) 额定电压 U_{Ne}；
   4) 断路器可靠工作的电压范围；
   5) 设备在额定电压下的额定电流 I_{NE}；
   6) 额定回路时间常数 T_{Nc}；
   7) 电流分断方向：U_1、U_2 或 B；
   8) 断路器试验顺序；
   9) 断路器的用途：L、I 或 R；

10） 限于整流站使用的V型断路器(如果适用)；
11） 试验条件下的最大电弧电压；
12） 常规热电流和带外壳的热电流(如果适用)：I_{th}、I_{the}；
13） 主触头材料；
14） 额定绝缘电压：U_{Nm}；
15） 额定冲击耐受电压(如果适用)：U_{Ni}；
16） 额定控制电压下的断路器合闸所需功率；
17） 额定控制电压下的分励脱扣线圈或等同设备所需功率；
18） 满足买方负荷循环需求的确认；
19） 断路器主电路电阻值；
20） 断路器部件在额定工作电流和过载条件下的温升限值；
21） 在各种试验项目的要求电流 I_{Nss}下，额定短路关合和分断能力；
22） 与电流上升率有关的分断时间；
23） 合闸时间；
24） 与电流上升率有关的截断电流；
25） 临界电流；
26） 灭弧罩的型式；
27） 断路器合闸后的保持方式：电保持、磁保持或机械保持；
28） 有外壳设备的IP代码(见参考文献中GB 4208—2008)；
29） 过流继电器及脱扣器特性；
30） 控制电路额定电压，电流性质(及频率)；
31） 控制电路电流性质(额定频率)和电源电压(不同于控制电路不同时)；
32） 额定空气压力和压力变化限值(含有气动设备时)；
33） 断路器整体质量和全部抽出部件质量；
34） 在保证断路器的额定特性的基础上，外壳的最小尺寸和有关散热的数据；
35） 无外壳断路器本体与接地金属部件的最小距离；
36） 分励脱扣器和低电压脱扣器(或失压脱扣器)控制电路的额定电压；
37） 过流脱扣器的额定电流；
38） 过流脱扣器定值范围；
39） 调整整定电流的方法；
40） 脱扣方式；
41） 温度变化对整定电流的影响；
42） 防跳装置的型式和功率；
43） 中间继电器的型式及功率；
44） 全部内置控制设备的型式及功率；
45） 辅助触点的数量、型式和电流的性质，辅助开关的额定频率(如果适用)和额定电压；
46） 每对辅助触点的额定持续电流和分断能力；
47） 断路器的固定方式；
48） 断路器手车的机动性布置方式(如果适用)；
49） 抽出空间的详细要求；
50） 后部通道详细要求；
51） 根据断路器在额定工作电流 I_{Ne}和最大短路电流 I_{Nss}下的动作次数，制造商推荐的例行维护周期(触头、灭弧罩和整台断路器)。

注：以上特性参数仅当有特别要求时提供。

c） 图纸：

1） 显示断路器总尺寸的总布置图和立面图、移动灭弧罩所需空间、绝缘部件及接地部件所需空间（如果适用）、抽出断路器所需空间、最大运输尺寸、运输质量、估计毛重及对地板的冲击负载；

2） 控制原理图；

3） 全部预埋件的总体布置图、留待设备安装单位完成装修层的地面的总体布置图、详细荷载；

4） 断路器特性参数（I^2t、分断时间或截断电流）；

5） 特定分断条件下反映断路器性能的示波记录；

6） 安装、操作及维护手册。

参 考 文 献

[1] GB 4208—2008 外壳防护等级(IP 代码)(IEC 60529:2001,IDT)

ICS 29.280
S 35

中华人民共和国国家标准

GB/T 25890.3—2010/IEC 61992-3:2006

轨道交通 地面装置 直流开关设备 第3部分:户内直流隔离开关、负荷开关和接地开关

Railway applications—Fixed installations—DC switchgear—
Part 3:Indoor d.c. disconnectors,switch disconnectors and earthing switches

(IEC 61992-3:2006,IDT)

2011-01-10 发布 2011-06-01 实施

中华人民共和国国家质量监督检验检疫总局
中国国家标准化管理委员会 发布

前　言

GB/T 25890《轨道交通　地面装置　直流开关设备》由以下几部分组成：

——第 1 部分：总则；

——第 2 部分：直流断路器；

——第 3 部分：户内直流隔离开关、负荷开关和接地开关；

——第 4 部分：户外直流隔离开关、负荷开关和接地开关；

——第 5 部分：直流避雷器和低压限制器；

——第 6 部分：直流成套开关设备；

——第 7-1 部分：直流牵引供电系统专用测量、控制和保护装置　应用指南；

——第 7-2 部分：直流牵引供电系统专用测量、控制和保护装置　隔离电流变送器和其他电流测量设备；

——第 7-3 部分：直流牵引供电系统专用测量、控制和保护装置　隔离电压变送器和其他电压测量设备。

本部分为 GB/T 25890 的第 3 部分。

本部分按照 GB/T 1.1—2009 给出的规则起草。

本部分采用翻译法等同采用 IEC 61992-3:2006《轨道交通　地面装置　直流开关设备　第 3 部分：户内直流隔离开关、负荷开关和接地开关》(英文版)。

与本部分中规范性引用文件有一致性对应关系的我国文件如下：

——GB/T 1402—2010　轨道交通　牵引供电系统电压(IEC 60850:2007，MOD)；

——GB/T 11022—1999　高压开关设备和控制设备标准的共同技术要求(eqv IEC 60694:1996)。

本部分由中华人民共和国铁道部提出。

本部分由全国牵引电气设备与系统标准化技术委员会(SAC/TC 278)归口。

本部分负责起草单位：中铁电气化勘测设计研究院有限公司。

本部分参与起草单位：中铁第四勘察设计院集团有限公司、天津长澳电器有限公司。

本部分主要起草人：赵海军、苏光辉、王龙。

本部分参与起草人：宁建斌、刘国怀。

轨道交通　地面装置　直流开关设备
第3部分:户内直流隔离开关、负荷开关和接地开关

1　范围

GB/T 25890的本部分规定了用于牵引供电系统地面装置中户内直流隔离开关、负荷开关和接地开关的要求。

注1：本部分不规定成套开关设备、电磁兼容(EMC)和可信性的要求，这些要求在本标准的其他部分和GB/T 25890.1—2010列出的其他相关标准中规定。

注2：本部分中"开关"一词是指GB/T 25890.1—2010中3.1.5、3.1.6和3.1.7所定义的"隔离开关和/或负荷开关和/或接地开关"。

注3：隔离开关、负荷开关和接地开关可以装有电气闭锁机构，采用术语"电力接触器"表示。

2　规范性引用文件

下列文件对于本文件的应用是必不可少的。凡是注日期的引用文件，仅注日期的版本适用于本文件。凡是不注日期的引用文件，其最新版本(包括所有的修改单)适用于本文件。

GB/T 25890.1—2010　轨道交通　地面装置　直流开关设备　第1部分：总则(IEC 61992-1:2006，IDT)

GB/T 25890.6—2010　轨道交通　地面装置　直流开关设备　第6部分：直流成套开关设备(IEC 61992-6:2006，IDT)

IEC 60694:1996　高压开关设备和控制设备的通用要求(Common specifications for high-voltage switchgear and controlgear standards)

IEC 60850:2000　铁路应用　牵引系统的供电电压(Railway application—Supply voltage of traction systems)

EN 50124-1:2001　铁路设施　绝缘配合　第1部分：基本要求　所有电气和电子设备的空隙和蠕变距离(Railway application—Insulation coordination—Part 1: Basic requirements—Clearances and creepage distances for electrical and electronic equipment)

3　术语和定义

GB/T 25890.1—2010确立的术语及定义适用于本文件。

4　工作条件

本部分中设备的工作条件见GB/T 25890.1—2010中4.1的要求。

5　开关特性

5.1　特性概要

开关应按照以下项目提出要求(如果适用)：

——开关类型(5.2);
——额定值(5.3);
——使用类别(5.4);
——控制电路(5.5);
——辅助电路(5.6)。

5.2 开关类型

开关应规定以下内容(如果适用):
——开关类型:负荷开关、隔离开关、接地开关或这几类开关的组合;
——极数;
——工位数(如果超过两个工位);
——外壳;
——外壳的防护等级(见 GB/T 25890.1—2010 中 3.3.29)。

5.3 额定值

5.3.1 概述

开关的额定参数要求应由买方提出。标称电压应选用 GB/T 25890.1—2010 中表 1 列出的数值;电流应选用 GB/T 25890.1—2010 中 5.1.2 列出的数值。

制造商应确认开关的额定参数,给出额定参数的推荐值,并补充其他相关数据。

所有参数应依据 5.3.2 ~5.3.4 的要求提出,但不必对全部参数进行要求。

5.3.2 电压

开关的各种电压如下:
——标称电压 U_n(见 IEC 60850:2000);
——系统电压和限值(见 GB/T 25890.1—2010 中 3.2.1.2 和 5.1.3);
——额定电压 U_{Ne}(见 GB/T 25890.1—2010 中 3.2.1.4);
——额定绝缘电压 U_{Nm}(见 GB/T 25890.1—2010 中 3.2.1.3),$U_{Nm} \geqslant U_{max}$;
——额定冲击耐受电压 U_{Ni}(见 GB/T 25890.1—2010 中 3.2.1.7);
——工频耐受电压 U_a(见 GB/T 25890.1—2010 中 3.2.1.8);
——辅助和控制电路的额定供电电压(见 GB/T 25890.1—2010 中 3.2.1.5)。

5.3.3 电流

开关的各种电流如下:
——约定发热电流 I_{th}、I_{the}(见 GB/T 25890.1—2010 中 3.2.3 和 3.2.4)。

注 1:接地开关不需要规定此参数。

——额定工作电流 I_{Ne}(见 GB/T 25890.1—2010 中 3.2.5)。

注 2:接地开关不需要规定此参数。

——额定分断和关合能力(见 GB/T 25890.1—2010 中 3.2.18 和 3.2.22):

- 负荷开关以及制造商声明具备关合能力的隔离开关,应在 1.2U_{Ne}电压下关合要求的预期电流;
- 额定分断能力指开关能够分断不大于额定分断电流的任意电流。

——额定短时耐受电流 I_{NCW}(见 GB/T 25890.1—2010 中 3.2.7)。

注 3:额定短时耐受电流可以与额定短路电流 I_{NSS}不同。

——过载能力:买方应向卖方提供周期负载的要求(见 GB/T 25890.1—2010 中 3.2.5 的注 2)。

5.4 使用类别

除制造商特殊说明外,隔离开关应在无负荷的情况下进行操作。

负荷开关可以在带负荷的情况下进行操作,包括大容量感性负载。

以上两种开关应有电气连锁机构或机械联锁机构。

开关的最小分断、关合和短时耐受电流不应低于表 1 中的要求。

表 1 开关类型

类 型	容量(t_c=0.01 s)		短时耐受电流	
	关合	分断	电流	持续时间
Ⅰ	0	0	I_{NCW}/I_{NCWe}	0.25 s
Ⅱ	0	I_{Ne}	I_{NCW}	0.25 s
Ⅲ	I_{Ne}	I_{Ne}	I_{NCW}	0.25 s
Ⅳ	$3I_{Ne}$	$3I_{Ne}$	I_{NCW}	0.25 s
Ⅴ	I_{NSS}	0	I_{NCW}/I_{NCWe}	0.25 s
Ⅵ	I_{NSS}	$3\ I_{Ne}$	I_{NCW}	0.25 s

注 1:除有特殊说明外,I_{NSS}应与 I_{NCW}等值,对于接地开关 I_{NSS}应与 I_{NCWe}等值。

注 2:上述类型解释如下:

——Ⅰ类:不具有关合故障电流能力的隔离开关和接地开关;

——Ⅱ类:只能分断负荷电流的负荷开关;

——Ⅲ类:与馈线串联的只能关合、分断额定电流的负荷开关;

——Ⅳ类:与Ⅲ类开关基本相同,但是要求能关合和分断列车启动电流;

——Ⅴ类:能关合故障电流的隔离开关和接地开关;

——Ⅵ类:与 Ⅳ类负荷开关基本相同,但能关合故障电流。

注 3:t_c 的定义见 GB/T 25890.1—2010 中 3.2.13。

注 4:根据 GB/T 25890.6—2010 中 8.3.4.3 确定接地开关 I_{NCWe}值,其稳态值不应小于 10 kA。

5.5 控制电路

控制电路用以下内容标识:

——控制电路的电压;

——电流类型(直流或交流);

——(交流)频率。

产品的性能、热效应和绝缘特性应根据控制电源的电压和频率确定。

电压应满足 GB/T 25890.1—2010 中 5.2 的要求,额定绝缘电压应符 EN 50124-1:2001 的要求,另有要求的除外。

电源电压应为 GB/T 25890.1—2010 中 5.2 的要求的额定电压 85%~110%。

当控制电路电压与主电路电压一致时,控制电路电压的变化范围应与主电路电压的变化范围一致。

制造商应明确控制电路在要求电压下的电流值,如果控制电路的电流是断续的,则应给出电流的持续时间。

5.6 辅助触点及辅助电路

辅助电路主要对触点数量、额定值(发热电流和电压)及特征(常开 NO、常闭 NC 或转换)做出要求。额定电压应满足 GB/T 25890.1—2010 中 5.2 的要求,额定绝缘电压应满足 EN 50124-1:2001 的要求,另有要求的除外。

买方应明确所需辅助触点的最小数量。

交流 1 000 V、直流 1 500 V 及以上电路的辅助配线应与低于上述电压的辅助配线隔离。

辅助电路的其他要求见 5.5。

6 结构

6.1 概述

无论是否有要求,卖方都应提供与安全、操作、控制和保护相关的器件及连接。为保护设备及操作、维护过程的安全,设备应采用适当的接地、绝缘、屏蔽或隔离措施。

控制电路、辅助电路和触点应满足 GB/T 25890.1—2010 中 5.2 的要求。

6.2 材料

禁止采用含有石棉的任何材料。

注:应特别注意所用材料的防潮性能和防火性能,所用材料应为阻燃型材料,以保证火势蔓延的危险性最小(见 GB/T 25890.1—2010 中附录 B)。

6.3 弧触头

如果装有弧触头,由于在灭弧时很容易耗损,弧触头应容易更换。

6.4 电气间隙和爬电距离

电气间隙应不低于 GB/T 25890.1—2010 中表 1 的要求,爬电距离应不低于 GB/T 25890.1—2010 中附录 D 的要求。

注:考虑在两次正常清理工作之间,正常和短路情况下动作产生的杂质,可增大电气间隙和爬电距离。

条件允许情况下,为了破坏操作时所产生沉积物的导电连续性,可增加伞裙。

6.5 主电路连接

开关应配有固定的、可移动的(螺栓或压板)或者插拔式的联接措施。

6.6 主电路连接的位置

对于非可抽出式开关,在正常操作位置时,主电路连接的接线端子应方便与开关连接。

对于可抽出式开关,在 GB/T 25890.6—2010 描述的条件下,主电路连接的接线端子应方便与开关连接。

6.7 接地端子

金属外壳的框架、结构和固定部件应相互连接并连接到合适的接地端子,为了方便接地,接地端子应布置在易于接触的位置。

注 1:此要求可通过正常的结构元件来完成,要确保电气连续性。

对于可抽出式开关,接地连接应在活门打开之前进行,在断开接地连接之前,活门应该是关闭的。

注 2:为实现此种要求,买方可要求专用的接地连接。对于非专用的接地连接,任何用于保证接地连续性的螺栓或类似装置,维护说明书中应说明表面清洗和确保连接紧固性的要求。

应保障接地端子抗腐蚀能力,应保证并维持接地标志的清晰可见。

接地端子应能承受 0.25 s 的额定故障接地电流 I_{NCWe}(见 GB/T 25890.6—2010 中 8.3.4.3)。

6.8 人力操作方式

按照 6.13.1 的要求,所有的开关都应配备一个手动操作手柄,以便在正常操作、紧急情况或者维护中使用。

6.9 开关外壳

开关外壳应符合 GB/T 25890.6—2010 的要求。

6.10 温升

6.10.1 限值

温升值不应超过 GB/T 25890.1—2010 中第 6 章规定的值。

6.10.2 主电路

开关的主电路,包括所有的电气连接部件,应能承受额定电流 I_{Ne}、I_{th} 或 I_{the},还应满足过电流负荷周期,此周期可由买方要求(见 GB/T 25890.6—2010 中 3.2.5 的注 2)。

6.10.3 控制电路

用于分合闸操作的控制电路以及控制装置,在操作过程中应不超过额定温升限值。

6.10.4 辅助电路

辅助电路以及辅助装置应能承受约定发热电流(对于开关电器)或者额定工作电流(对于其他设备),其温升不能超过额定温升限值。

6.11 绝缘强度

绝缘强度应满足 GB/T 25890.1—2010 中表 1 的要求。

6.12 电气及机械耐久性

当按照 GB/T 25890.1—2010 中 7.3.2 和 7.3.3 进行试验时,开关应能够完成下列次数的操作:

a) 为了检查机械耐久性,在主电路空载时应执行下列操作循环:

——人力操作的开关:100 次操作循环;

——用于代替整流断路器 R 或互联断路器 I 的开关:4 000 次操作循环;

——用于代替线路断路器 L 的开关:20 000 次或 10 000 次操作循环;

注:当每天操作至少两次时,建议 20 000 次操作循环。

——其他开关的操作循环:由制造商规定。

b) 为了检查主电路工作电流 I_{Ne} 下的电气耐久性,应进行下列操作循环(见 8.3.5):

——负荷开关:至少 50 次操作循环;

——隔离开关的操作循环:由制造商规定。

在进行上述次数操作循环试验时,每组操作循环的次数不应少于 10 次 CO 操作,时间间隔不应大于 180 s。对于额定电流超过 4 000 A 的开关,试验的组数可减少,具体数量由买卖双方共同商定。

6.13 操作

6.13.1 分闸和合闸操作

存在如下操作类型：

a) 人力操作开关；

b) 无备用人力操作机构的动力操作开关；

c) 非人力操作开关；

d) 配有非独立备用人力操作机构的动力操作开关；

e) 配有独立的备用人力操作机构的动力操作开关。

b)、c)和 d)型开关可以是隔离开关或负荷开关。

a)与 e)型开关只能是隔离开关。

a)与 c)型开关应带有操作手柄，d)型应配有紧急操作手柄。上述所有开关都应配有在维护时用于手动合闸的机构。

买方应指定所需开关的操作类型。

动力操作开关应满足在 5.5 所列的任何电压下能正常操作。

接地开关不能使用 a)和 e)型的机械装置。

6.13.2 挂锁

为防止误操作，开关应设有可在一个或多个位置提供挂锁的挂锁系统，挂锁的数量和特性由买方提出。

6.14 防腐蚀

开关的钢构件及其他材料应采用被认可的防腐措施进行防腐保护处理，灭弧室内的灭弧栅除外。

买方可提出自己的技术要求，卖方应按照买方要求制造或提供等效产品。

6.15 噪音排放

所有开关的噪音排放应降至最低，如果买方提出要求，卖方应给出开关在开断额定工作电流 I_{Ne}时的噪音排放水平。

6.16 冷却

所有开关均为自然冷却，买卖双方另有约定的除外。

6.17 伺服控制（如果适用）

伺服控制应安装在开关上或安装在开关的安装架上，该安装架应接地。

6.18 其他设备

开关还应配有以下设备：

a) 电气、磁力或机械锁定装置；

b) 与动触头联动的机械位置指示器或类似装置指示开关的分合闸状态。采用符号“I”和“O”或“ON”和“OFF”分别用来指示开关的合闸和分闸状态。如果实际应用中有明显可见的隔离断口，则可以不设机械位置指示器；

c) 将装置的安装架通过活动接点或端子接地的设施。

开关上可装有一个操作计数器。

除开关上电路正常运行所需的辅助触点外，卖方还应提供另外两个触点用于远动和监控。除此以外，其他触点的数量和类型由买卖双方商定。

7 信息及标识

7.1 信息

为确保开关满足预期要求，买卖双方应交换所有必要信息。第5章对此做出基本要求，第6章对特殊要求或备选方案做出了要求，信息归纳参见附录A。

7.2 标识

每台开关都应具有永久性的标识。

以下标识应标在开关本身或开关附带的一个或多个铭牌上：

a) 制造商名称或商标；

b) 制造商声明的相关标准；

c) 级别和种类(见5.4)；

d) 产品序号和名称；

e) 生产年份；

f) 额定电压 U_{Ne}；

g) 额定辅助电路及控制电路电压；

h) 额定工作电流或约定发热电流 I_{Ne}、I_{th} 或 I_{the}；

i) 额定开断电流(如果适用)；

j) 额定关合电流(如果适用)；

k) 额定短时耐受电流 I_{NCW}；

l) 整套开关质量及各可移件质量；

m) 输入及输出端子，除非它们可用其他方式连接；

n) 接地端子，用符号表示，如果适用；

o) 超出正常工作条件的特殊工作条件(见GB/T 25890.1—2010中第4章)(如果可行，应作单独的标牌)。

制造商应提供所有与安全、识别、指导和信息相关的必要标牌。提升附加装置应予以标识。

开关序列号和名称在安装后应清晰可见，其他标识至少应在安装之前清晰可见。

8 试验

8.1 概述

关于试验的一般要求见GB/T 25890.1—2010中第7章。

除非另有说明，试验应在额定参数下进行：电流、电压、频率(如果适用)、气压(如果适用)。此项要求适用于所有的开关(主电路、控制电路和辅助电路)，各项参数应满足第5章的要求。

试验误差应在GB/T 25890.1—2010中表6允许的范围内。

8.2 试验项目及试验次序

表2归纳了相关试验，对于各次序组，所有试验应按照表2中要求的次序进行。

表 2 相关试验和次序表

组 别	试验项目	开关类别		条款编号
		D,ES	SD	
1	一般操作特性			
	验证产品是否满足生产图样	T—R	T—R	8.3.1.1
	电阻测量	T—R	T—R	8.3.1.2
	机械操作	T—R	T—R	8.3.2
	绝缘试验			8.3.3
	冲击耐受电压	T—I	T—I	8.3.3.2
	工频耐受电压	T—R	T—R	8.3.3.3
	温升	T	T	8.3.4
	电气耐久性	—	T	8.3.5
	机械耐久性	T	T	8.3.6
2	过电流性能			
	额定开断和关合能力的验证	T[a]	T	8.3.7
	短时耐受电流能力的验证	T	T	8.3.8
3	手动控制装置坚固性及位置指示器可靠性的验证	T	T	8.3.9
4	临界电流和小电流试验周期	—	T	8.3.10

[a] 对于隔离开关,制造商可指定此试验。

注:T=型式试验;
R=出厂试验;
I=研究试验;
ES=接地开关;
D=隔离开关;
SD=负荷开关。

8.3 试验性能

8.3.1 验证生产图纸与开关特性的一致性

8.3.1.1 验证产品是否满足生产图样

被试开关的所有关键细节应满足其代表的这一类型产品的图纸。

8.3.1.2 主电路电阻测量

主电路电阻测量应在开关处于环境温度条件下进行。

试验应按照 IEC 60694:1996 中 6.4.1 的要求进行。

注:每次进行 8.3.5、8.3.7 和 8.3.8 要求的试验的前后,都应执行本条试验。

8.3.1.3 环境温度下线圈(如有)电阻测量

此项测量应在环境温度下进行,并将测量值修正到35 ℃下的数值。

8.3.2 机械操作试验

按照GB/T 25890.1—2010中7.3.1的要求,此试验在试验室环境温度下进行。

注:此试验旨在验证开关的正确操作并证明开关满足要求的操作条件。

如有电动控制,应检查开关在要求的最大和最小电压范围内是否操作正确。

应验证分闸时间和合闸时间(当标明时)。

当需要和作为型式试验时,非正常操作条件下(见GB/T 25890.1—2010中7.3.1),应重复此试验。

8.3.3 绝缘试验

8.3.3.1 概述

绝缘试验应满足GB/T 25890.1—2010中7.5的要求,并满足下列条件:

绝缘试验应在安装在运行条件下的新开关上进行,如果开关的支持结构是绝缘材料,为了模拟安装条件,应在安装点插入一些合适的金属件。

8.3.3.2 冲击耐受电压试验

此试验对大于2 500 V的U_{Nm}的开关为型式试验,对于其他开关为研究性试验。

按照GB/T 25890.1—2010中7.5.1的要求,在分闸和合闸状态下分别进行试验。

8.3.3.3 工频耐受电压试验

8.3.3.3.1 概述

工频耐受电压试验属例行试验。

8.3.3.3.2 主电路

按照GB/T 25890.1—2010中7.5.2的要求,分闸和合闸应分别进行试验。

8.3.3.3.3 控制和辅助电路

在下述条件下,试验电压应施加60 s:

a) 测量相互连接的辅助电路和控制电路之间的电压,但控制电路和辅助电路不与主电路连接;也不与金属框架连接;

b) 如果一条辅助电路要与其他的辅助电路物理隔离或者与其他的辅助电路完全隔离,则试验应在这条辅助电路和其他辅助电路之间进行;

c) 所有以前顺利通过此项测试的设备可以断开。

注:试验过程中,半导体应被短路。

8.3.3.4 试验参数

在GB/T 25890.1—2010表1中规定了试验方均根值。

触头之间的试验电压等级可以选择仅低于主电路对地的试验电压等级,同样的,辅助电路与控制电路之间以及它们对地也可以选择不同的电压等级。

对第一次做绝缘试验的新设备可按照要求值的75%进行重复试验。

8.3.4 温升试验

GB/T 25890.1—2010 中 7.4 提出温升试验的一般要求，温升值不应超过 GB/T 25890.1—2010 中第 6 章的要求。

8.3.5 电气耐久性试验

本试验仅对负荷开关是型式试验，应在实验室环境下进行。

试验程序应按照 GB/T 25890.1—2010 中 7.3.2 的要求进行，试验的操作循环次数见 6.12。

试验中的控制方式应与工作状态时一致，如果采用手动操作，买卖双方应就操作布置达成协议。

8.3.6 机械耐久性试验

本试验属于型式试验，应在实验室条件下进行。

试验程序应按照 GB/T 25890.1—2010 中 7.3.3 的要求进行，试验的操作循环次数见 6.12。

注：只要开关能成功操作，操作频率可以是任何适当值。

试验中的控制方式应与工作状态时一致，如果采用手动操作，买卖双方应就操作布置达成协议。

开关如果经过试验后，除清洁和润滑外不需要其他维护，仍旧操作正常，则通过本项试验。

8.3.7 额定开断和关合能力的验证

8.3.7.1 概述

对于制造商声明具有开断和关合能力的开关来说，本试验为型式试验。对于短路关合能力试验(第Ⅴ类、Ⅵ类)，峰值电流应不低于 $1.42I_{ss}$；若短时耐受时间不少于 0.1 s，可以采用与 GB/T 25890.1—2010 中 7.6.1 要求的电路相似的电路。

8.3.7.2 试验值的误差

5.3.1～5.3.3 中要求的试验应按照制造商提供的试验值进行，试验类别见 5.4。如果报告的数值与要求值的差别在 GB/T 25890.1—2010 表 6 所要求的范围内，试验视为有效。

因为实验室原因，以上公差可以经过双方同意有所调整。

8.3.7.3 试验条件

被试开关应装配完整或者处于等效条件下，控制装置应处于工作状态下，如果控制装置为电动操作，控制电压应为 5.5 要求的最低电压。

8.3.7.4 步骤

关合和开断能力试验是由两个试验组成。

关合能力试验由两个合闸操作组成，操作时间间隔为 180 s。应保证第Ⅲ类和第Ⅴ类的电路时间常数 $t_c = 0.01$ s。

开断能力试验由 5 次分闸操作组成，电路时间常数 $t_c = 0.01$ s，操作时间间隔约为 180 s。当 $I_{Ne} = 800$ A 时，时间间隔可以经过买卖双方间的协议而增加。

为方便起见，试验可以按照 CO 操作进行。每个操作周期，装置应保持合闸位置 0.1 s。每个操作循环后，恢复电压至少应保持 0.1 s。

电源侧与一个端子连接，负荷侧与另一个端子连接。除非明确标明了负荷和电源端子，电源侧与负荷侧应交换连接重复进行本试验。

本项试验之后，按照 GB/T 25890.1—2010 中 7.6.3 的要求应进行绝缘试验。

8.3.7.5 试验电路

典型的试验电路图见 GB/T 25890.1—2010 图 A.1，电路的连接要求见 GB/T 25890.1—2010 中 7.6.1。

在装置电源端子连接点上的假定短路电流应为 I_{NSS}。

8.3.7.6 试验操作细节

试验操作细节按照 GB/T 25890.1—2010 中 7.6.2 的要求进行。

8.3.7.7 试验之后装置的状况

试验之后装置的状况应满足 GB/T 25890.1—2010 中 7.6.3 的要求。

8.3.8 短时电流耐受能力的验证

8.3.8.1 试验和试验值

此试验和试验值应满足 GB/T 25890.1—2010 中 7.7.1 的要求。

8.3.8.2 试验条件

开关试验条件应满足 8.3.7.3 和 GB/T 25890.1—2010 中 7.7.2(如果适用)的要求。

8.3.8.3 试验操作细节

试验操作细节应按照 GB/T 25890.1—2010 中 7.7.3 的要求进行(如果适用)。

8.3.8.4 试验后装置的状况

试验后，机械部件及绝缘部件应满足 GB/T 25890.1—2010 中 7.7.4 的要求。

8.3.9 手动控制装置的坚固性及位置指示器可靠性的检验

此项内容应按照 GB/T 25890.1—2010 中 7.8 的要求执行。

此项试验仅适用于手动操作开关。

8.3.10 临界电流和小电流试验

此项试验不适用于没有开断能力的开关，如隔离开关和接地开关。

此型式试验由 10 次 O—120 s—CO 循环组成，临界电流值见 GB/T 25890.1—2010 中附录 C。

注：此项试验与 GB/T 25890.1—2010 中对断路器要求的试验一致。

附 录 A
（资料性附录）
所 需 资 料

A.1 概述

附录A提供了信息概况，也可以用来指导履行第7章的要求。

A.2 采购技术要求

以下各项应包括在买方提供的技术条件中，以便为特殊的安装条件提供精确的技术要求：

a) 工作条件定义为与“正常”（见GB/T 25890.1—2010第4章）条件不同的工作条件；
b) 开关使用场所的详细情况；
c) 开关的型号、数量和安装位置等细节；
d) 第5章中要求的由买方提供的数据；
e) 有关结构特征（见第6章）和端子的详细情况的特征；
f) 开关的连续工作额定值和负荷周期；
g) 辅助电源的额定电压，最大和最小工作电压；
h) 运输到现场的详细安排，包括最大包装尺寸；
i) 如果买方要求[见6.12a)]用较低的机械操作次数的装置来代替L型断路器。

A.3 生产技术要求

以下信息应在制造商的样本、说明书或投标文件中给出：

a) 标识
  1) 制造商的名称或商标；
  2) 产品名称；
  3) 制造商声明所依据的国家标准；
  4) 生产年份及产品序列号。
b) 特征
  1) 额定电压；
  2) 设备的级别和分类；
  3) 额定工作电流、约定自由空气或封闭发热电流 I_{Ne}、I_{th} 或 I_{the}；
  4) 触头材料；
  5) 额定绝缘电压；
  6) 额定冲击耐受电压（如果适用）；
  7) 在额定控制电压下合闸操作所需功率；
  8) 在额定控制电压下分闸操作所需功率；
  9) 开关主电路电阻；
  10) 买方要求的负荷周期适用性确认；
  11) 开关各部分在额定工作电流下及过载条件下的温升应满足要求（见GB/T 25890.1—

2010 第 6 章）；

12） 额定开断和/或关合能力（如果适用）；

13） 额定短时耐受电流 I_{NCW} 及耐受时间或接地故障电流 I_{NCWe} 及耐受时间；

14） 在短路情况下额定关合能力（如果适用）；

15） 灭弧室类型（如果适用）；

16） 封闭设备防护等级（IP 代码）（依据 GB 4208）；

17） 如工作条件与 GB/T 25890.1—2010 第 4 章要求不同，要确认装置的适用性；

18） 辅助电路和控制电路的额定电压及电流特性（和频率）；

19） 额定气压和压力变化范围（气动装置）；

20） 整套开关及可抽部件（如果有）中质量；

21） 外壳最小尺寸；与额定特性相对应的通风条件的相关数据（如果适用）；

22） 开关与接地金属部件的最小距离（针对没有外壳的装置）；

23） 运行中的电源电压的变化对开关的影响（如果有）；

24） 各辅助触头的连续额定值；

25） 辅助触头的数量和类型，电流特性，额定频率（如果适用）及辅助开关的额定电压；

26） 固定开关的方法；

27） 开关手车（如有）操作布置详情；

28） 所需的拉出空间；

29） 背面维护所需的空间；

30） 制造商推荐的在正常工作电流 I_{Ne}，最大短路电流 I_{NSS} 下的最短运行周期和操作次数；以及常规维护（触头、灭弧室和整个装置）中最短时间和操作次数。

注：以上特征仅在应用中使用时才有效。

c） 图纸

如买方要求，应提供以下图纸：

1） 开关的总装图，包括开关的抽出部分所需要的空间尺寸、拆卸灭弧室所需要的空间尺寸、最大运输尺寸，开关总质量；

2） 控制部分原理图；

3） 所有预埋件，为安装施工而预留的未封闭的区域，和荷载详情的总布置图；

4） 安装、操作和维护手册。

ICS 29.280
S 35

中华人民共和国国家标准

GB/T 25890.4—2010/IEC 61992-4:2006

轨道交通 地面装置 直流开关设备 第4部分:户外直流隔离开关、负荷开关和接地开关

Railway applications—Fixed installations—DC switchgear—Part 4:Outdoor d.c. disconnectors, switch-disconnectors and earthing switches

(IEC 61992-4:2006,IDT)

2011-01-10 发布 2011-06-01 实施

中华人民共和国国家质量监督检验检疫总局
中国国家标准化管理委员会 发布

前　言

GB/T 25890《轨道交通　地面装置　直流开关设备》由以下几部分组成：

——第1部分：总则；

——第2部分：直流断路器；

——第3部分：户内直流隔离开关、负荷开关和接地开关；

——第4部分：户外直流隔离开关、负荷开关和接地开关；

——第5部分：直流避雷器和低压限制器；

——第6部分：直流成套开关设备；

——第7-1部分：直流牵引供电系统专用测量、控制和保护装置　应用指南；

——第7-2部分：直流牵引供电系统专用测量、控制和保护装置　隔离电流变送器和其他电流测量设备；

——第7-3部分：直流牵引供电系统专用测量、控制和保护装置　隔离电压变送器和其他电压测量设备。

本部分为GB/T 25890的第4部分。

本部分按照GB/T 1.1—2009给出的规则起草。

本部分采用翻译法等同采用IEC 61992-4:2006《轨道交通　地面装置　直流开关设备　第4部分：户外直流隔离开关、负荷开关和接地开关》(英文版)。

与本部分中规范性引用文件有一致性对应关系的我国文件如下：

——GB 1985—2004　高压交流隔离开关和接地开关(IEC 62271-102:2002,MOD)；

——GB 4208—2008　外壳防护等级(IP码)(IEC 60529:2001,IDT)；

——GB/T 11022—1999　高压开关设备和控制设备标准的共同技术要求(eqv IEC 60694:1996)；

——GB/T 1402—2010　轨道交通　牵引供电系统电压(IEC 60850:2007,MOD)。

本部分主要的编辑性修改为：第1章中注1的EN 50121-5用IEC 62236-5代替。

本部分由中华人民共和国铁道部提出。

本部分由全国牵引电气设备与系统标准化技术委员会(SAC/TC 278)归口。

本部分负责起草单位：中铁电气化勘测设计研究院有限公司。

本部分参加起草单位：中铁第四勘察设计院集团有限公司、天津长澳电器有限公司。

本部分主要起草人：赵海军、孟祥奎、刘春丰。

本部分参加起草人：冯在福、郑玉芬。

轨道交通 地面装置 直流开关设备 第4部分:户外直流隔离开关、负荷开关和接地开关

1 范围

GB/T 25890的本部分规定了用于牵引供电系统地面装置中户外直流隔离开关、负荷开关和接地开关的要求。

注1:电磁兼容性(EMC)要求见IEC 62236-5。

注2:本部分中,“开关”是指GB/T 25890.1—2010中3.1.5、3.1.6和3.1.7所定义的“隔离开关、负荷开关或接地开关”。

2 规范性引用文件

下列文件对于本文件的应用是必不可少的。凡是注日期的引用文件,仅注日期的版本适用于本文件。凡是不注日期的引用文件,其最新版本(包括所有的修改单)适用于本文件。

GB/T 25890.1—2010 轨道交通 地面装置 直流开关设备 第1部分:总则(IEC 61992-1:2006,IDT)

GB/T 25890.6—2010 轨道交通 地面装置 直流开关设备 第6部分:直流开关设备(IEC 61992-6:2006,IDT)

IEC 60529:1989 外壳防护等级(IP码)[Degrees of protection provided by enclosures(IP Code)]

IEC 60694:1996 高压开关设备和控制设备的通用要求(Common specifications for high-voltage switchgear and controlgear standards)

修改件1(2000)

修改件2(2001)

IEC 60850:2000 铁路应用 牵引系统的供电电压(Railway application—Supply voltage of traction systems)

IEC 60913 电力牵引架空线路(Electric traction overhead lines)

IEC 62271-102 高压开关设备和控制设备 第102部分:交流隔离开关和接地开关(High-voltage switchgear and controlgear—Part 102:Alternating current disconnectors and earthing switches)

EN 50124-1:2001 铁路设施 绝缘配合 第1部分:基本要求 所有电气和电子设备的空隙和蠕变距离(Railway application—Insulation coordination—Part 1:Basic requirements—Clearances and creepage distances for electrical and electronic equipment)

EN 50125-2:2002 铁路设施 设备的环境条件 固定的电力设备(Railway application—Environmental conditions for equipment—Part 2:Fixed electrical installations)

3 术语和定义

GB/T 25890.1—2010确立的术语及定义适用于本文件。

4 工作条件

本部分主要是对户外开关制定规范。

户外开关安装要求见 IEC 60694:1996 中 2.1.2 或 EN 50125-2,并且要考虑 IEC 60913 相关要求。本部分规定不超出污秽等级 PD4A 的污秽等级(参见 EN 50124-1)为正常工作应能承受的污秽等级。

环境等级会随上述标准的不同而不同,需特别说明或有特殊环境要求时,买方应在招标文件中详细说明,卖方应确认开关满足相关要求。

5 开关特性

5.1 特性概要

开关应按照以下项目提出要求(如果适用):

——开关类型(5.2);

——额定值(5.3);

——使用类别(5.4);

——控制电路(5.5)。

5.2 开关类型

开关应按照以下应用情况分类(如果适用):

——负荷开关、隔离开关、接地开关或这几类开关的组合;

——极数;

——工位数(如果超过两个工位);

——外壳;

——外壳防护等级(见 IEC 60529:1989)。

5.3 额定值

5.3.1 概述

开关的额定参数要求应由买方提出。额定绝缘电压应选用 GB/T 25890.1—2010 中表 1 列出的数值;电流应选用 GB/T 25890.1—2010 中 5.1.2 列出的数值。

制造商应确认开关的额定参数,给出额定参数的推荐值,并补充其他相关数据。

所有参数应依据 5.3.2~5.3.4 的要求提出,但不必对全部参数进行要求。

5.3.2 电压

开关的各种电压如下:

额定电压及系统电压的限制见 IEC 60850:2000,绝缘电阻值见 GB/T 25890.1—2010 中表 1:

——标称电压 U_n(见 IEC 60850:2000);

——系统电压和限值(见 GB/T 25890.1—2010 中 3.2.1.2 和 5.1.3);

——额定电压 U_{Ne}(见 GB/T 25890.1—2010 中 3.2.1.4);

——额定绝缘电压 U_{Nm}(见 GB/T 25890.1—2010 中 3.2.1.3),$U_{Nm} \geqslant U_{max}$;

——额定冲击耐受电压 U_{Ni}(见 GB/T 25890.1—2010 中 3.2.1.7);

——工频耐受电压 U_a(见 GB/T 25890.1—2010 中 3.2.1.8);

——辅助和控制电路的额定供电电压(见 GB/T 25890.1—2010 中 3.2.1.5)。

5.3.3 电流

开关的各种电流如下:

电流的额定值应依据 GB/T 25890.1—2010 中 5.1 来选择:

——约定发热电流 I_{th}、I_{the}(见 GB/T 25890.1—2010 中 3.2.3 和 GB/T 25890.1—2010 中 3.2.4)。

注 1:接地开关不需要规定此参数。

——额定工作电流 I_{Ne}(见 GB/T 25890.1—2010 中 3.2.5)。

注 2:接地开关不需要规定此参数。

——额定分断和关合能力(见 GB/T 25890.1—2010 中 3.2.18 和 3.2.22):

- 负荷开关以及制造商声明具备关合能力的隔离开关,应在 $1.2U_{Ne}$ 电压下关合要求的预期电流;
- 额定分断能力指开关能够分断不大于额定分断电流的任意电流。

——额定短时耐受电流 I_{NCW}(见 GB/T 25890.1—2010 中 3.2.7)。

注 3:额定短时耐受电流可以与与额定短路电流 I_{Nss} 不同。

——过载能力:买方应向卖方提出负荷循环要求(见 GB/T 25890.1—2010 中 3.2.5 的注 2)。

5.4 使用类别

除制造商特殊说明外,隔离开关应在无负荷的情况下进行操作。

负荷开关可以在带负荷的情况下进行操作,包括大容量感性负载。

以上两种开关应有电气连锁机构或机械联锁机构。

开关的最小分断、关合和短时耐受电流不应低于表 1 中的要求。

表 1 开关类型

类 型	容量($t_c \geqslant 0.01$ s)		短时耐受电流	
	关合	分断	电流	持续时间
Ⅰ	0	0	I_{NCW}/I_{NCWe}	0.25 s
Ⅱ	0	I_{Ne}	I_{NCW}	0.25 s
Ⅲ	I_{Ne}	I_{Ne}	I_{NCW}	0.25 s
Ⅳ	$3I_{Ne}$	$3I_{Ne}$	I_{NCW}	0.25 s
Ⅴ	I_{Nss}	0	I_{NCW}/I_{NCWe}	0.25 s
Ⅵ	I_{Nss}	$3\ I_{Ne}$	I_{NCW}	0.25 s

注 1:除有特殊说明外,I_{Nss} 应与 I_{NCW} 等值,对于接地开关 I_{Nss} 应与 I_{NCWe} 等值。

注 2:上述类型解释如下:

——Ⅰ类:不具有关合故障电流能力的隔离开关和接地开关;

——Ⅱ类:只能分断负荷电流的负荷开关;

——Ⅲ类:与馈线串联的只能关合、分断额定电流的负荷开关;

——Ⅳ类:与Ⅲ类开关基本相同,但是要求能关合和分断列车启动电流;

——Ⅴ类:能关合故障电流的隔离开关和接地开关;

——Ⅵ类:与 Ⅳ类负荷开关基本相同,但能关合故障电流。

注 3:t_c 的定义见 GB/T 25890.1—2010 中 3.2.13。

5.5 控制电路

控制电路用下列项目加以要求：

——控制电路的电压；

——电流类型(直流或交流)；

——频率(交流)。

产品的性能、热效应和绝缘特征应根据控制电源的电压和频率确定。

电压应满足 GB/T 25890.1—2010 中 5.2 的要求，额定绝缘电压应满足 EN 50124-1 的要求，另有要求的除外。

电源电压应为 GB/T 25890.1—2010 中 5.2 要求的额定电压的 85%～110%。

当控制电路电压与主电路电压一致时，控制电路电压的变化范围应与主电路电压的变化范围一致。

制造商应明确控制电路在要求电压下的电流值。如果控制电路的电流是断续的，则应给出电流的持续时间。

5.6 辅助触点及辅助电路

辅助电路主要通过触点数量、额定值(热电流和电压)及特征(常开 NO、常闭 NC 或转换)进行要求。额定电压应满足 GB/T 25890.1—2010 中 5.2 的要求，额定绝缘电压应满足 EN 50124-1 的要求，另有要求的除外。

买方应明确所需辅助触点的最小数量。

应将交流 1 000 V、直流 1 500 V 及以上电路的辅助配线同低于上述电压的辅助配线隔离。

辅助电路的其他要求见 5.5。

6 结构

6.1 概述

无论是否有要求，卖方都应提供与安全、操作、控制和保护相关的器件及连接。为保护设备及操作、维护过程的安全，设备应采用适当的接地、绝缘、屏蔽或隔离措施。

控制电路、辅助电路和触点应满足 GB/T 25890.1—2010 中 5.2 的要求。

6.2 材料

不允许采用含有石棉的任何材料。

注：应特别注意所用材料的防潮性能和防火性能；所用材料应为阻燃型材料，以保证火势蔓延的危险性最小(见 GB/T 25890.1—2010 中附录 B)。

6.3 弧触头

由于在灭弧时很容易耗损，如果装有弧触头，弧触头应容易更换。

6.4 电气间隙和爬电距离

电气间隙和爬电距离应分别不低于 GB/T 25890.1—2010 中表 1 的要求及 GB/T 25890.1—2010 中附录 D 的要求。

注：考虑在两次正常清理工作之间，正常和短路情况下动作产生的杂质，可增大电气间隙和爬电距离。

条件允许情况下，为了破坏操作时所产生沉积物的导电连续性，可增加伞裙。

本部分 A.2 需要给出的电气间隙不应低于 GB/T 25890.1—2010 中表 1 规定的 B 列数值。如果开关为双断口结构，则两个串联的隔离距离的和应至少比表中给出的规定值多25%。

6.5 主电路连接

开关应配有固定的、可移动的(螺栓或压板)或者插拔式的联结措施。

6.6 主电路连接的位置

此位置应由买卖双方协商确定，相关标准另有规定的除外。

6.7 接地端子

金属外壳的框架、结构和固定部件应相互连接并连接到合适的接地端子，为了方便接地，接地端子应布置在易于接触的位置。

注：此要求可通过正常的结构元件来完成，要确保电气连续性。

应保障接地端子抗腐蚀能力，应保证并维持接地标志的清晰可见。

接地端子应能承受0.25 s的额定故障接地电流I_{NCWe}(见GB/T 25890.6—2010中8.3.4.3)。

6.8 人力操作方式

按照6.13.1的要求，所有的开关都应配备一个人力操作手柄，在正常操作、紧急情况或者维护中使用。

6.9 开关外壳

开关外壳由买方指明或由制造商提供的，应满足GB/T 25890.6—2010中的要求(户内安装)。另外开关外壳的防护等级应适合户外条件，满足IEC 60529:1989的要求。

6.10 温升

6.10.1 限值

隔离开关和负荷开关的温升应比GB/T 25890.1—2010中第6章要求的值低30 K。

注：降低要求是由于太阳辐射及户外逐渐氧化作用的共同影响。

对于通过8.3.5试验的开关，允许其温升限值低10 K。

6.10.2 主电路

开关的主电路，包括所有的电气连接部件，应能承受额定电流I_{Ne}、I_{th}或I_{the}，还应满足过电流负荷周期，此周期可由买方要求(见GB/T 25890.6—2010中3.2.5的注2)。

6.10.3 控制电路

用于分合闸操作的控制电路以及控制装置，在操作过程中不应超过额定温升。

6.10.4 辅助电路

辅助电路以及辅助装置应能承受约定发热电流(对于开关装置)、或者是它们额定工作电流(对于其他设备)，其温升不应超过允许值的上限。

6.11 绝缘强度

绝缘强度应满足GB/T 25890.1—2010中表1的要求，还应考虑湿态的工频耐受电压。

6.12 电气及机械耐久性

当按照 GB/T 25890.1—2010 中 7.3.2 和 7.3.3 进行试验时，开关应能够完成下列次数的操作：

a) 为了检查机械耐久性，在主电路空载时应执行下列操作循环：

1) 人力操作的开关：100 次操作循环；

2) 电动操作的开关：1 000 次操作循环。

b) 为了检查主电路工作电流 I_{Ne}（等同于 I_{th} 或者 I_{the}）下的电气耐久性，应进行下列操作循环（见 8.3.5）：

负荷开关：至少 50 次操作循环；

在进行上述次数操作循环试验时，每组操作次数应不少于 10 次，时间间隔不应大于 180 s。对于额定电流超过 4 000 A 的开关，试验的组数可减少，具体数量由买卖双方共同商定。

c) 为检查冰冻条件下开关性能，开关需要关合并放置在房间里达到 8.3.7 的条件，结冰后打开，然后在结冰后关合。

覆冰厚度需要买方依据 IEC 60694:1996 中 2.1.2 的要求在以下种类中选定一种：

——1 级为 1 mm；

——10 级为 10 mm；

——20 级为 20 mm。

6.13 操作

6.13.1 分闸和合闸操作

存在如下操作类型：

a) 人力操作开关；

b) 无备用人力操作机构的电动操作开关；

c) 非人力操作开关；

d) 配有非独立备用人力操作机构的电动操作开关；

e) 配有独立的备用人力操作机构的电动操作开关。

b)、c)和 d)型开关可以是隔离开关或负荷开关。

a)与 e)型开关只能是隔离开关。

a)与 c)型开关应带有操作手柄，d)型应配有紧急操作手柄。上述所有开关都应配有在维护时用于手动合闸的机构。

买方应指定所需开关的操作类型。

电动操作开关应在 5.5 所列的任一电压下能正常工作。

接地开关不能使用 a)和 e)型的机械装置。

6.13.2 挂锁

为防止误操作，开关应设有可在一个或多个位置提供挂锁的挂锁系统，挂锁的数量和特性买方提出。

6.14 防腐保护

开关的钢构件及其他材料应采用被认可的防腐措施进行防腐保护处理，灭弧室内的灭弧栅除外。

买方可提出自己的技术要求，卖方应按照买方要求制造或提供等效产品。

6.15 噪音排放

所有开关的噪音排放应降至最低。如果买方提出要求，卖方应给出开关在开断额定工作电流 I_{Ne}时的噪音排放水平。

6.16 冷却

所有开关均为自然冷却，买卖双方另有约定的除外。

6.17 伺服控制(如果适用)

伺服控制应安装在开关上或安装在开关的安装架上，该安装架应接地。

6.18 其他设备

开关还应配有以下设备：

a) 电气、磁力或机械锁定装置；

b) 与动触头联动的机械位置指示器或类似装置指示开关的分合闸状态。采用符号“I”和“O”或“ON”和“OFF”分别用来指示开关的合闸和分闸状态。如果实际应用中有明显可见的隔离断口，那么可以不设机械位置指示器；

c) 将装置的安装架通过活动接点或端子接地的设施(见 6.7)。

开关上可装有一个操作计数器。

除开关正常操作所需的辅助触点外，制造商还应提供额外的两组触点用于远动和监控。此外另加的触点，其数量和型式应由买卖双方协商确定。

7 信息及标识

7.1 信息

为确保开关满足预期要求，买卖双方应交换所有必要信息；第 5 章已对此做出基本要求，第 6 章对特殊要求或备选方案做出了要求。信息归纳参见附录 A。

7.2 标识

每台开关都应具有永久性的标识。

以下标识应标在开关本身或开关附带的一个或多个标牌上：

a) 制造商名称或商标；

b) 制造商声明所依据的与本部分关联的其他国家标准；

c) 级别和种类(见 5.4)；

d) 产品序列号和名称；

e) 生产年份；

f) 额定电压 U_{Ne}；

g) 额定辅助电路及控制电路电压；

h) 额定工作电流或约定发热电流 I_{Ne}、I_{th}或 I_{the}；

i) 额定开断电流(如果适用)；

j) 额定关合电流(如果适用)；

k) 额定短时耐受电流 I_{NCW}；

l) 整套开关质量及各可拆卸部件质量；

m) 输入及输出端子，除非进线和出线无区别；

n) 接地端子，用符号表示（如果适用）。

超出正常工作条件的特殊工作条件（见 GB/T 25890.1—2010 中第 4 章）（如果可行，应作单独的标牌）。

所有与安全、识别、指导和信息相关的必要标牌都应提供。吊装点应予以标识。

开关序列号和名称在安装后应清晰可见。其他标识至少应在安装之前清晰可见。

8 试验

8.1 概述

关于试验的一般要求见 GB/T 25890.1—2010 中第 7 章。

除另有说明，试验应在额定参数下进行：电流、电压、频率（如果适用）、气压（如果适用）。此项要求适用于开关中的所有回路（主电路、控制电路和辅助电路），各项参数应满足第 5 章的要求。

试验误差应在 GB/T 25890.1—2010 中表 6 允许的范围内。

8.2 试验项目及试验次序

表 2 归纳了相关试验，对于各次序组，所有试验应按照表 2 中要求的次序进行。

表 2 相关试验和次序表

组别	试验项目	开关类别		见条目
		D,ES	SD	
1	一般操作特性			
	验证产品是否满足生产设计图	T—R	T—R	8.3.1.1
	电阻测量	T—R	T—R	8.3.1.2
	机械操作	T—R	T—R	8.3.2
	绝缘试验			8.3.3
	冲击耐压	T—I	T—I	8.3.3.2
	工频电压（干试）	R	R	8.3.3.3
	工频电压（湿试）	T	T	8.3.3.3
	温升	T[a]	T	8.3.4
	电寿命	—	T	8.3.5
	机械耐久性	T	T	8.3.6
	冰冻条件下的操作	T	T	8.3.7
	验证装置单元的防护等级	T[a]	T[a]	IEC 60529:1989
2	过电流性能			
	额定开断和关合能力的验证	T[b]	T	8.3.8
	短时耐受电流能力的验证	T	T	8.3.9
3	手动控制装置坚固性及位置指示器可靠性的验证	T	T	8.3.10

[a] 如果适用。

[b] 如果制造商声明。

注：T=型式试验，R=出厂试验，I=研究试验，ES=接地开关，D=隔离开关，SD=负荷开关。

8.3 试验性能

8.3.1 验证生产图纸与开关特性的一致性

8.3.1.1 验证产品是否满足生产图纸

被试开关的所有关键细节应满足其代表的这一类型产品的图纸。

8.3.1.2 主电路电阻测量

主电路电阻测量应在开关处于环境温度条件下进行。

试验应按照 IEC 60694:1996 中 6.4.1 的要求进行。

注：每次进行 8.3.5、8.3.8 和 8.3.9 要求的试验的前后，都应执行本条试验。

8.3.1.3 环境温度下线圈(如有)电阻测量

此项测量应在环境温度下进行，并将测量值修正到 35 ℃下的数值。

8.3.2 机械操作试验

按照 GB/T 25890.1—2010 中 7.3.1 中的要求，试验在试验室环境温度下进行。

注：此试验旨在验证开关的正确操作并证明开关满足要求的操作条件。

如有电动控制，应检查开关在要求的最大和最小电压范围内是否操作正确。

应验证分闸时间和合闸时间(当标明时)。

当需要和作为型式试验时，非正常操作条件下(见 GB/T 25890.1—2010 中 7.3.1)，应重复此试验。

当开关及其手动或电动操作机构分别供货时(如安装在支柱上的开关)，开关整体的例行操作试验应全部在现场完成。

8.3.3 绝缘试验

8.3.3.1 概述

绝缘试验应满足 GB/T 25890.1—2010 中 7.5 的要求，并满足下列条件：

绝缘试验应在安装在运行条件下的新开关上进行，如果开关的支持结构是绝缘材料，为了模拟安装条件，应在安装点插入一些合适的金属件。

8.3.3.2 冲击耐受电压试验

此试验对大于 2 500 V 的 U_{Nm} 的开关为型式试验，对于其他开关为研究性试验。

按照 GB/T 25890.1—2010 中 7.5.1 的要求，在分闸和合闸状态下分别进行试验。

8.3.3.3 工频耐受电压试验

此试验在潮湿环境下为型式试验，在干燥环境下为例行试验(见 GB/T 25890.1—2010 中 7.5.2)。

8.3.3.3.1 主电路

按照 GB/T 25890.1—2010 中 7.5.2 的要求，分闸和合闸应分别进行试验。

8.3.3.3.2 控制和辅助电路

在下述条件下，试验电压应施加 60 s：

a） 测量相互连接的辅助电路和控制电路之间的电压，但控制电路和辅助电路不与主电路连接，也不与金属框架连接；

b） 如果一条辅助电路要与其他的辅助电路物理隔离或者与其他的辅助电路完全隔离，那么试验应在这条辅助电路和其他辅助电路之间进行；

c） 所有以前顺利通过此项测试的设备可以断开。

注：试验过程中，半导体应被短路。

8.3.3.4 试验参数

在GB/T 25890.1—2010表1中规定了试验方均根值。

触头之间的试验电压等级可以选择仅低于主电路对地的试验电压等级。同样的，辅助电路与控制电路之间以及它们对地也可以选择不同的电压等级。

对第一次做绝缘试验的新设备可以按照要求值的75%进行重复试验。

8.3.4 温升试验

8.3.4.1 概述

温升试验应在户内进行。

GB/T 25890.1—2010中7.4规定了温升试验的一般要求（不包括依据7.4.3及GB/T 25890.1—2010中表7给出的试验导体类型）。

8.3.4.2 主电路温度测量

具有完整外壳的装置应在外壳内部进行试验。

测量导体尺寸应记录在试验报告中。

当采用铜电缆时，推荐采用下述电流密度：

——I_{Ne}小于2 000 A：1.5 A/mm^2；

——I_{Ne}从2 001 A～5 000 A：1.3 A/mm^2。

当采用铜母线时，推荐采用表3中的数值。

表3 推荐的铜母线数量及尺寸

I_{Ne}/A	铜母线	
	数量	规格 mm×mm
500～630	2	50×5
631～800	2	60×5
801～1 000	2	80×5
1 001～1 250	2	100×5
1 251～1 600	3	100×5
1 601～2 000	4	100×5
2 001～2 500	3	100×10
2 501～3 150	4	100×10
3 151～4 000	5	100×10
4 001～5 000	6	100×10

8.3.5 电气耐久性试验

仅对负荷开关来说此试验是型式试验，应在实验室环境下进行。

试验程序应按照GB/T 25890.1—2010中7.3.2的要求进行，试验的操作循环次数见6.12b)。

试验中的控制方式应与工作状态时一致。如果采用人力操作，合同双方应就操作布置达成协议。

开关被确认通过试验后，应能正常操作，并满足GB/T 25890.1—2010中7.3.2的要求。

8.3.6 机械耐久性试验

本试验属于型式试验，应在实验室条件下进行。

试验程序应按照GB/T 25890.1—2010中7.3.3的要求进行，试验的操作循环次数见6.12a)。

注：只要开关能成功操作，操作频率可以是任何适当值。

试验中的控制方式应与工作状态时一致。如果采用人力操作，买卖双方应就操作布置达成协议。

开关如果经过试验后，除清洁和润滑外不需要其他维护，仍旧操作正常，则通过本项试验。

8.3.7 覆冰条件下的操作

见6.12c)。

开关及控制装置应全部安装。此操作程序应按照常规方式进行。

试验中开关及其控制装置的覆冰厚度应满足IEC 62271-102的要求，并且确定手动和电动控制都能完成分闸和合闸操作。

在覆冰条件下完成试验后，装置在机械或电动操作后应完好无损。在常温环境下测量主电路的电阻，电阻值不能和8.3.1.2中记录的数值有20％的偏差。

8.3.8 额定开断和关合能力的验证

8.3.8.1 概述

对于制造商声明具有开断和关合能力的开关来说，本试验为型式试验。对于短路关合能力试验(第Ⅴ类、第Ⅵ类)，峰值电流不应低于$1.42I_{ss}$；若短时耐受时间不少于0.1 s，可以采用与GB/T 25890.1—2010中7.6.1提供的电路相似的电路。

8.3.8.2 试验值的误差

按照5.3.1～5.3.3，试验应按照制造商提供的试验值进行，试验类别见5.4。如果报告上的数值与要求数值的差别在GB/T 25890.1—2010中表6所要求的范围内，试验应视为有效。

因为实验室的原因，经双方协商一致，公差可有所调整。

8.3.8.3 试验条件

被试开关应装配完整或者处于等效条件下。控制装置应处于工作状态下，如果控制装置为电动操作，控制电压应为5.5要求的最低电压。

8.3.8.4 步骤

关合和开断能力试验是由两个试验组成。

关合能力试验由两个合闸操作组成，操作时间间隔为180 s。第Ⅲ类和第Ⅴ类的电路时间常数t_c应大于或等于0.01 s。

开断能力试验由五次分闸操作组成，电路时间常数$t_c \geqslant 0.01$ s，操作时间间隔约为180 s。当$I_{Ne} \geqslant$

800 A 时,时间间隔可以经过买卖双方间的协议而增加。

为方便起见,试验可以按照 CO 操作进行。每个操作周期,装置应保持合闸位置 0.1 s。每个操作循环后,恢复电压至少应保持 0.1 s。

电源侧与一个端子连接,负荷侧与另一个端子连接。除非明确标明了负荷和电源端子,电源侧与负荷侧应交换连接重复进行本试验。

本项试验之后,应按照 GB/T 25890.1—2010 中 7.6.3 的要求进行绝缘试验。

8.3.8.5 试验电路

典型的试验电路图见 GB/T 25890.1—2010 中图 A.1;电路的连接要求见 GB/T 25890.1—2010 中 7.6.1。

在装置电源端子连接点上的假定短路电流应为 I_{Nss}。

8.3.8.6 试验操作细节

试验操作细节按照 GB/T 25890.1—2010 中 7.6.2 的要求进行。

8.3.8.7 试验之后装置的状况

试验之后装置的状况应满足 GB/T 25890.1—2010 中 7.6.3 的要求。

8.3.9 短时电流耐受能力的验证

8.3.9.1 试验和试验值

此试验和试验值应满足 GB/T 25890.1—2010 中 7.7.1 的要求。

8.3.9.2 试验条件

开关应满足 8.3.7.3 和 GB/T 25890.1—2010 中 7.7.2 要求的试验条件(如果适用)。

8.3.9.3 试验操作细节

试验操作细节应按照 GB/T 25890.1—2010 中 7.7.3 的要求进行(如果适用)。

8.3.9.4 试验后装置的状况

试验后,机械部件及绝缘部件应满足 GB/T 25890.1—2010 中 7.7.4 的要求。

8.3.10 人力控制装置的坚固性及位置指示器可靠性的检验

此项内容应按照 GB/T 25890.1—2010 中 7.8 的要求执行。

此项试验仅适用于人力操作开关。

附 录 A
（资料性附录）
所需资料

A.1 概述

附录A提供了信息概况，也可以用来指导履行第7章的要求。

A.2 采购技术要求

以下各项应包括在买方提供的技术条件中，以便为特殊的安装提供精确的技术要求：

a) 工作条件定义为与“正常”（见GB/T 25890.1—2010中第4章）条件不同的工作条件，包括任何选择性要求，如冰冻等级选择、电气间隙大于常规要求、爬电距离；
b) 设备使用场所的详细情况；
c) 开关的型号，数量和安装位置等细节；
d) 第5章中要求的由买方提供的数据；
e) 开关外壳要求（参见6.9），设备结构特征（参见第6章）和端子详细情况的特征；
f) 是否需要有位置指示；
g) 开关和负荷周期连续额定值，如果可行；
h) 辅助电源额定电压，最高和最低电压；
i) 开关运输到现场的详细安排，包括最大包装尺寸。

A.3 生产技术要求

制造商的产品目录，手册或投标规格书中应包含以下信息：

a) 标识
   1) 制造商的名称或商标；
   2) 产品名称；
   3) 制造商声明所依据的与本部分关联的其他国家标准；
   4) 生产年份及产品序列号。
b) 特征
   1) 额定电压；
   2) 设备的使用等级和额定电流；
   3) 额定工作电流、约定自由空气或封闭发热电流（I_{Ne}、I_{th}或I_{the}）；
   4) 触头材料；
   5) 额定绝缘电压；
   6) 额定冲击耐受电压，如果适用；
   7) 额定功率电压频率（湿试）；
   8) 在额定控制电压下合闸操作所需的功率；
   9) 在额定控制电压下分闸操作所需的功率；
   10) 主电路电阻；

11） 开关各部分在额定工作电流下的温升及过载条件下的温升(见 GB/T 25890.1—2010 中第 6 章)；
12） 额定开断和/或关合能力；
13） 短时耐受电流 I_{NCW} 及耐受时间或接地故障电流 I_{NCWe} 及耐受时间；
14） 灭弧室的类型，如适用；
15） 封闭设备防护等级(符合 IEC 60529:1989)；
16） 如工作条件与第 4 章要求不同，要确认开关的适应性；
17） 辅助电路和控制电路的额定电压及电流特征(和频率)；
18） 额定气压和压力变化范围(气对开关)；
19） 整套开关及可抽件(如果有)中质量；
20） 外壳最小尺寸，与额定特性相对应的通风条件的相关数据(如果适用)；
21） 开关与接地金属部件的最小距离(针对没有外壳的开关)；
22） 运行中的电源电压的变化对开关的影响(如有)；
23） 开关运行的其他环境变化的影响；
24） 各辅助触头的连续额定值；
25） 辅助触头的数量和类型，电流特征，额定频率(如果适用)及辅助开关的额定电压；
26） 固定开关的方法；
27） 制造商推荐的正常工作电流 I_{Ne}，最大短路电流 I_{Nss} 下的最短运行时间和操作次数，以及常规维护(触头、消弧栅和整个开关)中最短时间和操作次数。

注：以上特征仅在应用中使用才有效。

c） 图纸

如买方要求，卖方应提供以下图纸：

1） 开关的总装图，包括开关的整体尺寸及抽出部分的空间尺寸、最大运输尺寸、运输质量和预计总质量，以及对地板的冲击载荷；
2） 控制原理图；
3） 安装、运行和维护手册。

ICS 29.280
S 35

中华人民共和国国家标准

GB/T 25890.5—2010/IEC 61992-5:2006

轨道交通 地面装置 直流开关设备
第5部分:直流避雷器和低压限制器

Railway applications—Fixed installations—DC switchgear—
Part 5:Surge arresters and low-voltage limiters
for specific use in d. c. system

(IEC 61992-5:2006,IDT)

2011-01-10 发布 2011-06-01 实施

中华人民共和国国家质量监督检验检疫总局
中国国家标准化管理委员会 发布

前　言

GB/T 25890《轨道交通　地面装置　直流开关设备》由以下几部分组成：

——第1部分：总则；

——第2部分：直流断路器；

——第3部分：户内直流隔离开关、负荷开关和接地开关；

——第4部分：户外直流隔离开关、负荷开关和接地开关；

——第5部分：直流避雷器和低压限制器；

——第6部分：直流成套开关设备；

——第7-1部分：直流牵引供电系统专用测量、控制和保护装置　应用指南；

——第7-2部分：直流牵引供电系统专用测量、控制和保护装置　隔离电流变送器和其他电流测量设备；

——第7-3部分：直流牵引供电系统专用测量、控制和保护装置　隔离电压变送器和其他电压测量设备。

本部分为GB/T 25890的第5部分。

本部分按照GB/T 1.1—2009给出的规则起草。

本部分采用翻译法等同采用IEC 61992-5:2006《轨道交通　地面装置　直流开关设备　第5部分：直流避雷器和低压限制器》(英文版)。

与本部分中规范性引用文件有一致性对应关系的我国文件如下：

——GB/T 16927.1—1997　高电压试验技术　第一部分：一般试验要求(eqv IEC 60060-1:1989)。

本部分做了下列编辑性修改：

——第2章规范性引用文件IEC 61992-1在正文中带条款引用，故增加年代号，使用等同采标的国标代替。

本部分由中华人民共和国铁道部提出。

本部分由全国牵引电气设备与系统标准化技术委员会(SAC/TC 278)归口。

本部分负责起草单位：中铁电气化勘测设计研究院有限公司。

本部分参加起草单位：中铁第四勘察设计院集团有限公司、西安神电电器有限公司。

本部分主要起草人：王彦利 、王立天、李成胤。

本部分参加起草人：张华志、杨筱安。

轨道交通　地面装置　直流开关设备　第5部分:直流避雷器和低压限制器

1　范围

GB/T 25890 的本部分第4章、第5章、第6章规定了直流牵引供电系统地面装置用避雷器的要求，所述避雷器包括一个或多个非线性电阻片，可串联一个或多个放电间隙。

GB/T 25890 的本部分第7章规定了低压限制器的要求。在直流牵引供电系统地面装置中，当电压超出规定值时，限压器将与系统某些部分连通，从而起到保护作用。低压限制器也可以与接触器等设备一起组成自恢复装置。限压器通常不提供电涌保护。

低压限制器主要应用如下：

——连接金属轨道；

——保护轨道电路；

——变电站钢轨接地；

——保护阴极电路；

——保护电缆屏蔽层。

2　规范性引用文件

下列文件对于本文件的应用是必不可少的。凡是注日期的引用文件，仅注日期的版本适用于本文件。凡是不注日期的引用文件，其最新版本(包括所有的修改单)适用于本文件。

GB/T 25890.1—2010　轨道交通　地面装置　直流开关设备　第1部分:总则（IEC 61992-1:2006,IDT）

IEC 60060-1:1989　高电压试验技术　第1部分:一般定义和试验要求(High-voltage test techniques—Part 1:General definitions and test requirements)

IEC 60099-1:1991　避雷器　第1部分:交流有间隙非线性电阻型避雷器(Surge arresters—Part 1:General definitions and test requirements)

修改件1(1999)

IEC 60099-4:2004　避雷器　第4部分:交流无间隙金属氧化物避雷器(Surge arresters—Part 4:Metal-oxide surge arresters without gaps for a. c. systems)

IEC 61643-1:2005　低压电涌保护装置　第1部分:接到低压配电系统的电涌保护装置　要求和试验（Low-voltage surge protective devices—Part 1:Surge protective devices connected to low voltage power distribution systems—Requirements and tests)

EN 50125-2:2002　铁路设施　设备的环境条件　固定的电力设备(Railway application—Environmental conditions for equipment—Part 2:Fixed electrical installations)

3　术语和定义

IEC 60099-1:1991、IEC 60099-4:2004、IEC 61643-1:2005 及 GB/T 25890.1—2010 确立的术语和定义适用于本文件。

4 有间隙非线性电阻型避雷器

4.1 总则

见第1章。

注：新的装置不应采用有间隙避雷器。

4.2 标识

有间隙避雷器应在铭牌上至少标有下述信息，如果装有符合 IEC 60099-1:1991 的铭牌，则应与避雷器分开或者在制造商提供的数据表上标出：

——符合 GB/T 25890.5—2010；

——类型：直流牵引供电系统用有间隙避雷器；

——额定电压：U_r；

——电压保护水平：U_p；

——标称放电电流：I_n；

——压力释放等级(kA)；

——制造商名称或商标、型号、标识；

——制造年份；

——序列号。

注：询价或投标信息可参照本部分中附录 A 或 IEC 60099-1:1991 中附录 B。

4.3 优选额定值

4.3.1 优选额定电压(U_r)

避雷器优选额定电压见表1。

表 1 优选额定电压 单位为千伏(kV)

0.75	1	2	4

4.3.2 优选保护电压(U_p)

避雷器优选保护电压见表2。

表 2 优选保护电压 单位为千伏(kV)

3.0	4.5	5.0	6.0	8.0	10	12	15	18
20	25	30	35	40				

4.3.3 优选标称放电电流(I_n)

避雷器优选标称放电电流见表3。

表 3 优选标称放电电流 单位为千安(kA)

20	10	5	2.5

4.3.4 运行条件

户内避雷器的正常运行条件见 GB/T 25890.1—2010 中第 4 章和附录 B 的规定，户外避雷器的正常运行条件见 IEC 60099 的规定。当避雷器的运行条件与上述标准中规定的“正常运行条件”不一致时，买方应在设备招标规格书中说明。

4.4 技术要求

4.4.1 总则

见 IEC 60099-1:1991 第 5 章，下述内容除外。

4.4.2 操作冲击放电电压

本部分没有规定最大操作冲击放电电压。4.7.3.3 的试验为研究性试验，经买卖双方协商后进行，试验的目的仅为获取经验，不涉及合同责任。

注：直流系统的开关现象正在考虑中。

4.4.3 操作冲击残压

本部分不适用。

4.4.4 长持续时间冲击耐受电流

避雷器应耐受 4.7.5.3 和 IEC 60099-1:1991 中表 6 规定的长持续时间电流冲击耐受试验。按照 4.7.2，试验前后平均干工频放电电压的变化量不应超过 10%。

4.5 总的试验程序

见 IEC 60099-1:1991 第 6 章。

4.6 例行试验和验收试验

注：术语“验收试验”正在修订。

4.6.1 例行试验

制造厂应进行的最低例行试验要求为干工频放电试验(见 4.7.2)。

4.6.2 验收试验

如果买方在采购合同中规定了验收试验，以下试验就要在最接近所提供避雷器数量的立方根的较小整数上进行：

a) 整只避雷器上进行的干工频放电电压试验(参照 4.7.2)；

b) 整只避雷器上进行的标称雷电冲击放电电压试验(参照 4.7.3.1)；

c) 经买卖双方协商，在放电电流不小于 0.25 倍标称放电电流条件下，测试整只避雷器上的残压。

如果试品数量或试验项目需要变动时，应由买卖双方协商决定。

4.7 型式试验

4.7.1 概述

除以下内容外，其他见 IEC 60099-1:1991 第 8 章。

试验与 IEC 60099-1:1991 中 8.1 相同，但对所有标称放电电流，其中表 3 应被下列的表 4 替换。

表 4 避雷器试验要求

试验项目	条目
工频放电电压试验	4.7.2
标称雷电冲击电压放电试验	4.7.3.1
波前放电试验	4.7.3.2
残压试验	4.7.4
电流冲击耐受： ——大电流 ——长持续时间	 4.7.5.2 4.7.5.3
动作负载试验	4.7.6
短路电流试验	4.7.7
避雷器脱离器(如果安装)	4.7.8

4.7.2 工频放电电压试验

对三个试品中每一个都应根据 IEC 60099-1:1991 中 6.1、6.2 和 6.3 以及 4.7.1 的规定，进行干工频放电和湿工频放电电压试验。

对于 4.3.1 未确定的其他电压等级，可由相同设计(按照 4.7.1 给出的定义)且电压额定值在±5%范围内的产品，按比例调整电压水平决定试验电压。

试验开始时，施加在避雷器上的电压应足够低，以免接通避雷器时产生放电，然后匀速升压直到发生间隙放电。施加在避雷器上的电压超出其额定电压的持续时间应为 2 s～5 s，否则非线性电阻片会因过热而损坏。放电后应将试验电压在 0.5 s 之内切断，最好采用自动切断方式。如果使用有指示功能的仪器测量快速升高的电压有困难，可使用高速记录仪或示波器。

由于施加在避雷器上的负载会导致谐波值升高，因此试验电路的阻抗应足够低，以保证通过避雷器的电压波形在 IEC 60060-1:1989 规定的范围内。

试验时连续施加至少 5 次电压，每两次施加的时间间隔大约为 10 s。记录 5 次试验的放电电压平均值为工频放电电压值，以便与试品型式试验前后测试的结果进行比较。

注 1：通过买卖双方的协商，可用相同的步骤进行直流电压试验。电压的上升速率应接近 10 V/s。直流电压值应与 EN 50124-1 要求的正弦工频试验水平具有相同的峰值。

注 2：当避雷器有外套时，试验应该在带外套的条件下进行。

4.7.3 冲击放电电压试验

4.7.3.1 标称雷电冲击放电电压试验

在试验避雷器的电气回路中，调试冲击电压发生器产生 1.2/50 μs 的电压波形和电压保护水平(峰值)。调试好后，对试品施加 5 次正极性和 5 次负极性冲击电压，每次冲击时试品的间隙均应放电。如果 5 次连续冲击中有一次间隙没有放电，应进行此极性的 10 次附加冲击，间隙应在所有冲击下放电。

从施加冲击电压到放电的时间长短没有明确要求。

试验设备调节的允许值应使得测量值在下列范围：

a) 在峰值的 97%～100%之间或规定的峰值范围内；

b) 虚拟波前时间从 0.85 μs～1.6 μs 之间；

c) 波尾的半峰值时间从 40 μs～60 μs 之间。

波前第 1 部分(低于 50%)的振荡不应超过峰值的 10%。冲击电压上的小的振荡是允许的，只要它们的冲击电压幅值少于峰值的 5%，在这种情况下，应在振荡的峰值处进行测量。

4.7.3.2 波前冲击放电电压试验

使用的冲击电压发生装置的波前有效陡度应为 10 kV/μs，对试品施加 5 次正极性和 5 次负极性冲击电压，从示波器上根据电压-时间图示读取放电电压。如果没有发生放电，放电电压应超过 1.15 倍额定电压保护水平。

如果在标识陡度的曲线上的±0.1 μs 范围内，至少出现五个负极性和五个正极性放电试验点，则允许使用决定波前最大放电电压的标识波前实际陡度的曲线与 8.3.3 规定的曲线的交叉点。详细说明见 IEC 60099-1:1991 的图 1。

4.7.3.3 操作冲击放电电压-时间曲线试验

该试验经买卖双方协商后进行，试验的目的仅为获取经验，不涉及合同责任。

试验程序和试验值以协议为准，也可依据 IEC 60099-1:1991 中 8.3.5 的规定。

4.7.4 残压试验

见 IEC 60099-1:1991 中 8.4.1。

标称放电电流下的最大残压应为电压保护水平。

4.7.5 电流冲击耐受试验

4.7.5.1 总则

对三个试品中每一个试品都应进行 4.6.1 和 4.7.1 中规定的试验。该试验应在各项试验之前进行(用于评价性能的特殊试验除外)。如果避雷器设计带脱离器，则该试验应在带脱离器的试品上进行。

4.7.5.2 大电流冲击耐受试验

见 IEC 60099-1:1991 中 8.5.2，其中表 4 应被下列的表 5 替换。

表 5 大电流试验

标称放电电流 I_n(8/20 μs)/kA	2.5	5	10	20
大电流峰值(4/10 μs)/kA	40	65	100	100

4.7.5.3 长持续时间电流冲击耐受试验

只有满足下列要求时，IEC 60099-1:1991 中 8.5.3.1 方可适用于该试验。

IEC 60099-1:1991 中 8.5.3.2 不适用于本部分。

IEC 60099-1:1991 中的表 6 和 8.5.3.3，应忽略轻负载情况和对系列 A 和 B 的说明。IEC 60099-1:1991 中表 6 对于标称放电电流为 10 kA 给出的值也适用于标称放电电流为 20 kA 的情况。

4.7.6 动作负载试验

该试验在模拟避雷器运行条件下进行，给一只试品施加直流电压值为额定电压 U_r，然后施加 20 次冲击电流，分成五组，每组四次，冲击电流值为标称放电电流 I_n。IEC 60099-1:1991 附件 E 描述了使用交流电源的典型试验回路。

试验时可以使用电容器组调整直流电源，以保证电压小于 U_r 的 95%。图 1 给出了典型试验回路。

该试验应在整只避雷器上进行。

如果进行该试验有困难，经买卖双方协商后，可采用峰值为 U_r 的交流电压进行试验。

试验时，试品在每两组冲击试验之间也可以不施加电压。

当符合以上要求时，IEC 60099-1:1991 中 8.6 的第 2 段、第 4 段和后续段落都适用。

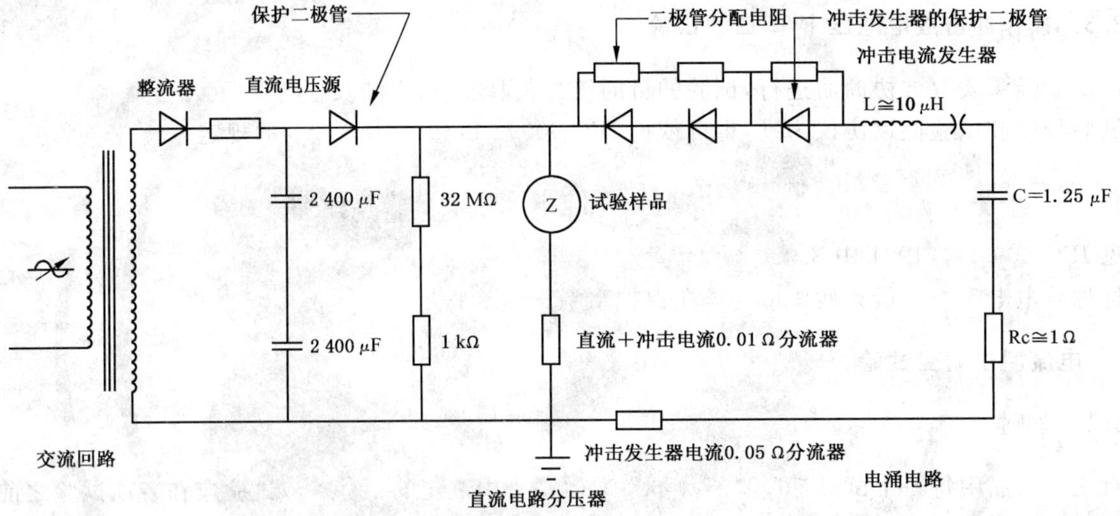

图 1 使用等效能量冲击电流发生器对避雷器进行动作负载试验的模拟直流电压试验回路

注：保护二极管的正极性电压不应超过试验电压的 1%，否则它将降低试验电流的准确度。

4.7.7 短路电流试验

该试验适用于所有的直流避雷器，无论避雷器有没有压力释放装置。根据 IEC 60099-1:1991 中 8.7，具体的试验方法由买卖双方协商确定。

如果外套仍然完整或外套发生非爆破性破裂并且试品的全部零部件落在规定的范围内时，则认为试品通过试验。

4.7.8 避雷器脱离器试验

同 IEC 60099-1 的要求。

直流电流应等于规定的方均根值。

IEC 60099-1:1991 的表 8 不适用于本部分。

5 避雷器人工污秽试验

在考虑中。

6 无间隙金属氧化物避雷器

6.1 标识

无间隙避雷器应在铭牌上至少标有下述信息，如果装有符合 IEC 60099-4 的铭牌，则应与避雷器分开或者在制造商提供的数据表上标出：

——符合 GB/T 25890.5—2010；

——类型：直流牵引供电系统无间隙避雷器；

——最大持续运行电压：U_c；

——额定电压：U_r；

——电压保护水平：U_p；

——标称放电电流：I_n；

——压力释放等级(kA)；

——制造商名称或商标、型号及标识；

——制造年份；

——序列号。

注：产品需求或标书中需要的信息可参照本部分的附录 A 或 IEC 60099-4:2004 中附录 G。

6.2 优选额定值

6.2.1 优选额定电压(U_r)

避雷器优选额定电压见表 6。

表 6 优选额定电压

单位为千伏(kV)

0.3	1	2	4	4.5	5.6

注：用于直流 1.5 kV 以上的电涌保护器，U_r 等于 U_c。

6.2.2 优选保护电压(U_p)

避雷器优选保护电压见表 7。

表 7 优选保护电压

单位为千伏(kV)

0.9	3.0	6.0	12.0	13.5	16.8

6.2.3 优选标称放电电流(I_n)

避雷器的优选 8/20 波形标称放电电流见表 8。

表 8 优选标称放电电流

单位为千安(kA)

20	10	5	2.5

6.2.4 运行条件

户内避雷器的正常运行条件见 GB/T 25890.1—2010 中第 4 章和附录 B 的规定，户外避雷器的正常运行条件见 IEC 60099 的规定。当避雷器的运行条件与上述标准中规定的“正常运行条件”不一致时，买方应在设备招标规格书中说明。

6.3 技术要求

6.3.1 概述

见 IEC 60099-4:2004 中第 6 章和 IEC 61643-1:2005 中第 6 章，下述内容除外。

6.3.2 长持续时间电流冲击耐受

避雷器应耐受 4.7.4 规定的长持续时间电流冲击耐受试验。试验前后标称放电电流下残压的变化不应超过 10%。

6.3.3 避雷器的电压耐受时间特性曲线

卖方应提供施加直流电压的允许时间及相应的电压值的数据，避雷器在预热到 60 ℃且遭受了大电流能量负载后，仍能施加这样的电压负载而不会导致损坏或热崩溃。

卖方应提供试品的电压-时间曲线，以及在施加上述曲线的试品电压之前注入的冲击能量。

注 1：该类曲线对于根据系统的条件(例如雷电、操作及暂态过电压)选择避雷器的额定电压是必需的。

注 2：该类曲线可通过计算建立。

暂时过电压曲线应覆盖的主要时间范围为 6 s～1 200 s。

耐受电压-时间曲线的验证由买卖双方协商确定。试验程序正在考虑中，可能会从 IEC 60099-4:2004 中附录 D 中纳入一些指导性原则，在此之前，试验程序由卖方提出并征得买方同意。

6.3.4 短路电流试验

买卖双方协商确定。

6.3.5 脱离器

见 IEC 60099-4:2004 中 6.12。

6.4 总的试验程序

对于 3 kV 系统用避雷器，见 IEC 60099-4:2004 中第 6 章；对于 1.5 kV 及以下系统用电涌保护器，见 IEC 61643-1:2005 中第 7 章。

6.5 型式试验

6.5.1 概述

对于 3 kV 系统用避雷器，见 IEC 60099-4:2004 中第 8 章；对于 1.5 kV 及以下系统用电涌保护器，见 IEC 61643-1:2005 中第 7 章，其余按照下述内容进行。

型式试验同 IEC 60099-4:2004 中 8.1 和附录 C 的规定，但是应以表 9 代替 IEC 60099-4:2004 中表 3，表 9 适用于全部标称放电电流。

表 9 避雷器试验要求

试验项目	条目
外套绝缘耐受试验	6.5.2.4
残压试验： ——陡坡冲击残压试验； ——雷电冲击残压试验； ——操作冲击残压试验	 6.5.3.1 6.5.3.2 6.5.3.3
长持续时间电流冲击耐受试验	4.7.4
操作负荷试验： ——大电流冲击； ——操作冲击	 6.5.5.3 正在考虑
耐受电压-时间曲线	6.3.3
避雷器脱离器(如安装)	6.5.6
密封试验(金属氧化物避雷器)	6.5.7
压力释放	买卖双方协议
外套污秽试验	正在考虑

6.5.2 避雷器外套绝缘耐受试验

6.5.2.1 概述

见 IEC 60099-4:2004 中 8.2,下述内容除外。

6.5.2.2 雷电冲击电压耐受试验

IEC 60099-4:2004 中 8.2.6 规定的试验不适用于本装置,除非买卖双方协商同意。

6.5.2.3 操作冲击电压耐受试验

IEC 60099-4:2004 中 8.2.7 规定的试验不适用于本装置。直流系统的操作冲击数量非常多,其试验要求在考虑中。

6.5.2.4 工频电压耐受试验

依据 IEC 60099-4:2004 中 8.2.8,同时增加下列注释。

注:买卖双方协商达成一致时,可进行附加试验。根据 EN 50124-1 的要求,按照相同试验方法对避雷器施加直流电压,电压值与正弦工频电压峰值相同。

6.5.3 残压试验

见 IEC 60099-4:2004 中 8.3。

6.5.3.1 陡坡冲击残压试验

见 IEC 60099-4:2004 中 8.3.1。

6.5.3.2 雷电冲击残压试验

见 IEC 60099-4:2004 中 8.3.2。

6.5.3.3 操作冲击残压试验

见 IEC 60099-4:2004 中 8.3.3。

6.5.4 长持续时间电流冲击耐受试验

见 IEC 60099-4:2004 中 8.4。

6.5.5 动作负载试验

6.5.5.1 概述

如 IEC 60099-4:2004 中 6.9 所述,该试验是在给避雷器施加规定直流电压的同时,施加规定次数的规定冲击电流。电压的测量准确度应为±1%。从无负载到满负载条件,电压的峰值变化不应大于1%。如果出现波动现象,峰值电压与方均根值之比偏离规定值不应大于 5%。

试验的可行性取决于试验装置能否产生大直流电流的能力。如果没有合适的实验室,可由买卖双方协商,进行尽可能接近要求的试验项目。IEC 60099-4:2004 中要求可作为参考。

试验顺序为:

——初始测量;

——预备性试验;

——施加冲击;

——测量和检验。

试验顺序说明见 IEC 60099-4:2004 中图 1 和图 2。

通过动作负载试验的判断依据为:

a) 无击穿和裂痕现象,试品正常;

b) 在这次试验施加 U_r 之后施加 U_c30 min 期间,功耗、泄漏电流或温度呈下降趋势;

c) 在 I_n 下的残压变化应不大于 5%。

施加在避雷器上的耐受试验电压应是整只避雷器的持续运行电压 U_c(见 GB/T 25890.1—2010 中 3.2.1.6.4)和额定电压 U_r(见 GB/T 25890.1—2010 中 3.2.1.6.2)。

注:预热温度 60 ℃±3 ℃,是包括环境温度,太阳辐射(如存在)和对避雷器外套污秽影响等因素加权平均确定的。如果避雷器安装在户内,预热温度可以改为户内设备的加权平均温度。

当电涌保护器所在系统电压达到 1.5 kV 时,如果适用,可参考 IEC 61643-1:2005 中 7.6。

6.5.5.2 加速老化程序

6.5.5.2.1 概述

本试验程序是确定在进行做动作负载试验时选的新的电阻片,该电阻片等效于进行了加速老化试验后寿命末期(特别是避雷器在寿命期内功耗整体变大的情况下)的电阻片。

6.5.5.2.2 试验程序

注 1:IEC 60099-4 的该试验程序正在被修订,新的程序在买卖双方协商同意后可替换本小节所述内容。

进行试验时,应对三个电阻片试样施加最大持续运行电压 U_c,持续时间为 1 000 h,在此期间,电阻片表面温度应控制在 115 ℃±4 ℃。

在加速老化试验时，电阻片应该置于和避雷器相同的介质中。在这种情况下，应该对置于封闭的容器中单个电阻片进行本试验程序，封闭容器的容积至少应为电阻片体积的两倍，容积中介质密度应不低于避雷器的介质。

注2：避雷器内围绕电阻片的介质，在避雷器的正常寿命期内，可能由于内部局部放电的原因会有一些改变。

考虑到注2所述可能发生的改变，合适的试验程序正在研究之中，现在有一个变通的程序：在含有低的氧气浓度(低于0.1%体积)的 N_2 或 SF_6(对GIS避雷器)中进行试验，这就保证即使在整个缺氧的情况下，避雷器也不会老化。

如果卖方能够证明在敞开的空气中进行本试验等价于在实际介质中进行，则可以在敞开的空气中进行老化试验。

上述老化试验应该对由参考电压满足IEC 60099-4:2004中7.3要求的电阻片所组成的三支典型试验样品进行。直流电压应满足动作负载试验的要求，见6.5.5.1。

6.5.5.2.3 确定加速老化条件

三个试样应加热至115 ℃±4 ℃，电阻片的功率损耗 P_1 应在电压 U_c 施加1 h或2 h后测量电阻的功率损耗 P_1。

在第一次测量给出 P_1 后，应该在每100 h时间间隔测量一次电阻片的功率损耗。最后，电阻功率损耗 P_2 应在老化1 000 h+100 h后在相同的条件下测量，且中间不能断电。在允许的温度范围内，所有的测量应该是在相同温度±1 ℃下进行。

在至少每100 h时间间隔测得功率损耗中最小功率损耗叫做 P_3。

如果 $P_2 \leqslant 1.1P_3$，则老化试验通过；否则老化试验失败，且这些电阻片不适合再应用在直流设备上。

注：在后者情况下，电阻片周围介质的可能改变会显著增加功率损耗。

测量时间应足够短以免增加由温度升高引起的功率损耗。

6.5.5.3 大电流冲击动作负载试验

6.5.5.3.1 概述

该试验适用于1.5 kA、2.5 kA、5 kA及10 kA的1级线路放电避雷器。整个试验程序如图2所示。

IEC 60099-4:2004中8.5.4的最后一句适用于该试验。

6.5.5.3.2 预备性试验

试品应该承受由20次符合IEC 60099-4:2004中3.17要求的8/20雷电冲击电流组成的预备性试验，电流峰值等于避雷器的标称放电电流。在施加冲击电流的同时，试品应该加上1.2倍试品的持续运行电压，20次冲击电流分四组施加，每组包含5次冲击电流。每两次冲击电流之间的时间间隔为50 s～60 s，两组间的间隔为1 500 s～1 800 s，在冲击电流两组之间不要求对试品施加电压，冲击电流的极性应该与运行时极性相同。

如果允许避雷器以任意极性安装，则一个极性做5次冲击，另外一个极性做5次冲击，重复两次。最后5次冲击的极性应该与动作负载试验使用的电源极性相反。

IEC 60099-4:2004中8.5.4.1的最后两句适用于该试验。

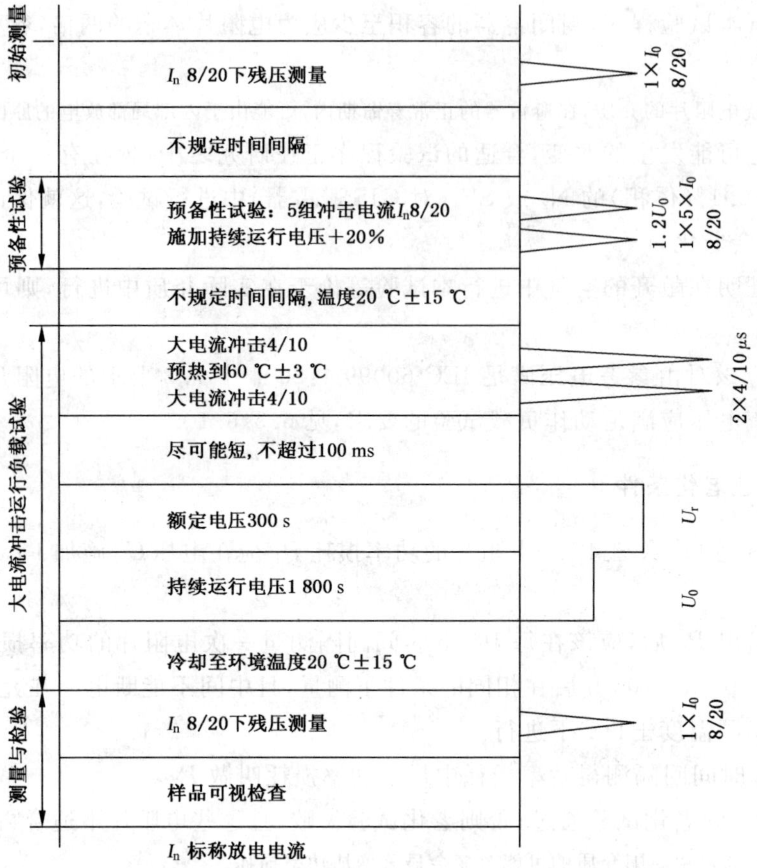

图 2　直流无间隙避雷器动作负载试验

6.5.5.3.3　施加冲击电流

IEC 60099-4:2004 中附录 H 描述了一个使用交流电源的典型试验回路。

IEC 60099-4:2004 中 8.5.4.2 适用于本部分，其中表 8 应被本部分的表 5 所替换，同时第 8 句修改如下：

在最后一次大电流冲击后，应尽可能快且不超过 100 ms，施加一幅值为额定电压 U_r 及持续运行电压 U_c 的耐受电压，时间分别为 300 s 和 1 800 s，以证实热稳定或热崩溃。

IEC 60099-4:2004 中 8.5.4.2 的其余内容及注释适用本部分。

6.5.5.4　操作冲击动作负载试验

见 IEC 60099-4:2004 中 6.5.2.3。

6.5.5.5　动作负载试验中热稳定的评价

如果泄漏电流的阻性分量或功率损耗或电阻片的温度稳定地下降，至少在图 2 所示程序中施加的最后 15 min 内稳定地下降，则可以认为接受了动作负载试验的避雷器是热稳定的并通过了试验。

在买卖双方达成协议时，IEC 60099-4:2004 中 8.5.6 的第 2 段才适用。

6.5.6　避雷器脱离器试验

见 IEC 60099-4:2004 中 8.6(如果适用)。

6.5.7 密封试验(金属氧化物避雷器)

复合外套避雷器见 IEC 60099-4:2004 中 10.8.13。

带密闭气体避雷器和单独密闭系统(瓷外套或复合外套)见 IEC 60099-4:2004 中 8.11。

6.6 例行试验和验收试验

6.6.1 例行试验

见 IEC 60099-4:2004 中 9.1。

6.6.2 验收试验

6.6.2.1 标准验收试验

见 IEC 60099-4:2004 中 9.2.1,其中 b)项除外。

6.6.2.2 特殊热稳定试验

该试验需要在开始组装避雷器之前,经买卖双方的同意。

该试验要在三个完全不同的整只避雷器上进行,这些避雷器从现行日常生产中抽取并且和试验中避雷器有相同的尺寸和特性。试验包括一个如图 3 给出的动作负载试验。

金属氧化物电阻片温度或电流的阻性分量或功耗应在耐受电压施加期间得到监控,以证明热稳定性。如果 3 个样品都表现了热稳定性,则试验通过,见 6.5.5.5。如果有一个样品没能表现热稳定性,则买卖双方还应就再次试验达成一致。

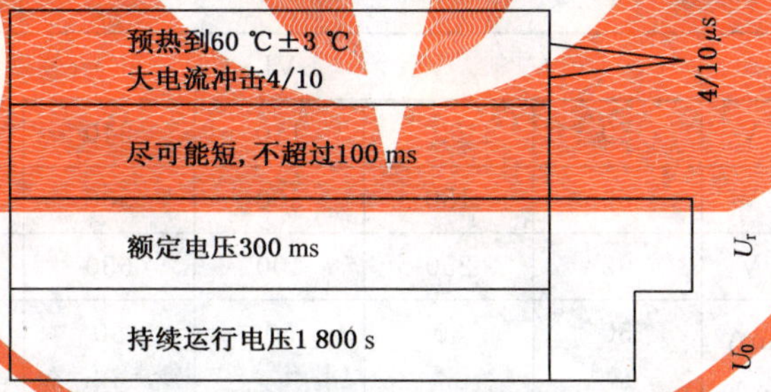

图 3 直流无间隙避雷器的热稳定性试验

7 直流系统用低压限制器

7.1 标识和分类

7.1.1 标识

低压限制器应在铭牌上至少标识下述信息:

——符合 GB/T 25890.5—2010;

——类型:低压限制器;

——额定电压:U_r;

——制造厂名或商标、型号及标识;

——制造年份。

7.1.2 分类

低压限制器分为以下两大类：

LVLa：为持久耐受直流大电流设计。

LVLb：为防止间接雷击和开关操作产生的过电压对电器设备产生的损害设计。

低压限制器如果在动作后能够自己恢复，则是可恢复的；如果在动作后仍短路，则是不可恢复的。可恢复和不可恢复的状态取决于动作过程中电流值和持续时间。

7.2 优选额定值

7.2.1 优选额定电压(U_r)

优选额定电压值见表10。

表10 优选额定电压

单位为伏(V)

50	150	240	500	720

注：额定电压为240 V及以上的低压限制器不用于触电保护。

低压限制器不规定电压保护水平。

7.2.2 长期电流耐受

长期1 800 s耐受电流为直流0.4 kA、0.5 kA或1 kA，见表11。

表11 低压限制器(LVL)要求

LVL分类		LVLa					LVLb	条目
额定电压 U_r	V	50	50	150	240	720	500	
最大耐受电压 U_w	V	60	150	300	500	1 300	680	7.5.2
最大闪络电压 U_s	V	92	250	400	650	1 500	920	7.5.2
最大泄漏电流	mA	50	50	50	50	50		7.5.3
	μA						50	7.5.3
电流耐受								
——长时间(1 800 s)[a] I_w	kA	0.5	0.5	1	1	1	不适用	7.5.4
	kA	0.4	0.4	0.4	0.4	0.4		
——直流大电流	kA	8	8	8	8	8	不适用	7.5.5
持续时间	ms	100	100	100	100	100		
——大电流冲击[b]	kA						7.5	7.5.6
连续电流	A						20	
持续时间	ms						500	

[a] 两种电流耐受值，具体由买方根据采用的安全标准进行选择。

[b] 相关波形：8/20 μs。

表11中数值为直流值。

7.2.3 泄漏电流

最大泄漏电流见表 11。

7.2.4 运行条件

低压限制器的正常运行条件与 GB/T 25890.1—2010 中第 4 章和附录 B 中"正常运行条件"一致，或与 EN 50125-2 中"正常运行条件"一致。当避雷器的运行条件与上述标准中规定的"正常运行条件"不一致时，买方应在设备招标规格书中说明。

7.3 要求

低压限制器的要求见表 11。

如果需要一个更大的能量耐受，应对其进行规定并确保实现。

低压限制器运行时，电流应为导通状态，直到变电站内断路器切断电流为止，见 7.5.5。

如果低压限制器为不可恢复的，投入运行后应提供一条永久通路。见 7.5.4 和 7.5.5。对于 LVLb 情况，限压器的最小永久导通路径的电流积分应为 60 kA^2s。

7.4 例行试验和验收试验

7.4.1 例行试验

制造厂进行的例行试验的最低要求，应是在干燥条件下验证最大耐受电压。

7.4.2 验收试验

如果买方在采购合同中规定了验收试验，以下试验应在最接近所供低压限制器数量的立方根的较小整数上进行：

——直流放电电压试验(7.5.2)；

——泄漏电流试验(7.5.3)。

以上试验应在所记录的型式试验电压水平下和干燥环境下进行。

7.5 型式试验

7.5.1 概述

应按照表 12 进行下列型式试验：

表 12 型式试验

试验项目	条目
测量直流放电电压	7.5.2
测量泄漏电流	7.5.3
长期电流耐受	7.5.4
连续电流下电流/电压冲击试验	7.5.5
检查可恢复性限压	7.5.6

7.5.2 测量直流放电电压

本试验适用于有间隙低压限制器。在规定的使用条件下(干或湿)，对低压限制器施加一个持续上升的直流电压，并达到最大耐受电压水平，在此条件下保持 600 s，不应有放电发生。

注 1：表 12 中所给出的值不允许有额外耐受裕度：例如，对于 LVLb，U_w＝680 V、U_s＝920 V，表示预期放电水平在 800 V±15％之间。

设备也可在干燥条件下进行进一步试验，对试品以近似 10 V/s 速度施加持续上升的直流电压至发生放电。待试验条件恢复正常后，应对产品进行 10 次循环试验。放电应在每次要求值内发生。

注 2：以上试验电压的增长速率可以经买卖双方协商后改变。

7.5.3 测量泄漏电流

在额定直流电压 U_r 下，对整个产品测量泄漏电流。泄漏电流不应超过表 11 给出的规定值。

7.5.4 长期电流耐受（适用于 LVLa）

该试验目的是验证产品能否长期耐受电流所产生的热量。在向设备施加长期电流的同时，再施加一个使设备发生放电的直流电压，最大持续时间 1 800 s。然后按照 GB/T 25890.1—2010 对设备进行温升试验。

7.5.5 电流冲击耐受电压和 LVLb 持续电流下电压冲击

对试品施加电流冲击，数值见表 11。冲击应重复 3 次，两次连续冲击之间应间隔 5 s。然后对该试品施加冲击电压，并且该试品与 1 台电压限压器并联，对该试品和这台电压限压器都施加一个 50 V 的电压，随之产生一个连续电流。冲击电压和连续冲击电流参数应选自表 11。试验过程应重复 10 次，而且每两次冲击电流间隔应足够使低压限制器（LVL）冷却（例如间隔 120 s）。

7.5.6 检查低压限制器的可恢复性

如果低压限制器在电流 I 作用下，作用时间为持续时间 t 时，制造厂宣称低压限制器（LVL）实现了可恢复性，应对低压限制器（LVL）进行 10 次 7.5.4 规定的试验，持续时间为 t，电流值为 I，且每两次试验之间应进行冷却。然后应再进行一次 7.5.2 和 7.5.3 规定的试验。这些试验结果与 7.5.2 的差异不应超过 20％，而且应符合表 11 中规定值。

附 录 A
（资料性附录）
询价或投标应提供的典型信息

A.1 询价应提供的信息

如果对所涉及的产品适用，询价和订货时应提供下列信息：

A.1.1 系统数据

——系统标称电压；
——被保护设备的额定绝缘耐受电压；
——被保护设备的额定冲击耐受电压；
——系统故障时下最大接地电压；
——最大接地故障持续时间；
——暂态过电压最大值及其最长持续时间；
——避雷器安装点的系统短路电流。

A.1.2 运行条件

——污秽等级；
——异常条件。

A.1.3 避雷器或限压器负载

A.1.3.1 设备类型

——有间隙避雷器、无间隙避雷器或低压限制器。

A.1.3.2 限压器负载

——限压器级别。

A.1.4 避雷器或低压限制器特性

——持续运行电压 U_c；
——额定电压 U_r；
——（避雷器）电压保护水平 U_p；
——（低压限制器）最大耐受电压 U_w；
——（低压限制器）最大放电电压 U_s；
——标准标称放电电流（I_n）及残压；
——（低压限制器）长期（I_w）和最大放电电流；
——低压限制器级别和长期耐受电流 I_w；
——避雷器压力释放等级（短路电流能力）；
——避雷器外套爬电距离和形状。

A.1.5 附加设备及金具

——金属封闭避雷器；

——(低压限制器)监视设备要求；

——安装类型:座式、箍夹式、悬挂式(在什么位置)等,以及是否需要绝缘底座安装放电计数器。对于箍夹式安装的避雷器,箍夹接地与否；

——非垂直安装时的安装方向；

——如果需要时,接地连接脱离器；

——连接导线的截面。

A.2 投标应提供的信息

投标人应确认或提供 A.1.4 和 A.1.5 列出的信息(如果涉及),并应提供下列补充信息：

——间隙；

——安装说明；

——(避雷器)压力释放功能；

——(电压限压器)放电后的操作程序；

——端子类型和允许的导体尺寸；

——避雷器(电压限压器)与放电计数器(监测设备)及地之间的最大容许导线长度；

——尺寸和质量；

——悬臂强度；

——操作残压(避雷器)；

——设备使用的气体。

附 录 B
(资料性附录)
电涌保护用高压滤波器

B.1 范围

滤波器包括一台避雷器,一台电容器,并串接了电容器充放电用电阻。此滤波器用以限制大气过电压。如果买卖双方协商达成一致,也可采用其他方案。

滤波器适用于户内或户外安装。

保护装置的适用参数由设计者选择,由买方认可。

滤波器的典型图见图 B.1。

B.2 引用标准

参考标准见单独元件的产品标准。

B.3 定义

见 GB/T 25890.1—2010 和产品标准。

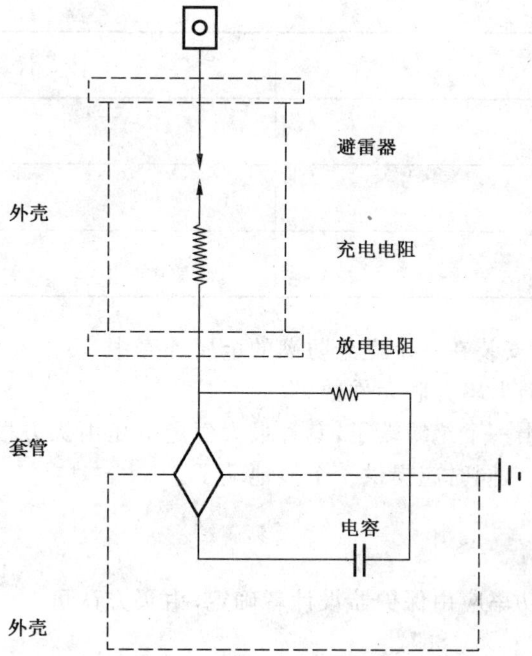

图 B.1 滤波器典型图示

B.4 特性

B.4.1 避雷器

户内外避雷器应满足 GB/T 25890.1—2010 中 3.2.1.6.4 规定的最大持续运行电压 U_c 的要求。

保护电压水平 U_p 由保护器设计者确定，但所选数值应是近似 $2U_c$。

B.4.2 充电电阻

充电电阻优选额定参数见表 B.1。

表 B.1 优选充电电阻参数

系统 U_n/kV	充电电阻优选值/Ω
≤1	无优选值
1.5	无优选值
3	1

充电电阻应为无感电阻。

充电电阻应与避雷器一起安装在分别适用于户内外的外套中。

B.4.3 电容器

电容器的典型电容值见表 B.2。

表 B.2 优选容量值

系统 U_n/kV	优选容量值/μF
≤1	无优选值
1.5	无优选值
3	4

电容器应为无感的，并应安装在一个完全防潮的金属外壳中，浸泡在可生物降解不含氯元素的合成油中。制造厂应该提供电容器上串并联元件数。

电容器上应通过套管引出一个绝缘端子，套管最大额定电压由买方根据系统绝缘配合需要确定。

其他端子应该与柜体连接，同时应提供一个接地端子。

B.4.4 放电电阻

放电电阻的阻值和额定功率应由保护器设计者确定，由买方认可。

优选值见表 B.3。

表 B.3 放电电阻的额定参数优选值

系统 U_n/kV	电阻/Ω	功率/W×s
≤1	无优选值	无优选值
1.5	无优选值	无优选值
3	100 000	100 W×1 200 s

除非买卖双方有协议，否则放电电阻器应按照要求进行户内外使用，且应单独成柜。

放电电阻器应连接在电容器和地之间。

B.5 试验

B.5.1 电容器试验

每个电容器应做以下例行试验：

a) 室温下 50 Hz U_c 时测量电容值。最大误差±5%。

b) 室温下方均根电压等于 50 Hz U_c 时测量介电常数 tanδ。介电常数 tanδ 不应超过 0.004。

c) 室温下，按照 GB/T 25890.1—2010 中表 1，在试品两端之间施加电压 U_a 60 s，测定介电强度。

d) 试验 c)后，重新进行试验 a)和试验 b)，电容变化量不应超过 2%，介电常数 δ 变化量不应超过 0.000 4。

应选取一定数目电容器进行下列型式试验(试品数量应由买卖双方协商，为整批电容器数量 4%)：

e) 电容器预热 60 ℃，在交流 $2U_c$ 的方均根电压，50 Hz 下，进行 60 s 的运行试验。

f) 电容器冷却至－20 ℃重复 e)。

g) 在直流 $2U_c$ 下进行 10 次充电，并使用导电杆连接电容器的两端进行连续放电，每次充电和放电须间隔 120 s。

h) 室温 60 ℃±2 ℃下进行老化试验，对电容器试样施加交流方均根为 1.25 U_c，50 Hz 的电压并持续 100 h。

i) 在试验 e)～试验 h)后，重新进行试验 d)，误差要求同前。

除非买卖双方达成一致，否则应对一台已经通过先前所有试验的电容器试品进行破坏性型式试验：

j) 击穿试验为在试品上施加一个匀速增加的电压。击穿电压不应小于 GB/T 25890.1—2010 中定义的 U_{Ni}。

B.5.2 避雷器试验

避雷器应该通过本部分所规定的试验。

B.5.3 电阻器试验

见相关产品标准。

B.5.4 整只滤波器试验

每台滤波器(包括避雷器、电容器、充放电电阻等)的每个元件在通过所有规定的试验后，应用一组 50 μF 电容器在 $2U_c$ 下对滤波器连续进行 10 次脉冲放电，每次间隔 120 s。

试验后，重新进行 B.5.1 的试验 d)，参数限定不变。

ICS 29.280
S 35

中华人民共和国国家标准

GB/T 25890.6—2010/IEC 61992-6:2006

轨道交通　地面装置　直流开关设备
第6部分:直流成套开关设备

**Railway applications—Fixed installations—DC switchgear—
Part 6:DC switchgear assemblies**

(IEC 61992-6:2006,IDT)

2011-01-10 发布　　2011-06-01 实施

中华人民共和国国家质量监督检验检疫总局
中国国家标准化管理委员会　发布

前　言

GB/T 25890《轨道交通　地面装置　直流开关设备》由以下几部分组成：

——第1部分：总则；

——第2部分：直流断路器；

——第3部分：户内直流隔离开关、负荷开关和接地开关；

——第4部分：户外直流隔离开关、负荷开关和接地开关；

——第5部分：直流避雷器和低压限压器；

——第6部分：直流成套开关设备；

——第7-1部分：直流牵引供电系统专用测量、控制和保护装置　应用指南；

——第7-2部分：直流牵引供电系统专用测量、控制和保护装置　隔离电流变送器和其他电流测量设备；

——第7-3部分：直流牵引供电系统专用测量、控制和保护装置　隔离电压变送器和其他电压测量设备。

本部分为GB/T 25890的第6部分。

本部分按照GB/T 1.1—2009给出的规则起草。

本部分采用翻译法等同采用IEC 61992-6:2006《轨道交通　地面装置　直流开关设备　第6部分：直流成套开关设备》(英文版)。

与本部分中规范性引用文件有一致性对应关系的我国文件如下：

——GB 4208—2008 外壳防护等级(IP代码)(IEC 60529:2001,IDT)。

本部分由中华人民共和国铁道部提出。

本部分由全国牵引电气设备与系统标准化技术委员会(SAC/TC 278)归口。

本部分负责起草单位：中铁电气化勘测设计研究院有限公司。

本部分参加起草单位：中铁第四勘察设计院集团有限公司、镇江大全赛雪龙牵引电气有限公司。

本部分主要起草人：王彦利、王立天、马彦宇。

本部分参加起草人：吴江涛、朱祥连。

轨道交通 地面装置 直流开关设备 第6部分:直流成套开关设备

1 范围

GB/T 25890的本部分适用于牵引系统户内地面装置中标称电压不超过3 000 V的金属外壳或非金属外壳的直流成套开关设备。

成套装置中的独立单元,例如断路器,其设计、制造和单独试验应符合GB/T 25890中对应部分的标准或其他适当的标准。

注1:本部分主要包括外壳和外壳内设备间相互影响的成套要求。

注2:电磁兼容标准(EMC)见IEC 62236-5,对可信性(RAMS)的附加要求见IEC 62278。

2 规范性引用文件

下列文件对于本文件的应用是必不可少的。凡是注日期的引用文件,仅注日期的版本适用于本文件。凡是不注日期的引用文件,其最新版本(包括所有的修改单)适用于本文件。

GB/T 1408.1—2006 绝缘材料电气强度试验方法 第1部分:工频下试验(IEC 60243-1:1998,IDT)

GB/T 25890.1—2010 轨道交通 地面装置 直流开关设备 第1部分:总则(IEC 61992-1:2006,IDT)

GB/T 25890.2—2010 轨道交通 地面装置 直流开关设备 第2部分:直流断路器(IEC 61992-2:2006,IDT)

GB/T 25890.3—2010 轨道交通 地面装置 直流开关设备 第3部分:户内直流隔离开关、负荷开关和接地开关(IEC 61992-3:2006,IDT)

GB/T 25890.7~25890.9—2010 轨道交通 地面装置 直流开关设备 第7部分:直流牵引供电系统专用测量、控制和保护装置(IEC 61992-7:2006,IDT)

IEC 60529:1989 外壳防护等级(IP码)[Degrees of protection provided by enclosures (IP Code)]

3 术语和定义

GB/T 25890.1—2010确立的术语及定义适用于本文件。

4 工作条件

户内装置的工作条件在GB/T 25890.1—2010中第4章和附录B中已说明。对于本部分,EN 50124-1中描述的污秽等级PD4和过电压等级(见GB/T 25890.1—2010表1的注释)认为是正常工作条件。

5 成套设备的特性

以下成套设备特性应在采购技术条件中列出:

a) 成套设备外壳类型；

b) 封闭功能元件清单；

c) 额定绝缘电压；

d) 按相关标准要求封闭的设备的额定值；

e) 是否设有接地故障保护；

f) 保护和控制要求(见 GB/T 25890.7—2010)。

其他重要特性列于 A.2 中。

6 结构特性

6.1 概述

外壳可以是金属的也可以是非金属的，但非金属封闭开关设备不得用于标称电压高于 1.5 kV 的场合。

除绝缘电气间隙需要进行适当设计和试验外，本部分所列全部要求对于由金属或非金属材料制作的外壳均适用。

砖砌建筑不能作为外壳。

地板可作为外壳的一部分，地板作为外壳时应由合同双方商定采取措施以达到必要的外壳防护等级。

房屋墙体不能作为外壳。

开关设备和相关外壳的设计应保证以下作业能够安全、方便地进行：正常的运行、检修和维护，电缆和母线的接地，故障电缆的定位，电缆或设备的电压试验，静电的消除。

所有材料的质量和等级均应满足规定的工作条件要求。除适应 F0 防火等级者外(见 GB/T 25890.1—2010 中附录 B)，其他防火等级下的材料应采用金属材料或者阻燃性能的材料，以防止火势由一个箱体或隔室延烧至其他箱体或隔室。

外壳材料和结构的选择应考虑将大气腐蚀和电腐蚀降至最小。

成套设备中有相同用途和功能的部件应有互换性。

对于可抽开关电器的可抽件，应防止在同一开关设备中能插入有不同功能或有更高额定电流值的单元。

在隔室内部应有足够空间以引入进线电缆，不得因弯曲半径过小而损坏电缆。

外壳的可卸活门应与固定件牢固连接(见 6.7)，不得因设备运行导致松动或脱落。

不论是否指出，所有设备及其连接均应保证运行、控制和防护的安全，设备应充分接地、绝缘、屏蔽或封闭，以确保设备在运行和维护时得到适当保护。

控制、辅助电路和触头应满足 GB/T 25890.1—2010 中 5.2 的要求。

外壳内的所有部件应符合其相关标准。

6.2 绝缘要求

试验电压及电气间隙要求见 GB/T 25890.1—2010 中表 1，建议的爬电距离见 GB/T 25890.1—2010 中附录 D。

应考虑由电弧导致的电离效应对外壳内设备的影响。开关电器灭弧室至金属或非金属部件的电气间隙(即灭弧室顶部及两侧的电气间隙)应与制造商提供的数据一致。

金属外壳内部分或全部衬砌的绝缘材料应牢固附着于外壳。

在有可抽件的情况下，应为检修作业预留出入口。此时，母线和所有其他导线应设护栏隔离，母线连接线等的护栏应有出入口并设活门加锁。

6.3 主连接

非可抽功能单元可装有固定或可移连接器(螺栓或线夹连接),可抽功能单元则应设插入式连接器。

6.4 主电路连接位置

对于不可抽出式的成套设备,主电路的连接端子应靠近位于正常工作位置的功能单元。

6.5 接地

注:根据直流系统的接地要求,“接地”是指与大地或回流回路的连接。

6.5.1 主电路接地

为保证检修安全,对可能接近或触及的主电路所有部件,均应提供适当的接地条件。对于可抽件或可移件在与开关设备分离后可以触及的部件则不需提供接地条件。

对于有电容器的外壳,其可抽件不得在电容器放电至安全值前移动。对于有可抽件的断路器,其接地连接应在打开活门前进行,且在接地连接断开前关闭活门。

接地开关应符合 GB/T 25890.3—2010,能够确认接地开关的分、合状态,只要满足下列条件之一,即可认为符合要求:

——隔离断口清晰可见;

——接地开关位置清晰可见,且分、合位置有明确标识;

——有可靠的位置指示器显示接地开关分、合状态。

6.5.2 外壳接地

买方应按 GB/T 25890.7—2010 中 6.5.8 的规定,在询价时提出外壳的接地要求。

外壳的金属部分如框架、结构和固定部件应互相连通后接至接地端子,为装置接入主接地系统创造条件。接地端子应有适当的防腐蚀措施并有清晰、永久性的标准接地符号。

接地导体应贯穿整个开关设备金属外壳,以便与各个接地端子连接。接地导体为铜材时,允许通过的电流密度按不超过 200 A/mm^2 选择,故当接地故障电流为 10 kA(1 s)时,铜导体截面不应小于 50 mm^2。接地导体的主接地端子应设有清晰的永久性接地标志。接地系统应考虑其可能的短路电流和持续时间所产生的热和机械应力作用。

买方对接地系统的要求如与上述不同,则应在询价时提出。

买方在询价时应明确其最大接地故障电流。交流整流断路器的典型开断时间为 0.25 s,此值可作为接地故障电流的持续时间。如果买方要求延长开断时间,则应在询价时提出。

接地端子和连接导线的尺寸应满足故障电流的要求。

各功能单元的外壳应与接地导线相连。功能元件内所有不属于主电路、控制电路和辅助电路的金属部件也应直接与接地导线相连或通过结构的金属部件与接地导线相连。

在后一种情况下,该单元隔室的侧壁和门的接地可利用有足够载流量和适当尺寸的正常结构来实现。

对于螺栓或类似连接结构,为保证接地的连续应在维修指南中列出清洁螺栓和保证其牢固性的要求。

可抽件的金属部件在工作中一般均应接地,在试验和分断位置时应仍保持接地。

买方对接地系统如有不同要求,应在询价时提出。

6.6 防护等级和内部故障

6.6.1 接近带电部分和接触运动部件的防护

应规定铠装式和间隔式金属封闭开关设备的防护等级。必要时应分别明确门、围板、隔板和顶盖的防护等级。对于箱式金属封闭开关设备只需规定整个外壳的防护等级。

对靠近辅助电路带电部分或接触运动部件(均匀旋转的轴和连杆除外)的防护等级，应按IEC 60529:1989和表1的分类方式列出：

表 1 防护等级

防护等级	对接近带电部分和接触运动部件的防护
IP20	防手指或直径大于12 mm的类似物件
IP30	防直径或厚度在2.5 mm的工具、导线等物件
IP40	防直径或厚度在1.0 mm的工具、导线等物件
注1：第1个特征数字表示外壳能提供的防止固体侵入、接近带电部分的防护等级。 注2：第2个特征数字则表示防止雨水侵入的防护等级。	

对于户内成套开关设备一般不提出对雨水的防护要求。

6.6.2 内部燃弧

开关设备自身缺陷或外部非正常工况或误操作均可引起开关设备内部燃弧故障。

通风口和排气口的布置应保证气体或蒸汽在压力下的逸出不会危及操作者。

6.7 顶盖和门

当外壳为金属材料时，作为外壳一部分的顶盖和门应为金属材料。当其封闭时，应能提供外壳应提供的防护等级。

顶盖和门不得以导线、编织网、孔状金属网或类似产品制成，当进风口和出风口同时出现在盖板或门上时，应符合6.9的要求。

按主电路带电时进入隔室的不同方式，顶盖和门的防护等级可分为两类：

a) 一类是在正常运行和维护时不需打开(如固定盖板)，它们在不使用专门工具时不可能被打开、拆卸或移动；

b) 另一类是在正常运行和维护中不需使用工具即可开启或挪动的盖板和门，除非设有联锁装置可确保人身安全者外，通常均需加锁。

注：建议对铠装式或间隔式金属封闭开关设备，只有当确认主电路外露部件不带电时才可打开进入带电部分的门，也可以规定相等效的措施。

6.8 检查窗口

检查窗口的防护等级不应低于外壳的防护等级。

窗口应有透明层覆盖，其机械强度应与外壳强度相当。

主电路与检查窗口间的电气绝缘应满足GB/T 25890.1—2010中表1的试验电压要求。

6.9 通风口

通风口的防护等级应与外壳防护等级相当。并可采用金属线网或有适当机械强度的类似制品。

6.10 隔板和活门

6.10.1 概述

隔板和活门的防护等级至少应满足表1要求。

由绝缘材料制成的隔板和活门应满足以下要求：

a) 主电路带电部分与绝缘隔板和活门间的绝缘应能耐受 GB/T 25890.1—2010 中表1的试验电压；

b) 除机械强度外，绝缘材料应能耐受 a)项规定的试验电压，试验方法应按 GB/T 1408.1—2006 执行；

c) 通过绝缘隔板和活门表面连续径路或通过小气隙的漏泄电流不应大于 0.5 mA[试验条件见 8.3.3.1a)]。

在成套开关设备内隔板上设置的用于可移件触头与固定件触头接触的开孔处，应设置自动活门，以保证可移件处在 GB/T 25890.1—2010 中 3.3.24～3.3.27 各种位置时工作人员的安全。

如果维修中通过开启的活门可能触及固定触头时，则各活门均应有独立的锁定设施或插入一屏蔽物，防止触及暴露触头。

除母线外，穿过金属隔板的导线均应以套管或其他相当的措施绝缘通过，其开口可由套管或非金属活门提供。

6.10.2 隔板

铠装式金属封闭开关设备的隔板应是金属的，且需接地。

箱式和间隔式金属封闭开关设备的隔板可以是非金属的，除非经合同双方协商一致，在可移件处于 GB/T 25890.1—2010 中 3.3.25～3.3.27 各位置时这些隔板均不得作为外壳的一部分。如果要使隔板作为外壳的一部分，其材质和防护等级应与外壳一致。金属隔板应接地。

注1：在 GB/T 25890.1—2010 中 3.3.25～3.3.27 各位置，隔板如可能被触及，则应考虑将隔板视作外壳的一部分；

注2：如果在 GB/T 25890.1—2010 中 3.3.25～3.3.27 各位置时有一个可以关闭的门，则处于门后的隔板可不作为外壳一部分。

6.10.3 活门

各种类型成套开关设备的活门可以是金属的，也可是非金属的。

如果活门由绝缘材料制成，它们应不作为外壳的一部分；如果由金属材料制成，则应接地。在构成外壳一部分时，它们应满足规定的防护等级。

6.10.4 隔离断口

可采用隔离开关保证主电路导体间的隔离断口，采用的隔离开关应符合 GB/T 25890.3—2010 的技术要求但机械性能试验要求见 8.3.5。

如能满足下列条件之一，即认为已确认隔离开关的工作位置：

——隔离断口清楚可见；

——可抽件与固定部件的位置清晰可见，完全连通和完全分断的状态有明确的标识；

——隔离开关位置状态有可靠的指示装置。

任何可移件应与固定部件接触牢固，不得因偶然的外力，特别是短路时的电动力而断开。

应检查 6.2 规定的电气绝缘要求。

6.11 联锁装置

为人身安全和操作方便，在不同单元间可设置联锁。对主电路而言，下述措施是必要的：

a) 对有可移件的开关设备

只有在断路器、负荷开关、隔离开关和接触器在分断位置时才可以插入或抽出可移件；只有在工作位置、断开位置、移出位置、试验位置和接地位置时才可进行分合闸操作。

除非辅助和控制电路已经接入，或不需辅助和控制电路能自动跳闸者外，不应合闸。

b) 对有隔离开关但无可移件的开关设备

应设防隔离开关误操作（见 GB/T 25890.3—2010）的联锁装置。只有当断路器、负荷开关、接触器在分断位置时才可分断隔离开关。如果接入和断开时的电流（包括短路电流）在隔离开关开断和关合能力之内，则可不设联锁装置。

断路器、负荷开关或接触器在相关开关未闭合、断开和接地（如有）前，不应进行操作。

联锁方式的变更应经合同双方确认。供应商应提供联锁装置有关功能、特性等必要资料。

接地开关合闸容量小于短路电流峰值 $\hat{I}_{ss}$时，应与相关的隔离开关联锁。

误操作可能导致主电路设备损坏或检修时为了保证隔离断口，应有锁定设备（例如挂锁）。

注：只要可能，应优先采用机械联锁装置。

6.12 温升

最大允许温限值见 GB/T 25890.1—2010 中第 6 章。

这一限值在额定工作电流 I_{Ne}、约定发热电流 I_{the} 以及按 GB/T 25890.1—2010 中附录 B 条件下由买方设定的短时过负荷条件下，均不应超过。应考虑相邻功能元件和其他长期带电的抗凝露加热器发热对温升的影响。

此外，辅助和控制电路及辅助设备应能承载约定发热电流（对于开关电器）或额定电流（对于其他设备）。

故障时温升可能超出上述限值，但不应造成成套开关设备的永久变形或损坏。

6.13 绝缘强度

绝缘强度和电气间隙应符合 GB/T 25890.1—2010 中 4.2 的规定。

在进行绝缘电气强度试验时如果无法将电缆与开关设备分开，则与电缆连接的部件也应能承受电缆的试验电压。

6.14 喷漆与涂装

铁质（不锈钢除外）和其他材质的外壳应按规定的防腐要求进行处理。

6.15 噪声排放

应尽可能降低所有设备的噪声。在买方提出要求时，供应商应标出断路器在分断额定工作电流 I_{Ne} 的噪声水平。

应说明噪声的测量方法。

6.16 冷却和加热

除非合同双方另有规定，所有设备均应为自然冷却。

按买方提出的工作条件，在需要时为了防止内部元件受潮，应设空气加热器。

6.17 辅助和控制设备的工作温度

开关设备内的辅助和控制设备应能在当地有记录的环境温度和额定工况下在外壳内正常工作。

6.18 母线的额定短时耐受电流

母线应能耐受额定短时电流 I_{NCW}。

注：额定 I_{NCW} 电流即线路断路器的额定短路电流 I_{Nss}，持续时间为 0.25 s。

开闭所 I_{CW} 故障电流幅值通常比在变电所的小，经制造商与买方商定，开关柜母线可采用较小的 I_{NCW} 母线定额。如果开闭所今后需要升级成为整流变电所，买方在询价和订购时应予以说明，并规定 I_{NCW} 要求。

7 信息和标识

7.1 信息

为了确保开关设备能适应规定的工作周期，合同双方应交换一切必要信息，信息摘要参见附录 A。

7.2 标识

一切为安全、标识、指示和告知目的所提供的信息都应永久性地标注在铭牌上。吊装点和接地端子应有明确符号标记。以下信息应以一个或数个铭牌在外壳不可拆卸部位的明显位置列出：

a) 制造商名称或商标；

b) 符合 GB/T 25890.6；

c) 型号；

d) 序列号；

e) 制造年份；

f) 主电路额定电压 U_{Ne}；

g) 辅助和控制电路额定电压 U_{Ne}；

h) 母线和主电路额定电流；

i) 额定短路电流 I_{Nss}；

j) 母线短时耐受电流 I_{NCW}；

k) 额定接地故障电流 I_{NCWe}；

l) 外壳和隔板的防护等级(不同时应分别标出)；

m) 与常规(见 GB/T 25890.1—2010 中第 4 章)不同的环境要求(最好设独立标志)。

8 试验

8.1 概述

试验的一般要求见 GB/T 25890.1—2010 中第 7 章。

试验应按本部分相关条款执行，并尽量参照 GB/T 25890.1—2010。对于本部分没有包括的试验程序，可参照有关标准对类似设备的规定。

除非另有说明，试验应在额定电流、电压、频率(如果有)，大气压力(如果需要)下进行。这同样适用于整个成套设备(主电路、控制和辅助电路)，测试值则应符合第 5 章所列数值。

除非另有规定，试验误差应在 GB/T 25890.1—2010 中表 6 规定的容差范围之内。

各项试验均应测量环境温度并记录在试验报告中。

本部分所列试验项目，仅仅是为了验证成套设备设计的正确性以及成套和布线的正确性。

在开关设备组装前，各部件均应按照其自身标准进行测试。

如果制造商同时提供内部设备和成套组装，则允许在设备成套后进行组合试验，以避免重复。

8.2 试验项目表

根据上述要求，应进行的试验项目汇总列于表2。

表2 试验项目表

试验内容	试验类型	条目
确认与制造图样和成套设备的特性相符	例行试验	8.3.1
操作试验	例行试验	8.3.2
绝缘强度试验 ——冲击电压耐受试验 ——工频电压耐受试验	 型式试验 型式和例行试验	 8.3.3.2 8.3.3.3
短时电流耐受试验 ——主电路 ——母线 ——接地回路	 型式试验 型式试验 型式试验	 8.3.4.1 8.3.4.2 8.3.4.3
机械性能试验	型式试验	8.3.5
防护等级确认	型式试验	8.3.6
温升试验	型式试验	8.3.7
电气性能试验	型式试验	8.3.8

8.3 性能试验

8.3.1 验证与制造图纸和成套设备特性的一致性

8.3.1.1 与制造图样核对

被试设备应能代表该型产品并在所有主要细节上与制造图纸相符。

8.3.1.2 主电路电阻测量

应在开关设备组装后、在环境温度下测量主电路电阻。通过比较成套设备组装前后电阻的变化，可确认组装工作是否正确。

8.3.2 操作试验

应进行操作试验，以确认开关电器和可移件符合操作要求以及机械联锁装置工作正常。

本试验应在GB/T 25890.1—2010中7.3.1规定的环境温度下进行。

辅助电路和控制电路应以其额定电压供电(在两者并联时)，或以适当的电流供电(在串联时)。

每一开关电器、可移件、机械联锁和电气与机械操作顺序均应进行5次操作或每个方向进行5次试验。本试验包括目测。

买方可以要求在现场安装完工后重复进行上述试验。

8.3.3 绝缘试验

8.3.3.1 测试条件

可参照GB/T 25890.1—2010中7.5。

试验值应符合 GB/T 25890.1—2010 中表 1 规定的值。

被试外壳应按正常工作条件进行安装，并在 GB/T 25890.1—2010 中附录 B 规定的环境条件下进行试验。

由于开关设备设计方案的多样性，对主电路绝缘试验作出具体规定是不现实的，但原则上应包括以下试验：

a) 主电路与地间

将主电路正极与测试电源高压端子相连接，主电路与辅助电路负极与设备的接地导体或框架相连，再接至测试电源的接地端。将电源极性反接，再重复进行试验。

在进行绝缘试验时，要求所有开关电器处于断开位置，所有可移件则处于工作位置。

开关电器的所有触头均应实现电气连接。

在试验中，建议电流变送器、各类过电流脱扣器和指示器以及电缆端子箱按正常工作时布置（在不能确认最不利位置时，可作几种不同布置）。

应当注意，变送器（或者交流变压器）、避雷器、熔丝和电子设备可能无法承受加到隔室或者开关设备上的试验电压，因此应予断开、接地或旁路。这些元件的绝缘试验可单独进行。

另外，当设备与回流电路或者大地有连接时，在对开关设备进行额定绝缘水平试验前，应拆除连接。

检查窗、隔板和由绝缘材料制成的活门在运行和维护时应在可接近一侧加设遮盖。在最不利的试验条件下应以面积不大于 0.01 m^2 的圆形或方形金属薄片遮盖，同时将金属片接地。在不能确认为最不利试验条件时，应对不同条件重复进行试验。为了方便试验，建议合同双方协商一致使用多个金属片进行遮盖或对更大面积的绝缘材料进行遮盖。

b) 电气间隙

主电路的每一处分断其电气间隙应满足 6.2 的要求并按 GB/T 25890.1—2010 中表 1 的试验电压进行试验。电气间隙也可以是供可移件插入的间隙距离。

如果在分断位置触头间设有接地的金属活门可防止触头间相互碰触时，接地活门与带电部分间耐受电压仅需满足对地试验电压即可。

如果分断时能提供试验位置，则不需在可移件与固定部件间设金属活门和隔板。电气间隙的试验电压应加于：

——固定触头和可能接触的绝缘移动触头间；

——母线侧与回路侧固定绝缘触头之间。无论是固定触头间还是可移件在插入后的电气间隙均应进行耐受电压试验。

在买方要求时，应按断路器可移件在插入和移出两种位置时电气间隙规定的试验电压标准进行试验，以确认母线与回路间的耐受电压性能。

8.3.3.2 冲击电压耐受试验

本型式试验适用于额定绝缘电压不超过 2.5 kV 的开关设备。

开关设备应按 GB/T 25890.1—2010 中 7.5.1 的规定进行冲击电压耐受试验。在施加 3 次正脉冲和 3 次负脉冲时应不发生闪络，然后再按 8.3.3.3 进行工频电压耐受试验。

电压变送器、变压器、熔丝等[见 8.3.3.1a)]可用能再现高压连线电场的模拟件代替。

过电压保护装置应被断开或移去，电流变送器的二次侧应短路或接地。

在冲击电压耐受试验过程中，脉冲发生器的接地端子应与地和金属外壳（如有）相连。除 8.3.3.1b) 试验以外，试验时电压源的中点或其他中间点均应与地和金属外壳相连，以确保带电部分与外壳间的电压不会超过 8.3.3.1a) 规定的试验电压。

8.3.3.3 主电路和辅助电路的工频电压耐受试验

本试验为例行试验，应按 GB/T 25890.1—2010 中 7.5.2 执行，它也是冲击电压耐受试验 8.3.3.2 的组成部分。进行试验时，在各个电路段施加与额定绝缘水平对应的工频耐受试验电压，其他电路段接地。

试验时可移件均应处于工作位置，在可移件移出后，重复进行试验。

如 8.3.3.1a)所示，电路的试验段应隔离，各种电子设备、变送器和变压器(如果有)均应断开或短路。

注："电路段"一词的定义可见 EN 50124-1。

试验电压应在 5 s 内由 0 加至规定水平，并保持 60 s。

如果不发生破坏性放电，则可认为试验合格。

8.3.4 短时电流耐受试验

8.3.4.1 主电路试验

只有在主电路有开关电器且有额定短时耐受电流要求时才需进行本试验。被试设备包括隔离开关和所有用于回流的器件(见 GB/T 25890.1—2010 中 3.2.7)。

应通过试验验证主电路能承载在预定安装和使用条件下的额定短时耐受电流和峰值耐受电流，即主电路在试验时，应与安装在开关设备中一样，并与影响性能或修正短路电流的元件连接。

在这些试验中，连接至变送器的短段连接线不作为主电路的组成部分。

在大短路电流回路与限流装置间的短段连接线应按降低的短路电流进行试验。

含限流装置或双向串联脱扣断路器的电路不需要进行短时电流耐受试验，但对于单向断路器则应对不跳闸方向进行试验。

主电路的 I_{NCW} 不必取主母线的 I_{NCW} 值，但至少应与实际的短路电流相适应。本试验一般只对进线和整流回路进行，其试验要求列于 GB/T 25890.2—2010 中 5.3.4.2 表 2。

试验布置应写入试验报告，并应符合 GB/T 25890.2—2010 中 8.3.9 的规定。

如果主电路、部件和外壳没有永久变形或损坏，则可认为试验合格。

8.3.4.2 母线试验

主母线的试验电流应按额定短时电流 I_{NCW} 取值，该值可以与主电路额定电流值不同。

试验布置应写入试验报告并符合 GB/T 25890.2—2010 中 8.3.9 的规定。

应通过试验验证母线能承载在预定安装和使用条件下的额定短时耐受电流和峰值耐受电流，即母线在试验时，应与安装在开关设备中一样，并与影响性能的元件连接。

试验布置见图 1，母线至少应包括三段，其中至少有一段为主电路连接(T 接)，其导体尺寸除合同双方有协议者外，应为有相同标定额定电流 I_{NCW} 的最小截面。

一个试验连线可通过切断母线一端的隔离开关后接入主电路，另一试验连线可在母线的另一端直接接入或在制造商方便的位置通过切断母线隔离开关后接入主电路。

当母线与主电路具有相同的 I_{NCW} 时，允许按 8.3.4.1 进行组合试验。

试验程序和验收标准见 8.3.4.1。

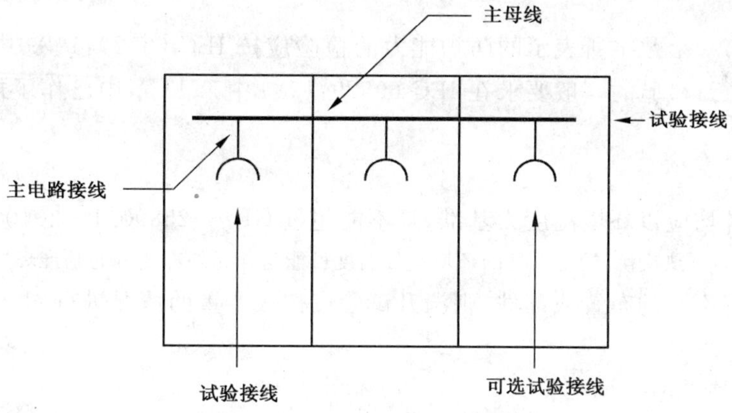

图 1 短时电流耐受试验的母线连接方式

8.3.4.3 接地电路试验

应通过试验来验证开关设备的接地导线、接地连接线和接地装置能在规定的时间内，且在系统回流和/或接地条件下耐受额定接地电流 I_{Ncwe}，即在试验时，所有可能影响其特性或修正短路电流的元件均应接入。除非合同双方另有规定，最小的接地故障电流不应小于 10 kA(持续)。

额定接地故障电流试验应使用直流电源。

只有当采用接地装置连接主导线和开关柜的地时才可进行此试验。额定接地电流即以此为基础。买方应根据回流回路和接地电路提出相应的额定接地电流值，或者由合同双方商定。

当接地装置本身属于可移件一部分时，固定件与可移件间的连线应进行故障电流试验。接地故障电流将在接地导线和可移件框架间流通。

试验后，接地导线(不包括回流导线)、接地连线和接地装置发生某些变形或质量退化是允许的，但应确保回路连通。

8.3.5 机械性能试验

8.3.5.1 开关电器和可移件

安装前，开关电器应完成 GB/T 25890.2—2010 或 GB/T 25890.3—2010 的试验。作为型式试验，开关电器在组成开关设备后应在主电路不带电情况下操作 50 次。另外可移件插入和抽出各 25 次，以检验其操作是否合格。

8.3.5.2 联锁装置

联锁装置应设定在防止开关电器操作、可移件插入或抽出的位置上。应操作开关电器 50 次，另外插入和抽出可移件各 25 次。在试验时只应使用正常的操作力而且不允许对开关电器、可移件或联锁装置进行调整。

如能实现以下各条，则可认为联锁装置试验合格：

a) 开关电器无法起动；

b) 可移件无法被插入或抽出；

c) 开关电器、可移件和联锁装置工作顺序正常，试验前后的操作力没有变化。

8.3.6 防护等级检验

对防护等级中第一个数字所表示的防护能力的检验应按 IEC 60529:1989 中第 12 章"对接近危险部件的防护要求"进行，检验的一般要求在 IEC 60529:1989 中第 11 章中已作了规定。

8.3.7 温升试验

不同部件的温升均应以环境温度为基准，且不能超过 GB/T 25890.1—2010 中第 6 章的限值。

注：因为相邻部件间有热交换，设备本身的环境空气温度可能与外壳外部测得的基准环境温度不同。

如果开关设备有不同的布置或部件，则温升试验应按最严重的情况进行。

8.3.7.1 环境温度

GB/T 25890.1—2010 中 3.2.26 所指的基准环境温度为外壳外部空气的平均温度，可在试验的最后 1/4 周期内用至少三个均匀分布在成套设备周围的温度测量装置进行测量，测量时与外壳相距 1 m，高度为外壳的 1/2。应防止温度测量装置受外部气流和热源或冷却源的影响。

8.3.7.2 主电路与母线的温升试验

试验应按 GB/T 25890.1—2010 中 7.4 的规定进行。

试验导体尺寸和试验布置应符合 GB/T 25890.1—2010 中 7.4 的规定，并在试验报告中作记录。

主电路温升试验可在开关设备的一个分段上进行(图 2)。主电路应承载其额定工作电流 I_{Ne} 和/或其(商定的)约定发热电流 I_{the}。

母线的温升试验布置见图 3，至少由开关设备三个分段的母线组成，每段均有与其主电路的连接设备，其电流值在不承载试验电流情况下应取该回路的正常最小额定电流。各段母线应承载其额定工作电流 I_{Ne} 和/或其(商定的)约定发热电流 I_{the}。

试验连线可接入母线终端或在母线隔离开关分断情况下接入端部母线的一个或两个主电路。这些连线的额定电流应不大于母线额定电流。

当母线和主电路有相同额定电流时，制造商可将主电路和母线的温升试验合并进行。

在主电路段母线测得的温升即为主电路温升，在中间段母线测得的温升则为母线温升。

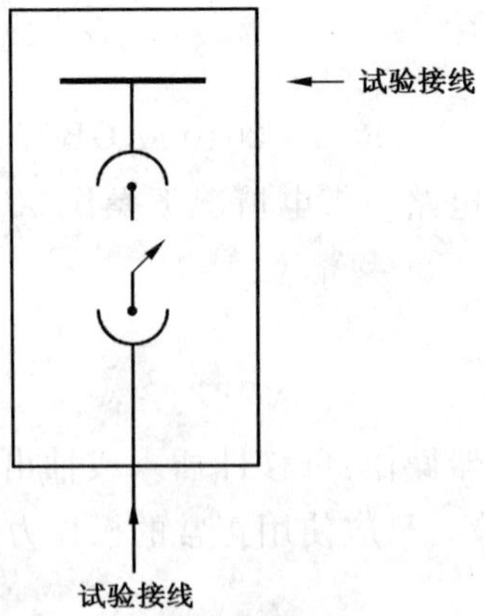

图 2 主电路温升试验连接图

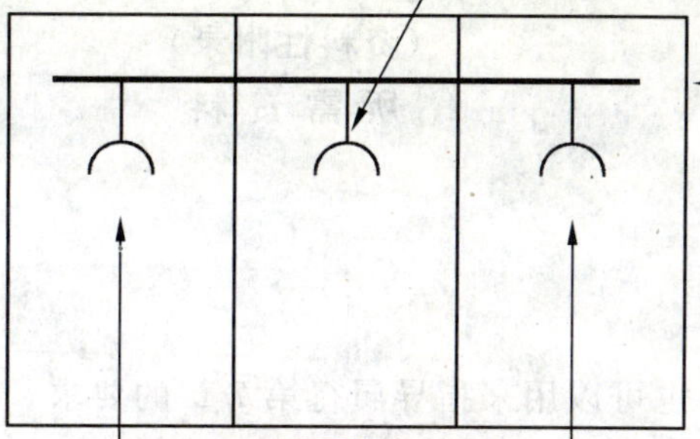

图 3　母线温升试验连接图

由于温度梯度较高，在测量时应注意尽量减少读数误差。

在测试单个功能单元的温升时，其相邻单元也应承载额定电流。在无法实现实际条件时，允许利用加热器或热绝缘来模拟等效的条件。

8.3.7.3　辅助电路和控制电路的温升试验

在按 8.3.7.2 进行辅助电路和控制电路温升试验时，如果无法同时模拟所有辅助和控制电路负荷，则应测量并记录各隔室和控制、辅助电路所处位置的最大温度。对于辅助和控制设备，如果自身的最大环境温度在设计的环境温度范围内，则可认为试验合格。

对于电路和元件的短时操作，其温升试验要求见 GB/T 25890.1—2010 中 7.4.4。

8.3.8　电气性能试验

当若干个主电路或主、辅电路的开关电器安装于同一隔室时，为了评估其相互影响，需进行本型式试验。开关电器可以是单独操作的，也可以是顺序操作的。试验在实验室条件下进行。

试验布置应符合 GB/T 25890.1—2010 中 7.3.2 的要求。

试验顺序应按照主电路所有开关电器的跳闸顺序。

如果开关电器是单独操作的，则它们应由大到小依次操作，两次分闸操作的间隔时间为 2 s。

如果开关电器是顺序操作的，则应按现场实际运用情况在规定的时间间隔内依次动作。

顺序分闸操作应重复 5 次，两次连续顺序操作的间隔时间不应大于 7 s。

所有开关电器均应在额定电压 U_{Ne} 和额定电流 I_{Ne} 下进行分闸操作试验，电路时间常数不应小于 0.01 s。

其他开关电器应能分断额定工作电流或最大开断电流两者中的较小者。

所有开关电器在经过试验后如仍能正常工作并能承受 8.3.3.3 规定的试验电压和相当于 $\sqrt{2}\,I_{Ne}$ 的交流方均根值电压，则可认为试验合格。

对于那些已经单独进行过型式试验，但试验条件与本条要求不同（在露天或隔室有更大空间的场合）的开关电器，应在成套设备隔室条件下重新进行该电气操作型式试验。

附 录 A
（资料性附录）
所 需 资 料

A.1 概述

附录 A 提供了信息概况，也可以用来指导履行第 7 章的要求。

A.2 订货时的技术说明

为了能提供一个符合技术要求的设备，买方应在设备技术规格书中列入以下内容：

a) 系统特性

1) 系统电压；

2) 对牵引系统的总体描述，包括电压、架空接触网或 3 轨/4 轨、接地条件（包括返回至接地极的所有连线）；

3) 瞬间和短时过电压情况，包括发生的频度、电压峰值和持续时间；

4) 接地故障和短路功率，包括故障发生频度；

5) 系统中各处避雷器的额定参数和数量。

b) 工作条件

与 GB/T 25890.1—2010 中 4.1 规定的“正常”工况不同的工作条件。

c) 装置及其部件的特性

1) 安装电气设备的房屋建筑详细资料；

2) 对工地要求的详细资料，包括现场平面和国家电力网资讯；

3) 货物运输和交付详细资料，包括最大包装尺寸及指定交货地点；

4) 现场工作要求详细资料，包括工作时间及进路安排，电力供应等。

d) 开关设备额定参数及试验

1) 按第 5 章内容需由买方提供的资料；

2) 开关设备内母线的额定电流值；

3) 母线短时耐受电流额定值；

4) 对特殊试验的具体要求。

e) 开关柜结构和特性

1) 技术规格书中指定各安装点的单线图。

2) 安装图中应提供的功能元件清单。

3) 与第 6 章有关的特性。

4) 要求的 IP 等级（参见表 1）。

5) 特殊结构要求，例如：

——牵引电路、辅助和控制电路的隔离要求；

——辅助和控制设备的单独隔室；

——安全联锁要求；

——固定件/可移件开关电器和试验位置；

——外部接线入口。

6） 有关噪声限值的特殊要求。

7） 有关接地的特殊要求。

f） 连接线详细资料

1） 整流器和进线连接电缆或导线的数量、型式的详细资料；

2） 回流电缆型式、数量和尺寸；

3） 接至各线路端馈线电缆的型式、数量和尺寸。

g） 电气保护要求

1） 保护结线示意图详细资料；

2） 以柜架漏泄电流起动跳闸的开关电器的型号、数量、位置的细节（包括用途和分类），及由相邻和整流设备进入漏泄电流框架系统电流的详细资料；

3） 监督控制和数据采集（SCADA）系统的接口要求；

4） 带电母线和带电线路的指示详细资料（如果需要）；

5） 母线是否需要作绝缘分段；

6） 自动重合闸功能。

h） 辅助电源详细资料

1） 全部辅助供电设备的标称电压和最大、最小电压限值，最大短路电流和频率（如果有关），包括牵引电压（如果采用牵引电压作为辅助设备供电电压时）；

2） 包括主开关电器在内的辅助设备额定参数；

3） 内部跳闸、紧急跳闸及内部跳闸基本设施（如需要）。

A.3 制造商投标书

制造商投标书应包括以下内容：

a） 标识

1） 制造商名称或商标；

2） 型号；

3） 制造商声明符合的标准代号；

4） 型式试验证书和注册编号。

b） 特性

1） 确认符合买方提出的要求，并对任何不符合买方要求的问题列出清单；

2） 确认符合买方提出的特殊工作条件（如果买方有要求）；

3） 额定电压（对于主电路、辅助电路和控制电路，包括最高电压限值）；

4） 设备的额定参数；

5） 成套设备各部件的额定绝缘电压和额定冲击电压；

6） 控制和辅助电路在额定电压时的需要功率；

7） 在额定工作电流 I_{Ne} 或外壳内各部件约定发热电流 I_{the}（在规定的环境温度下）的允许最大温升；

8） 开关电器在分断额定工作电流时的噪声等级（6.15）；

9） 在采用气动控制时的额定空气压力和压力变化的上、下限值以及空气消耗量；

10） 外部引入线在进线和连接时的需要空间；

11） 开关设备在运行、维护中以及移出可移件时的空间要求；

12） 从后方接近的要求间隔距离；

13） 整个成套开关设备的估计质量和最大运输单元；

14） 设定的电气保护原理接线；

15） 有关保护、联锁的安全原则。

注：上述特性只有在运用中有规定者才需列出。

c） 文档

在买方提出要求时，供应商应提供以下文件：

1） 总布置图；

2） 型式试验证书的复印件。

文档所用语言应由买卖方商定。

A.4 交货时供应商应提交的资料和数据

除非供应商在以前的说明文件或投标书中已有说明者外，根据买方要求，制造商应提供以下资料和数据：

a） 标识

1） 制造年份和序列号；

2） 正极、负极、地母线和连接方式标识。

b） 特性

1） 整个成套开关设备的质量和单件最大运输单元的质量；

2） 设定的电气保护原理接线详细资料；

3） 有关保护、联锁安全详细资料；

4） 远动电路各辅助触头的持续额定电流；

5） 辅助电源熔丝（如果有）的最小电流；

6） 零星供货的远动装置详细资料（如果有）；

7） 固定成套开关设备至地面的方法；

8） 功能元件小车灵活布置的详细资料（如果有）；

9） 通风要求。

注：上述特性只有在运用中有要求时才需列出。

c） 图样

根据买方要求，供应商应提供以下图样：

1） 注有总尺寸和可抽部件抽出时空间要求的成套开关设备总布置图和剖面图、最大装船尺寸和质量、估计总质量和对地板的震动负荷；

2） 所有电路的电路原理图和示意图；

3） 电路试验接线图；

4） 端子排标志；

5） 在试验和维修时接线布置图；

6） 地板压铁和可供合同者装货区域的总布置图及详细资料；

7） 安装、操作和维护手册。

ICS 29.280
S 35

中华人民共和国国家标准

GB/T 25890.7—2010/IEC 61992-7-1:2006

轨道交通 地面装置 直流开关设备 第7-1部分:直流牵引供电系统专用测量、控制和保护装置 应用指南

Railway applications—Fixed installations—DC switchgear—Part 7-1: Measurement, control and protection devices for specific use in d. c. traction systems—Application guide

(IEC 61992-7-1:2006,IDT)

2011-01-10 发布 2011-06-01 实施

中华人民共和国国家质量监督检验检疫总局
中国国家标准化管理委员会 发布

前　言

GB/T 25890《轨道交通　地面装置　直流开关设备》由以下几部分组成：

——第1部分：总则；

——第2部分：直流断路器；

——第3部分：户内直流隔离开关、负荷开关和接地开关；

——第4部分：户外直流隔离开关、负荷开关和接地开关；

——第5部分：直流避雷器和低压限制器；

——第6部分：直流成套开关设备；

——第7-1部分：直流牵引供电系统专用测量、控制和保护装置　应用指南；

——第7-2部分：直流牵引供电系统专用测量、控制和保护装置　隔离电流变送器和其他电流测量设备；

——第7-3部分：直流牵引供电系统专用测量、控制和保护装置　隔离电压变送器和其他电压测量设备。

本部分为GB/T 25890的第7-1部分。

本部分按照GB/T 1.1—2009给出的规则起草。

本部分采用翻译法等同采用IEC 61992-7-1:2006《轨道交通　地面装置　直流开关设备　第7-1部分：直流牵引供电系统专用测量、控制和保护装置　应用指南》(英文版)。

本部分由中华人民共和国铁道部提出。

本部分由全国牵引电气设备与系统标准化技术委员会(SAC/TC 278)归口。

本部分负责起草单位：中铁电气化勘测设计研究院有限公司。

本部分参加起草单位：中铁第四勘察设计院集团有限公司、铁道第一勘察设计院集团有限公司、天津凯发电气股份有限公司。

本部分主要起草人：刘爱华、王立天、高云霞。

本部分参加起草人：汪自成、肖梓林、蒋功连、宋金川。

轨道交通　地面装置　直流开关设备
第7-1部分:直流牵引供电系统专用
测量、控制和保护装置　应用指南

1　范围

GB/T 25890的本部分为设计直流牵引供电系统中直流开关设备的保护、控制和测量系统提供支持、指导和要求。本部分明确了直流牵引供电系统中测量、控制和保护装置的特性和参数。

本部分作为电气保护系统中的应用指南。

2　规范性引用文件

下列文件对于本文件的应用是必不可少的。凡是注日期的引用文件,仅注日期的版本适用于本文件。凡是不注日期的引用文件,其最新版本(包括所有的修改单)适用于本文件。

GB/T 25890.1—2010　轨道交通　地面装置　直流开关设备　第1部分:总则(IEC 61992-1:2006,IDT)

GB/T 25890.2—2010　轨道交通　地面装置　直流开关设备　第2部分:直流断路器(IEC 61992-2:2006,IDT)

GB/T 25890.8—2010　轨道交通　地面装置　直流开关设备　第7-2部分:直流牵引供电系统专用测量、控制和保护装置　隔离电流变送器和其他电流测量设备(IEC 61992-7-2:2006,IDT)

GB/T 25890.9—2010　轨道交通　地面装置　直流开关设备　第7-3部分:直流牵引供电系统专用测量、控制和保护装置　隔离电压变送器及其他电压测量设备(IEC 61992-7-3:2006,IDT)

IEC 62128-1:2003　铁路设施　固定设备　第1部分:电气安全与接地相关的保护性措施(Railway application—Fixed intallations—Part 1:Protective provisions relating to electrical safety and earthing)

3　术语和定义

GB/T 25890.1—2010中确立的术语和定义适用于本文件。

4　测量

4.1　概述

牵引供电系统中有两种测量模式:

——连接设备和表计进行电流和电压测量;

——为保护装置提供电流和电压测量信号。

注1:需要注意的是感性电路能改变固有 di/dt 响应。

注2:对于有列车提供再生制动和双边供电线路的牵引供电系统,电流测量设备能测量正向和反向电流。

4.2 电流

4.2.1 直流分流器

分流器常用于测量回路，当用于有准确度要求的保护回路时宜采用性能更高的非感应型分流器。

使用隔离变送器可以允许二次设备在较低的电压下工作，额度绝缘也可以降低。比起把主回路的电压接入低压间隔室，使用隔离变送器更可取。

应注意到，分流器承载额定电流时温度可能很高，根据电流方向，两端温度不同。当直流分流器安装在成套开关设备内部时，做温升试验时要充分考虑该因素。

4.2.2 隔离变送器

见 GB/T 25890.8—2010 和 GB/T 25890.9—2010。

隔离变送器需要可靠的辅助电源，当辅助电源失电时应能发出报警信号。

隔离变送器的输出信号通常和输入信号的电位水平不同，这与二次侧设备的要求有关。

4.2.3 霍尔效应传感器

霍尔效应传感器需要可靠的辅助电源，当辅助电源失电时应能发出报警信号。

霍尔效应传感器提供隔离输出。一次侧绝缘通常由铁芯回路和传感器的封装实现。该装置有时为分离形式，以便于和主导体相匹配。分离形式的霍尔效应传感器的示例见图 1。

霍尔效应传感器的输出信号与主导体的电流成正比。该信号幅值非常小，为了给二次侧设备提供合适的输入，通常需要放大器放大，因此需要辅助电源。

测量多个元件并取平均值可改善可靠性和整体准确度。将元件放置在导体周围的不同位置可以减小邻近效应。

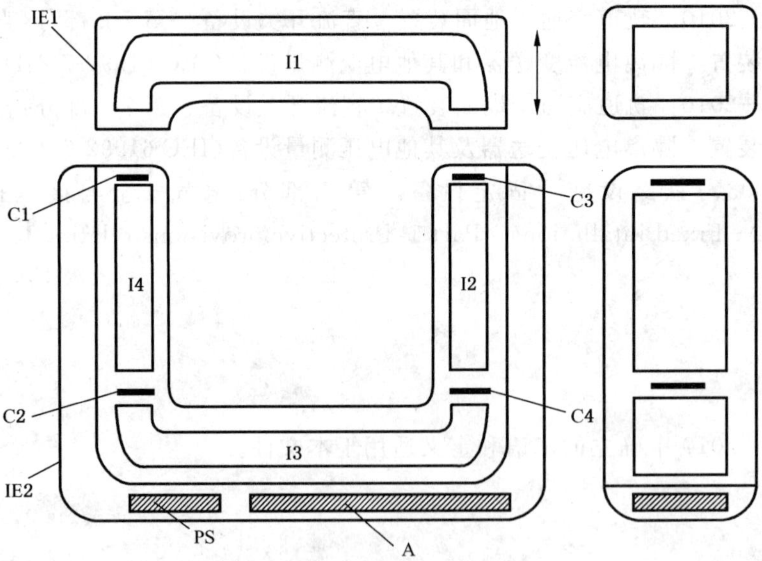

图中：

C1、C*n* ——霍尔效应元件；

A ——放大器；

PS ——内部电源；

I1、I*n* ——铁芯回路；

IE1、IE2——绝缘封装。

图 1 分离形式的霍尔效应传感器的示例

4.3 分压器

分压器和主电路具有相同的绝缘电压要求。当二次侧设备不能承受主电路绝缘水平时,应使用隔离变送器。

注:分压器的输出电阻开路故障时,将导致大部分回路电压施加在分压器的输出端。在输出电阻处并联电压限制器可以防止过电压。

5 控制系统

5.1 概述

控制系统通常仅包含开关设备的电气合闸部分。它根据系统状态和特定需求允许或禁止合闸。

5.2 防跳跃

该系统允许合闸装置在合闸信号保持的情况下只响应一次。若装置无法完成合闸操作而合闸信号始终保持时,将禁止重合闸(跳跃)。

防跳跃可通过机械辅助开关或者时间继电器等各种方式的合闸控制回路实现。在最初的合闸信号释放而复归之前合闸装置只接受一次合闸脉冲。

防跳跃功能应由买方明确提出,并通过各种方式的开关合闸装置实现。

5.3 具有可调时间和闭锁功能的自动重合闸

自动重合闸只适用于线路断路器 L,它用于在过电流分闸操作后自动重合线路断路器。

在牵引供电系统中,特别是轻轨或无轨电车系统,线路断路器的过流跳闸经常在车辆加速的同时或瞬时短路时发生。自动重合闸系统可以提高系统的可靠性。

自动重合闸通常配有定时器,可起动几次重合闸,每次重合闸时间间隔可调。经过设定次数的不成功重合闸后,将闭锁重合闸。闭锁可电气复归或手动复归。

买方应确定自动重合闸装置的需求,并提供以下信息:

——重合闸次数:如重合闸两次后闭锁;

——每次重合闸的时间间隔:如 15 s、60 s、180 s;

——闭锁复归:就地或远方。

5.4 线路测试装置

在线路断路器 L 合闸前应用本系统对线路进行测试,以防止线路断路器合闸发生过载或短路情况。典型的基本线路测试装置回路如图 2 所示。

在开关设备的母线和接触网线路之间,通过测试接触器接入测试电阻进行线路测试。也可用辅助电源作为测试电压。负载电阻作为测试回路的输出电阻,通过测量馈线和回流回路间的电压,做出允许或禁止合闸的判断。

当测量的电压低于设定值,则判定线路过载并禁止合闸;当电压高于设定值,则允许合闸。

线路测试装置可以是低阻抗或高阻抗形式。由于线路测试区间外部的负载也在回流回路上产生电流,回流回路上由此产生的电压降落,会影响到线路测试结果。采用低阻抗系统以最大限度的降低这种不利因素。

线路测试装置可与自动重合闸结合使用,当初次故障跳闸后,如故障在限定的时间内没有自动清除,则闭锁重合闸。

当线路断路器远方末端已带电时,线路测试装置可被旁路。

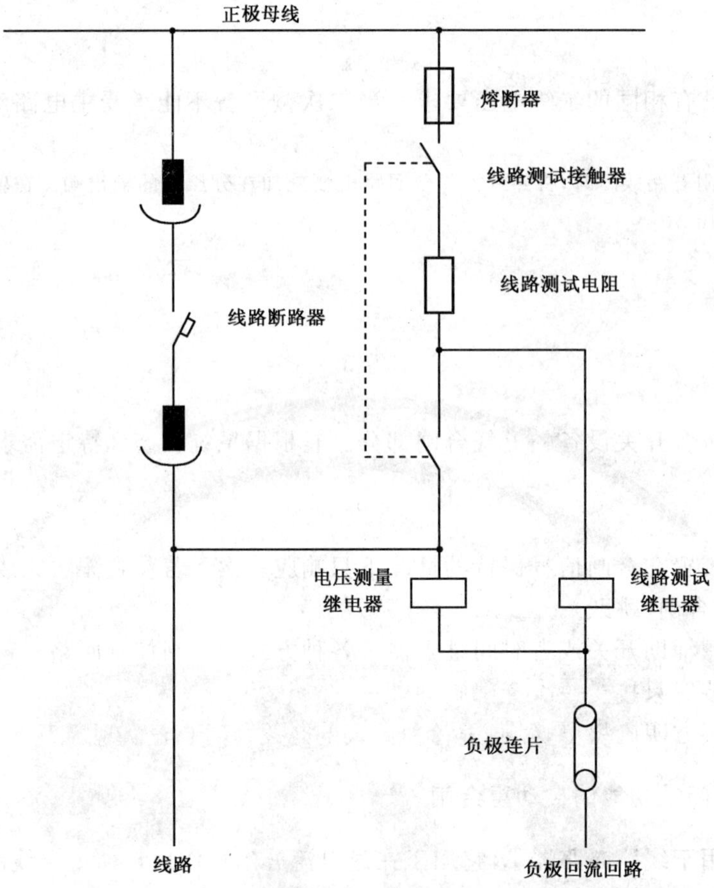

图 2　线路测试装置基本回路

买方应明确线路测试装置系统的需求并提供以下信息：

——高或低的电阻值：如包括 1 A～400 A 的电流值可选；

——线路测试装置是否与自动重合闸配合。

5.5　低压合闸闭锁

在断路器上安装低压脱扣装置，或者利用具有精确起动和返回电压的低压继电器作用于跳闸装置和合闸闭锁，都可以实现低压合闸闭锁。

对于整流器断路器，整流器的输出作为电压源，当整流器不带电时，则闭锁断路器合闸。

对于馈线断路器，电压源为母线，母线无压时，闭锁断路器合闸。

买方应明确低压合闸闭锁的需求并提供以下信息：

——直接脱扣低压跳闸继电器；

——间接脱扣低压继电器；

——最小起动电压(V)；

——最大返回电压(V)。

注：直接脱扣装置要求非常宽的操作电压范围。

6　保护系统

6.1　概述

保护方案应满足以下需求：

a) 适用于所有馈线运行方式：

——单边供电方式；

——变电所整流器并联馈线；

——双边供电(相当于整流器及与相邻变电所内整流器并联运行)；

——越区供电方式：当中间某一变电所退出运行时采用的供电方式。

b) 可区分牵引负荷电流和故障电流。

c) 快速动作。

d) 可区分主保护和后备保护。

保护配置由直接安装在断路器操作机构上的装置和单独安装的保护继电器组成。

需要采用适当方法检测的电气故障为：

——发生在轨道上的正极对负极的低阻抗短路(金属性)；

——发生在变电所内正极对地的短路，如开关柜、整流器等处；

——正极和负极对地故障(用于双极对地绝缘的系统)。

通常也应考虑轨道上的正极和负极间的高阻抗(燃弧)故障。

6.2 线路断路器(L)的保护系统

使其可正确检测出发生在系统中所有形式的各种严重的线路故障，同时避免误跳闸。

基本保护功能是直接过电流保护跳闸。

根据机车特性和线路阻抗，某一线路的负载电流可能会大于远端短路故障或远端燃弧故障时的电流，瞬时过流保护不能区分工作电流和远端故障电流。在这种情况下，线路断路器应配置具有以下部分或全部以下功能的保护装置：

——检测电流波形的保护(di/dt, ΔI)；

——反时限过流保护；

——带热效应的反时限过流保护；

——低压保护；

——失压阻抗保护。

在采用架空接触线的轻轨系统中，对非直接接触的短路故障的保护需求需特别关注，正如IEC 62128-1:2003中4.2中所提及的。在这些系统中，线路的最大预期负荷电流应该低于该段线路中的远端故障电流。断路器应安装直接作用的大电流脱扣装置；以上所列的其他保护功能可用于极端下的故障检测，如远端燃弧故障。

如果采用屏蔽馈线电缆，则需按IEC 62128-1:2003中6.3.4要求增设电缆保护装置。

实际上，单向保护仅适用于过负荷范围内的电流保护。双向保护原则上适用于每个接触网区间两端的直接短路故障(断路器近端故障)，因为线路远端永远也不可能提供一个很大的反向短路电流。

断路器一般选择U2型断路器[见GB/T 25890.2—2010中5.2d)]。如果远端变电所的距离不远，能为线路断路器提供足够大的反向电流，使其具有高整定值的反向电流保护动作，则该线路断路器应选用U1型断路器。

注：线路断路器通常不采用B型，因为该类断路器有额外的试验要求。B型断路器只用于当断路器需要切断双向短路和负载电流时，比如中继互联断路器I。

6.3 整流断路器保护系统(R)

当整流器断路器R和线路断路器L串联使用时，保护系统应能判别线路故障导致的线路断路器跳闸。常规的供电方式中，使用整流断路器作为线路故障中线路断路器的备用没有实际意义。在两种情况下，整流器断路器只安装单向保护，动作于检测整流器故障的反向电流故障。

由于线路断路器和整流器断路器都属串联跳闸型，它们无法区分大故障电流。因此，整流器断路器不用于正向直接跳闸。该断路器称为U型[见GB/T 25890.2—2010中5.2d)]。

整流器断路器的短时额定电流至少应等于整流器的短时额定电流值，耐受极限时间至少应大于或等于，当线路近端发生故障交流断路器作为线路断路器后备保护时的故障清除时间。

6.4 直接动作（串联跳闸）

6.4.1 概述

该保护系统使用主回路电流，通过机械连接和/或电磁回路直接动作于断路器机构，该配置提供过流和/或过负荷保护。

注：H型和S型断路器中，这两种设备的典型形式是在断路器内部的载流导体上装设一个能对电流形成的磁场做出反应的吸引电枢铁心回路。该电枢被校准弹簧抑制，当电流产生的电磁力矩大于抑制力矩时电枢移动，断路器跳闸。电枢的移动与电流方向无关，其固有操作是双向的。当一个极化线圈被固定在磁路中且被永久激励去抑制电枢时，电枢的运动能反作用于抑制电流使装置具有单向性。

该装置的另一种形式是电保持的电枢，由反作用于脱扣校准弹簧的极化线圈永久激励。当电流产生的电磁力矩大于保持力矩时电枢释放，断路器跳闸。该装置固有单向性且在极化线圈失压时跳开断路器，这使得它也适用于低压跳闸。

6.4.2 可调整定值的瞬时直接动作

该装置安装在线路断路器L和互联断路器I上，能快速切除断路器近端线路故障的大故障电流。互联断路器I的跳闸装置采用双向B型。对于线路断路器L，跳闸装置通常也是双向的，即使来自线路远端的反向短路电流较小，不能使其反向保护动作。线路断路器L的跳闸装置采用U型(见6.2)。

H型和S型断路器(见GB/T 25890.2—2010)都需要安装该装置，V型断路器装有与之等同的装置。

买方需确定整定值的范围：如150%～200%。

6.4.3 逆流保护

该装置安装在U型整流断路器R上，为整流器故障提供保护。对于半导体型整流器，整定值通常设定为50%，以往使用的水银弧整流器则为10%。整定值越高，则正方向发生误动的可能性越小，可靠性越高。

买方需确定该反向保护整定值：如50%。

6.4.4 低压跳闸

母线失压时将导致连接在其上的所有线路断路器自动跳闸。

该功能通常通过在断路器上安装一个低压跳闸线圈实现，或者用带有精确起动和返回电压值的低压继电器动作于跳闸并闭锁合闸也可得到类似效果。

该装置的延时响应特性可以防止因瞬时电压降引起的误跳闸，该延时对直接动作装置持续时间较短，不超过0.1 s，长延时的防误跳闸可以通过带延时元件的低压继电器来实现。

买方需确定：

a) 装置额定电压；

b) 最小起动电压；

c) 最大返回电压；

d) 最小返回延时。

6.4.5 并联跳闸

该装置附加在机械闭锁断路器的操作机构上，通过控制系统或保护继电器进行电气跳闸。

通过辅助电源及运行中的装置接点控制该装置。

买方需确定辅助电源电压及其操作范围。

卖方需确定：

——包括断路器在内的装置的正常工作时间，如空载分断时间；

——装置在额定电压下和动作持续时间内所需的功耗/电流。

6.4.6 瞬时直接动作的失压阻抗保护跳闸

该装置为6.4中所描述的电气保持方式的另外一种型式，但其电流设定值随着激励极化线圈的系统电压而变。图3为阻抗特性和整定值的示例。

装置的整定应采用不会在机车启动时引发跳闸的最大阻抗，而远端低阻型(金属型)短路应可靠跳闸。该装置更适用于图3中所示的一些远端高阻型(电弧)故障的保护。

随着电压降低，电流也成比例减小，得到一个大约的常数 U/I，即它的阻抗特性。由于从轨道系统供电，装置具有单向低压跳闸特性。该装置用于线路断路器L，使其成为U型。

注：该装置特别适用于整流变电站间采用开关站的铁路系统。因为对于开关站近端的故障，线路电压比相邻整流变电站的电压降低的多，跳闸的电流定值显然更低，因此可与整流变电站区分。其单向特性仅允许与牵引变电所并联的线路断路器的故障跳闸。

买方需确定：

a) 额定电压下的电流整定值；

b) 刻度范围；

c) 阻抗特性；

d) 制造准确度：如±5%；

e) 工作准确度：如±10%；

f) 同6.4.4中a)，b)，c)和d)。

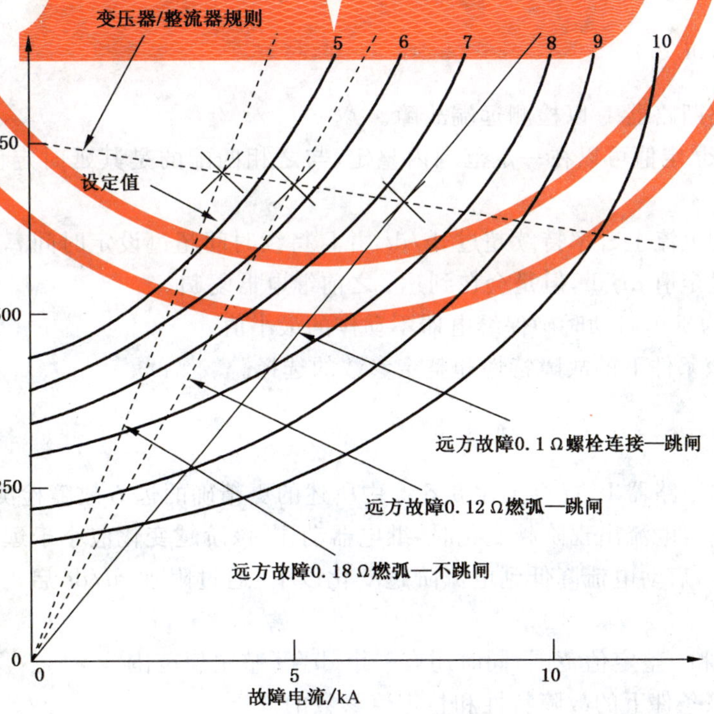

图3 典型阻抗装置(电磁型)特性和整定值

6.5 间接动作

6.5.1 概述

通过安装在断路器机构外的继电器(单向性)来实现,其接点可直接作用于装置回路。

由分离继电器分别完成,或者由组合继电器完成的所有保护功能,都在下面进行了说明。

若继电器为电磁式,通常仅为一或两种元件的组合。电子式继电器可有多种组合。

附录A对电子式继电器提供了更详细的特性。

6.5.2 瞬时动作

该功能与6.4.2中的描述相同。

电磁式继电器的准确度一般为±5%,电子式继电器的准确度可以为±1.5%。

买方应确定继电器的范围或整定值(见GB/T 25890.2—2010中5.6.2)。

6.5.3 反时限

该特性用于线路断路器L,通过选择与电缆或接触线相似的特性来保护回路中的馈线电缆和接触线。

反时限电流整定值是依据数学公式进行设定的。

可以提供时间系数,时间系数根据电缆特性整定。

买方应提供被保护装置的细节。

该继电器应具有反时限整定的计算公式和时间系数整定范围。

6.5.4 带热时间常数的反时限

与6.5.3中所描述的元件相似,但具有一个热时间常数,可完全保护电缆和接触线。

热时间常数应该有一个整定范围。

6.5.5 电流上升率(di/dt)

该特性用于线路断路器L以检测远端故障。

该继电器的di/dt定值可以在一定范围内整定,与之相匹配的是其延时定值也可以在一定范围内整定。

当继电器检测到电流上升率持续超过di/dt,并且持续时间超过设定时间t,则继电器动作。列车启动时电流也可能超过定值di/dt,但是会在到达t之前继电器复归。

di/dt和t应选为机车启动时确保继电器不动作的最小值。

附录B说明了该条件下的故障特性和整定参数的选择。

6.5.6 电流增量ΔI

该特性用于线路断路器L,提供了比6.5.5中所述的更精确的远方故障检测。

当在规定的时间内电流出现阶越变化时,继电器动作,该阶越变化应小于远方故障电流且时间延迟足够长,以允许(列车)启动电流降低到电流阶越变化以下,通过附加di/dt启动判据提高了ΔI特性判别能力。

该继电器有ΔI和t整定值范围,同时还有一个di/dt整定值范围。

附录B说明了该条件下的故障特性和整定值参数的选择。

6.5.7 瞬时阻抗跳闸

该装置为6.4.6中描述的保护继电器类型，具有基于阻抗特性的电流整定值和低压跳闸特性。

该特性与图3相似，曲线由两条直线代替。阻抗部分为从零点开始的直线整定值，低压定值是与阻抗线相交的水平线。阻抗和低压定值相互独立。

6.5.8 开关设备的框架故障保护

直流开关设备的框架故障保护系统用于检测开关设备的绝缘故障。由于直流轨道的非接地回流的特殊需求，断路器的过流跳闸装置不能可靠检测到框架故障。

开关设备的框架安装在绝缘材料上。框架故障检测可通过电流检测装置(见图4、图5和图6)或高阻电压检测装置(见图7)来完成。

最好最安全的为图4、图5和图6中显示的方式。图7中显示的方式允许开关设备带电且需额外特殊防范。

图4和图5中显示的接地系统，通过电流检测装置确保开关设备框架对地的固定连接。当使用接地角铁时，应将开关设备安装在绝缘材料上。采用其他方式时，绝缘方式安装对于减少开关设备框架与地间的误连接也是非常有用的。若在接近开关设备和柜门的地方安装金属接地结构，要采取额外措施以防止电流检测装置被意外旁路。在大多数情况下接地系统和安装于回流回路和地或开关设备框架间的电压检测装置或电压限制装置组合使用的，框架故障检测能造成所有馈线开关设备大量跳闸。

对于没有电流继电器的接地系统，框架和地之间不需要绝缘，电压继电器在检测到故障后，所有的馈线开关都会跳闸。为了不旁路电压继电器，在回流回路和地之间应谨慎使用电压限制装置。

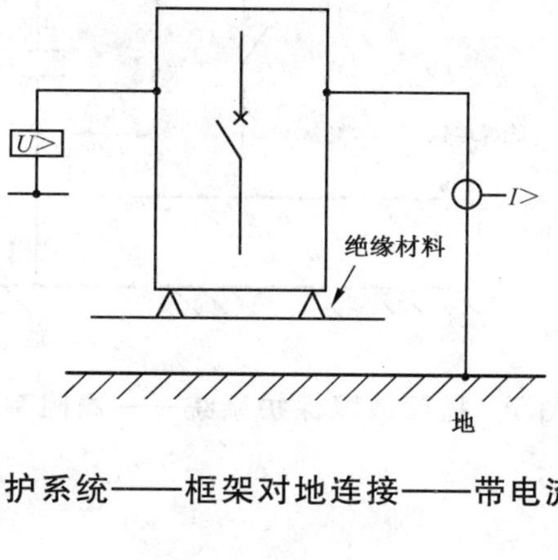

图4 框架故障保护系统——框架对地连接——带电流检测的接地系统

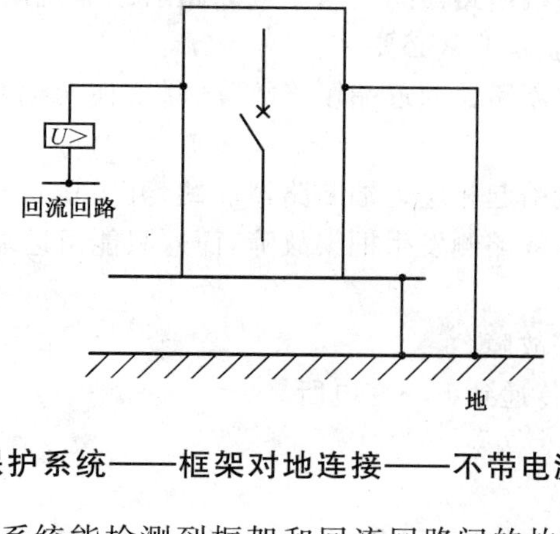

图5 框架故障保护系统——框架对地连接——不带电流检测的接地系统

连接到回流回路(见图6)的系统能检测到框架和回流回路间的故障电流，以及框架对地之间的故障电压。由于开关设备框架连接至回流回路,因此对地的绝缘安装是必要的,若在接近开关设备和柜门的地方安装金属接地结构,要采取额外措施以防止电流和电压检测装置被意外旁路。框架故障检测能造成馈线开关设备大量跳闸。

高阻抗系统方式(见图 7)只允许很小的对地电流。开关设备安装在绝缘地板上,并保证操作人员站立处的对地绝缘。绝缘地板需在开关设备四周延伸 1 m,包括开门和可抽出部分。检测到框架故障会产生报警。发生框架故障时,开关设备将会带电,保护装置也应能检测到设备带电。开关设备金属部分和建筑物接地部分的最小距离应不小于 2 m,以确保操作人员无法同时触摸到接地部分和开关设备。

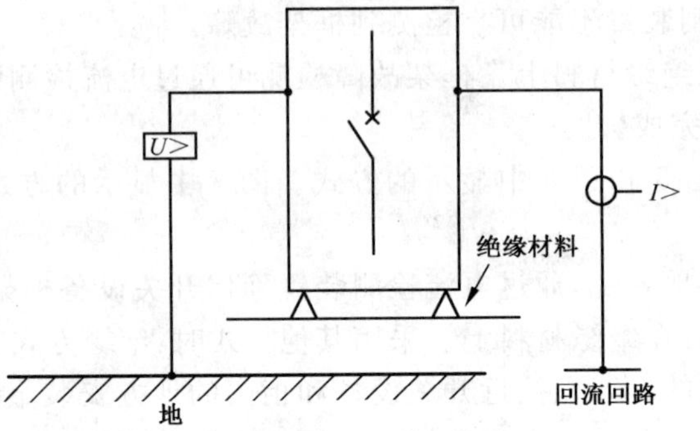

图 6 框架故障保护系统——框架与回流回路的连接

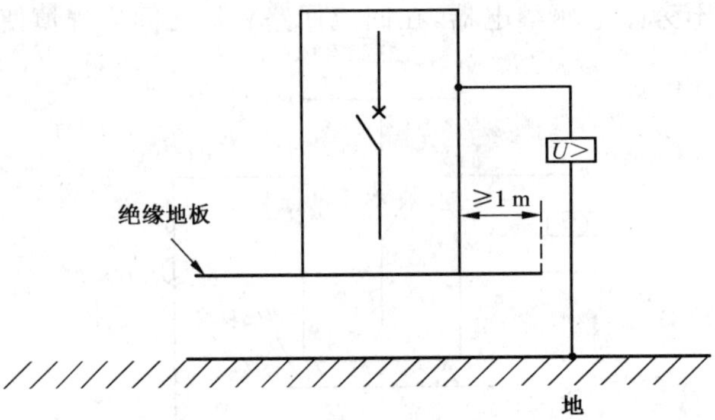

图 7 框架故障保护系统——高阻系统

6.5.9 联跳

联跳用于双边供电接触线各端断路器间。当一端断路器故障跳闸时,将联跳另一端断路器。在检测末端短路故障困难的情况下,联跳非常必要。

末端的短路故障实质是远端断路器的近端短路故障,联跳使两端断路器都跳闸。延长了保护系统范围。

由于所有线路断路器都可能引起相应远端断路器联跳,开关设备框架故障保护(接地系统)中的联跳也很必要。如果线路断路器的线路侧发生框架故障,而这只能由远端断路器来清除,因此联跳也非常必要。

联跳也同样适用于馈线电缆故障。

在越区供电方式下,联跳宜传递到下一变电所。

6.5.10 电缆保护

当直流馈线电缆带金属护套、铠装或屏蔽,并按 IEC 62128-1:2003 中 6.3.4 规定连接至回流轨时,那么在线路发生断路，护套的接触电压过高或有大电流时，应断开电缆。

电缆保护设备监测屏蔽层对地电压，若电压值超过 IEC 62128-1:2003 中 7.3 的规定值，就断开馈线电缆。

此外，电缆保护设备监测屏蔽层对地的绝缘情况，如有需要亦可监测屏蔽层的连续性。

一旦发生接地故障或屏蔽层破损时，电缆不必立即断开，电缆保护设备会向变电所和远端控制中心发出报警信号。

电缆或接触线路中的容性或感性感应不应引起设备误跳闸或误报警信号。

附　录　A
（资料性附录）
电子保护继电器特性

A.1　适用范围

附录提供了关于保护继电器(见 6.5)及其辅助元件的安全和故障安全特性的指南，其相关标准清单参见参考文献。

保护是跳闸还是报警，取决于买方的需求。

A.2　故障

A.2.1　概述

本附录中所描述的继电器故障都会通过适当的方式在就地显示，如独立的 LED 指示灯或标牌。

A.2.2　内部跳闸继电器故障

在继电器内部，跳闸输出采用单独的跳闸继电器，当检测到故障时，跳闸继电器对接入到断路器跳闸回路中的接点提供指令触发跳闸。

通常该独立出口继电器始终处于激励状态，当该继电器线圈出现故障时可触发远方报警或使断路器跳闸。

A.2.3　直流辅助电源故障

当直流辅助电源出现故障，或辅助电源降低降到 20%以下，或继电器的内部直流电源模块出现故障，应触发远程警报信号或使断路器跳闸。

A.2.4　外部跳闸继电器故障

实际应用中，在任何情况下保护继电器触发断路器跳闸回路中都不应有中间继电器。对于有中间继电器的回路，应使中间继电器通常处于受电状态，故障时触发远方报警或断路器跳闸。

A.2.5　内部监测系统“看门狗”

内部监测系统“看门狗”一方面可以用来监测软件故障，另一方面也可以监测电源输出偏差。典型情况下，系统由两个内部监测电路组成，一旦启动即操控跳闸继电器。

A.2.6　电流传感器故障或不平衡状态

为了提高可靠性，可采用双传感头电流变送器，并对其输出信号进行奇偶校验。如果其中一个通道完全故障，或与另一通道相互之间的误差超过了限定范围(例如±5%)，则继电器会触发远程报警信号或使断路器跳闸。

为了降低双通道故障未被检测的可能性，每一通道都相互独立，其元器件甚至电源都无相互关连(每一通道都有独立电源)。

另一种双通道系统是使用继电器的带有电流累加器的单通道，进行采样累加，以校验是否所有通道

满足偏差 $\Sigma I = 0$。此时故障应对措施不如上述系统具有选择性。

还有一种带测试线圈的单通道变送器系统可供选择,测试线圈并不工作,只是周期性地通过检验反馈信号的准确度以保证传感头的有效性。该系统有一个缺点,即只有当系统负载小于设定值时才进行检验。因此,如果传感头或接线或接口单元或系统发生局部故障时,将使传感器输出被箝位在阈值以上。这样极可能发生传感头检测周期被抑制,持续无法检测故障。

A.2.7 电压传感器

电压传感器的任何故障应或者触发远程报警信号或者使断路器低压跳闸。

A.2.8 断路器位置指示故障

按照故障安全原则,断路器上一个常用的常闭触点用来表示断路器处于分闸状态,并与继电器相连用于断路器状态的输入。无论什么原因使得回路分断(例如断路器闭合,接线损坏或二次回路误断开),继电器都会执行其保护功能,以确认断路器确实处于合闸位置。

进一步改进该方案,可采用独立的接线分别指示断路器处于分闸位置和合闸位置,这样可以防止辅助触点粘连或失调引起的断路器显示永久处于分闸位置,其他情况的可能性远低于上面提到的。

附 录 B
（资料性附录）
上升速率和 ΔI 继电器故障特性举例及参数设定

B.1 适用范围

本附录给出了上升速率和 ΔI 保护的应用指南，该保护能更加灵敏的检测到馈线远端故障。保护整定原则是应躲过机车最恶劣的启动情况，同时对于短路电流小于瞬时保护定值的所有故障，特别是发生在接触网区间的远端短路应能正确跳闸，这种跳闸应在最短时间内动作以减少故障电流造成的损坏。

以下例子用于说明保护系统的运行原则。事实上，由于附加参数或其他参数的组合，继电器性能得到增强，从而使得继电器可能并不会像所描述的那样准确运行。

B.2 上升速率检测

图 B.1 显示在远方发生故障电流，其特性可用“负指数曲线”来描述，故障发生时电流值从 0 开始，经过固定时间 T_c，上升到预期的稳定值 I_{ss}。

继电器设定值 S 是电流变化率 di/dt 延迟一定时间定值 t 后的典型值。当 di/dt 大于设定值 S 时，继电器开始计时，如果在持续的 t 延时内 di/dt 始终大于 S 值，则继电器动作断路器跳闸，否则继电器将被复归。

图 B.1 中是远端短路时的典型电流曲线，其 di/dt 的初始值超过继电器的设定值 S，继电器开始计时。如果故障电流的 di/dt 值始终超过继电器的给定值 S，延迟时间 t 后 S_1 仍大于 S，则继电器动作。

图 B.1 同时也描述了一条典型的列车启动电流曲线，初始电流变化超过了 di/dt 设定值，从而计时开始。在到达 t 时间前，列车启动特性的 di/dt 值 S_2 下降到 di/dt 设定值 S 以下，因此继电器复归。直到下一次电流阶跃变化时，再重复。因此，与远端发生故障是有差异的，不会发生跳闸。

对于三轨系统，其跟踪时间常数为 0.08 s，延时参数在 0.12 s 范围内。延时为时间常数 T_c 的 1.5 倍时，其延时参数另当别论。

B.3 ΔI 保护

此类型的保护有一个典型的 ΔI 设定值和延时 t 设定值。这两个设定值都超过时保护动作。ΔI 是电流的测量值，且始终都要大于 di/dt 设定值（一个较低的固定数值）。因此，ΔI 检测永远与 di/dt 参数值有关，而且通常与时间延迟值也有关。

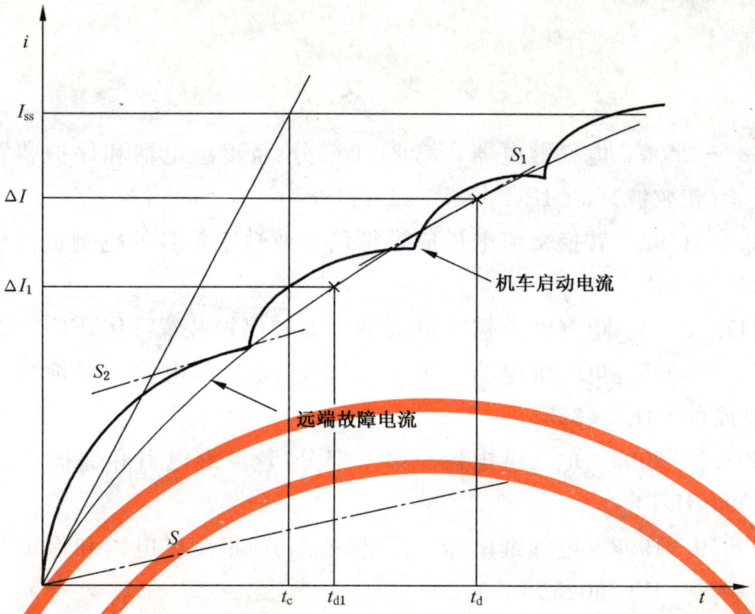

图中：

I_{ss} ——故障电流终值；

t_c ——故障时间常数；

S ——继电器 di/dt 定值；

S_1 ——故障电流 di/dt 值大于 S；

S_2 ——启动电流 di/dt 值小于 S；

t_d ——继电器延时定值；

ΔI ——继电器参数定值；

ΔI_1 ——减小了的继电器定值；

t_{d1} ——减小了的继电器延时定值。

图 B.1 上升速率和 ΔI 继电器鉴别的示例

图 B.1 中是 ΔI 保护的示例，延时 t 后，ΔI 值与故障电流值一致，比如与 B.2 中所描述的有相同的 di/dt 设定值。

在 ΔI 保护的每个阶越起始点测量中，当 di/dt 降到设定值以下时，继电器复归。在示例中，ΔI 保护在列车启动时不动作，而远方故障时动作。

图 B.1 给出了 ΔI 和 t 参数的设定值，同时也表明，减小 t 可以使保护比 B.2 中 di/dt 单独作用的保护更灵敏，减小的设定值可从图 B.1 中 ΔI 和 t 看出。

B.4 d*i*/d*t* 和 Δ*I* 的联合保护

继电器通过不同的参数组合，结合了两种保护方法，得到与 B.2 中远方故障相似的结果。同时，设置更灵敏的 ΔI 定值，能够更有效保护那些距离不是非常远的故障。

根据已知的机车的最恶劣启动电流特性，可选择非常灵敏的保护。实际上，事实并非经常如此，继电器的整定值是通过现场试验确定的，采用机车在变电所近端启动时保护不误动的最灵敏值作为整定值，通过计算或现场试验进行校核，保证远端的故障能可靠跳闸。

参 考 文 献

[1] GB/T 11287—2000 电气继电器 第 21-1 部分:量度继电器和保护装置的振动、冲击、碰撞和地震试验 振动试验(正弦波)(idt IEC 60255-21-1:1988)

[2] GB/T 13850—1998 转换交流电量成模拟信号或数字信号的电测量传感器(idt IEC 60688:1992)

[3] GB/T 14047—1993 电气继电器 量度继电器和保护装置(idt IEC 60255-6:1988)

[4] GB/T 14537—1993 电气继电器 第 21-2 部分:量度继电器和保护装置的振动、冲击、碰撞和地震试验 冲击和碰撞(idt IEC 60255-21-2:1988)

[5] GB/T 14598.3—2006 电气继电器 第 5 部分:量度继电器和保护装置的绝缘配合试验与要求(IEC 60255-5:2000,IDT)

[6] GB/T 14598.9—1998 电气继电器 第 22-3 部分:量度继电器和保护装置的电气干扰试验 射频电磁场干扰试验(idt IEC 60255-22-3:2000)

[7] GB/T 14598.10—2007 电气继电器 第 22-4 部分:量度继电器和保护装置的电气干扰试验 快速瞬变脉冲群电气干扰试验(IEC 60255-22-4:2002,IDT)

[8] GB/T 14598.13—2008 电气继电器 第 22-1 部分:量度继电器和保护装置的电气干扰试验 1 MHz 脉冲干扰试验(IEC 60255-22-1:2007,IDT)

[9] GB/T 14598.14—1998 电气继电器 第 22-2 部分:量度继电器和保护装置的电气干扰试验 静电放电试验(idt IEC 60255-22-2:1996)

[10] GB/T 15153.1—1998 远动设备和系统 第 2-1 部分:工作条件 电源和电磁兼容(idt IEC 60870-2-1:1995)

[11] IEC 61810-2:2005 Electromechanical elementary relays—Part 2:Reliability

ICS 29.280
S 35

中华人民共和国国家标准

GB/T 25890.8—2010/IEC 61992-7-2:2006

轨道交通　地面装置　直流开关设备　第7-2部分：直流牵引供电系统专用测量、控制和保护装置　隔离电流变送器和其他电流测量设备

Railway applications—Fixed installations—DC switchgear—Part 7-2: Measurement、control and protection devices for specific use in d. c. traction systems—Isolating current transducers and other current measuring devices

(IEC 61992-7-2:2006,IDT)

2011-01-10 发布　　2011-06-01 实施

中华人民共和国国家质量监督检验检疫总局
中国国家标准化管理委员会　发布

前　言

GB/T 25890《轨道交通　地面装置　直流开关设备》由以下各部分组成：

——第 1 部分：总则；

——第 2 部分：直流断路器；

——第 3 部分：户内直流隔离开关、负荷开关和接地开关；

——第 4 部分：户外直流隔离开关、负荷开关和接地开关；

——第 5 部分：直流避雷器和低压限制器；

——第 6 部分：直流成套开关设备；

——第 7-1 部分：直流牵引供电系统专用测量、控制和保护装置　应用指南；

——第 7-2 部分：直流牵引供电系统专用测量、控制和保护装置　隔离电流变送器和其他电流测量设备；

——第 7-3 部分：直流牵引供电系统专用测量、控制和保护装置　隔离电压变送器和其他电压测量设备。

本部分为 GB/T 25890 的第 7-2 部分。

本部分按照 GB/T 1.1—2009 给出的规则起草。

本部分采用翻译法等同采用 IEC 61992-7-2:2006《轨道交通　地面装置　直流开关设备　第 7-2 部分：直流牵引供电系统专用测量、控制和保护装置　隔离电流变送器和其他电流测量设备》(英文版)。

与本部分中规范性引用文件有一致性对应关系的我国文件如下：

——GB/T 24338.1—2009　轨道交通　电磁兼容　第 1 部分：总则(IEC 62236-1:2003,IDT)；

——GB/T 24338.3—2009　轨道交通　电磁兼容　第 3-1 部分：机车车辆　列车和整车(IEC 62236-3-1:2003,IDT)；

——GB/T 24338.4—2009　轨道交通　电磁兼容　第 3-2 部分：机车车辆　设备(IEC 62236-3-2:2003,MOD)；

——GB/T 24338.5—2009　轨道交通　电磁兼容　第 4 部分：信号和通信设备的发射与抗扰度(IEC 62236-4:2003,IDT)；

——GB/T 24338.6—2009　轨道交通　电磁兼容　第 5 部分：地面电源装置与设备的发射与抗扰度(IEC 62236-5:2003,IDT)。

本部分由中华人民共和国铁道部提出。

本部分由全国牵引电气设备与系统标准化技术委员会(SAC/TC 278)归口。

本部分负责起草单位：中铁电气化勘测设计研究院有限公司。

本部分参加起草单位：中铁第四勘察设计院集团有限公司、天津凯发电气股份有限公司。

本部分主要起草人：刘爱华、高云霞。

本部分参加起草人：吕文利、宋金川。

轨道交通 地面装置 直流开关设备 第7-2部分:直流牵引供电系统专用测量、控制和保护装置 隔离电流变送器和其他电流测量设备

1 范围

GB/T 25890 的本部分规定了隔离电流变送器和其他用于轨道交通直流设施和地面装置的电流测量设备的要求。

变送器通常安装在配电盘一次侧设备的传感器或钢轨和二次侧设备之间,为输入和输出提供电气绝缘。

2 规范性引用文件

下列文件对于本文件的应用是必不可少的。凡是注日期的引用文件,仅注日期的版本适用于本文件。凡是不注日期的引用文件,其最新版本(包括所有的修改单)适用于本文件。

GB/T 25890.1—2010 轨道交通 地面装置 直流开关设备 第1部分:总则(IEC 61992-1:2006,IDT)

IEC 62236(所有部分) 铁路设施 电磁兼容性(Railway application—Electromagnetic compatibility)

EN 50124-1:2001 铁路设施 绝缘配合 第1部分:基本要求 所有电气和电子设备的空隙和蠕变距离(Railway application—Insulation coordination—Part 1:Basic requirements—Clearances and creepage distances for electrical and electronic equipment)

3 术语和定义

GB/T 25890.1—2010 确立的术语和定义适用于本文件。

4 工作条件

设备装在 GB/T 25890 所规定的装置和成套设备上时,其工作条件与装置和成套设备的一致。

在本部分中,EN 50124-1:2001 中描述的污秽等级 PD4 和过电压等级(见 GB/T 25890.1—2010 表1的注释)认为是正常工作条件。

正常工作条件见 GB/T 25890.1—2010 中附录 B。

5 特性

5.1 电气特性

5.1.1 概述

隔离变送器一次侧和二次侧接线端子间的绝缘等级和主电路的绝缘等级相同。

隔离变送器的绝缘等级应符合 GB/T 25890.1—2010 中表 1。

变送器应适用于向测量装置和/或保护装置提供输入，输出阻抗、准确度、响应的线性、输入和输出之间的相偏移应与指定设备相兼容。

买方应明确该变送器是用于测量还是保护或者两者都适用，还应明确预期的准确度范围。

电流变送器上的传感器应是 GB/T 25890.1—2010 中 3.1.9～3.1.13 描述的类型之一，它适用于暂时插入或者是永久连接到带电主电路中。

频率范围为 0 kHz～1 kHz。

电流变送器应在最高环境温度下承载热电流 I_{th}，仍能持续正常工作；在两倍于主电路热电流时，其主电路应能在规定时间内承受电流 I_{new}（测量变送器要求在 0～1.2I_{th}下工作时应能达到额定准确度，保护变送器要求在 0～2I_{th}下达到额定准确度）。通过买卖双方协商，要求可与此不同。

注：在安装传感器时应注意电磁兼容性。

二次侧首选信号可以是 0 V～10 V 范围内的电压（例如：0 V～1 V，1 V～5 V 或 0 V～10 V）或者 0 mA～20 mA 范围内的电流（例如：0 mA～20 mA，4 mA～20 mA，0 mA～10 mA 或者 0 mA～1 mA）。

如果变送器使用辅助电源，则当辅助电源不可用时应有相应的状态显示；如果变送器的工作原理是电子式，则应有自检方式。上述需求取决于变送器的工作状态（用途）以及买方的要求。

对变送器和相关电路应考虑提供足够的保护，以防止过负荷和短路。应注意感应电流会改变固有 di/dt 响应。

5.1.2 隔离变送器的要求

以下要求为隔离变送器的特性：

a) 额定输入电压（V）；
b) 额定绝缘电压（V）；
c) 100%信号时的输入信号（mV）；
d) 100%信号时的输入阻抗（Ω）；
e) 100%信号时输出信号（mA 或 mV 或 V）；
f) 100%信号时输出阻抗（Ω）；
g) 100%信号时的准确度范围（%）；
h) 准确度（±%）；
i) 响应频率上限（kHz）；
j) 工频耐受电压（60 s）（kV）；
k) 冲击耐受电压（如可适用）（kV）；
l) 功耗（W）；
m) 辅助电压（V）；
n) 辅助电源失电信号[1]（修改）；
o) 电路自检[2]。

5.1.3 直流分流器的要求

以下要求为分流器的特性：

a) 正常额定电流（A）；
b) 额定绝缘电压[2]（V）；
c) 在电流 I_{th}下的输出信号（V）；

1) 由买方提要求。
2) 如有时，指绝缘安装。

d) I_{th}基础上的准确度范围(%);

e) 准确度(±%);

f) 额定短时耐受电流 I_{Ncw}(A);

g) 响应频率上限(kHz);

h) 过载能力;

i) 额定参数下环境温度(℃)。

5.1.4 霍尔效应传感器的要求

与隔离变送器的要求相同,并增加:

a) 霍尔效应元件的数量。

5.2 机械特性

变送器的外壳应为金属封装或绝缘材料,两者都要有金属接地管脚安装。

由于开关设备内部或变送器附近其他设备的操作导致的机械压力,不应导致变送器的损坏或准确度的降低。

安装在带电设备附近的变送器应有绝缘外壳,否则应与买方达成协议。

6 买卖双方的信息交换

卖方应尽可能提供 5.1.2、5.1.3 和 5.1.4 中的要求,买方在有必要的情况下确认或补充要求。

如果需要,卖方应提供除上述要求外的下列信息:

a) 电路绝缘等级;

b) 主电路的短时耐受电流 I_{Ncw}(kA);

c) 过载(电流和时间)能力;

d) 线性范围和误差;

e) 二次侧信号的热偏差(/℃);

f) di/dt 准确度(A/μs);

g) 最终信号的残余输出(用%表示),如果需要,还可提供补偿电流值(用于控制变送器);

h) 辅助电源中极性颠倒是否能损坏装置;

i) 负荷;

j) 变送器二次侧相连设备的输入阻抗值。

铭牌额定参数至少应有:变比、绝缘等级、序列号和制造商名称。

7 试验

7.1 绝缘试验

工频耐受电压试验应是例行试验。电压应施加在辅助电源和主电路接线端子之间,以及二次侧接线端子和辅助电源之间。

对于用于 U_{Nm}>2.5 kV 系统的变送器,其冲击耐受电压试验应作为型式试验,应在输入接线端子和包括变送器安装管脚在内的所有其他接线端子间施加冲击耐受电压,进行冲击耐受电压试验。

工频耐受电压值应从 GB/T 25890.1—2010 的表 1 中选取。

7.2 校准试验

此为例行试验。

用于测量功能时，需测试(0～1.2)I_{th}范围内线性的准确度；用于保护功能时，需测试至少(0～2)I_{th}范围内线性的准确度，此试验的目的是验证在超过特定工作范围后的准确度并记录变化。如果辅助电源的电压变化影响了校准，应在辅助电源允许的最大供电电压下重复测试。

7.3 其他试验

为测试 di/dt 的正确性应进行型式试验。

该试验可以通过输入一个高频电流信号来进行试验，并满足当 $I=0$ 时，被测设备的 di/dt 至少与检测设备所要求的最高 di/dt 响应相等。

7.4 电磁兼容试验

电磁兼容试验应符合 IEC 62236。

ICS 29.280
S 35

中华人民共和国国家标准

GB/T 25890.9—2010/IEC 61992-7-3:2006

轨道交通 地面装置 直流开关设备 第7-3部分:直流牵引供电系统专用测量、控制和保护装置 隔离电压变送器和其他电压测量设备

Railway applications—Fixed installations—DC switchgear—Part 7-3: Measurement, control and protection devices for specific use in d. c. traction systems—Isolating voltage transducers and other voltage measuring devices

(IEC 61992-7-3:2006, IDT)

2011-01-10 发布　　2011-06-01 实施

中华人民共和国国家质量监督检验检疫总局
中国国家标准化管理委员会　发布

前　言

GB/T 25890《轨道交通　地面装置　直流开关设备》由以下几部分组成：

——第1部分：总则；

——第2部分：直流断路器；

——第3部分：户内直流隔离开关、负荷开关和接地开关；

——第4部分：户外直流隔离开关、负荷开关和接地开关；

——第5部分：直流避雷器和低压限制器；

——第6部分：直流成套开关设备；

——第7-1部分：直流牵引供电系统专用测量、控制和保护装置　应用指南；

——第7-2部分：直流牵引供电系统专用测量、控制和保护装置　隔离电流变送器和其他电流测量设备；

——第7-3部分：直流牵引供电系统专用测量、控制和保护装置　隔离电压变送器和其他电压测量设备。

本部分为GB/T 25890的第7-3部分。

本部分按照GB/T 1.1—2009给出的规则起草。

本部分采用翻译法等同采用IEC 61992-7-3:2006《轨道交通　地面装置　直流开关设备　第7-3部分：直流牵引供电系统专用测量、控制和保护装置　隔离电压变送器和其他电压测量设备》(英文版)。

与本部分中规范性引用文件有一致性对应关系的我国文件如下：

——GB/T 24338.1—2009　轨道交通　电磁兼容　第1部分：总则(IEC 62236-1:2003,IDT)；

——GB/T 24338.3—2009　轨道交通　电磁兼容　第3-1部分：机车车辆　列车和整车(IEC 62236-3-1:2003,IDT)；

——GB/T 24338.4—2009　轨道交通　电磁兼容　第3-2部分：机车车辆　设备(IEC 62236-3-2:2003,MOD)；

——GB/T 24338.5—2009　轨道交通　电磁兼容　第4部分：信号和通信设备的发射与抗扰度(IEC 62236-4:2003,IDT)；

——GB/T 24338.6—2009　轨道交通　电磁兼容　第5部分：地面电源装置与设备的发射与抗扰度(IEC 62236-5:2003,IDT)；

——GB/T 1402—2010　轨道交通　牵引系统供电电压(IEC 60850:2007,MOD)。

本部分由中华人民共和国铁道部提出。

本部分由全国牵引电气设备与系统标准化技术委员会(SAC/TC 278)归口。

本部分负责起草单位：中铁电气化勘测设计研究院有限公司。

本部分参加起草单位：中铁第四勘察设计院集团有限公司、天津凯发电气股份有限公司。

本部分主要起草人：刘爱华、高云霞、李彩英。

本部分参加起草人：王开康、宋金川。

轨道交通 地面装置 直流开关设备 第7-3部分:直流牵引供电系统专用 测量、控制和保护装置 隔离电压变送器和其他电压测量设备

1 范围

GB/T 25890 的本部分规定了隔离电压变送器和其他用于轨道交通直流设施和地面装置的电压测量设备的要求。

变送器通常安装在配电盘一次侧设备的传感器或钢轨和二次侧设备之间,为输入和输出提供电气绝缘。

2 规范性引用文件

下列文件对于本文件的应用是必不可少的。凡是注日期的引用文件,仅注日期的版本适用于本文件。凡是不注日期的引用文件,其最新版本(包括所有的修改单)适用于本文件。

GB/T 25890.1—2010 轨道交通 地面装置 直流开关设备 第1部分:总则(IEC 61992-1:2006,IDT)

IEC 60850:2000 铁路应用 牵引系统的供电电压(Railway application—Supply voltage of traction systems)

IEC 62236(所有部分) 铁路设施 电磁兼容性(Railway application—Electromagnetic compatibility)

EN 50124-1:2001 铁路设施 绝缘配合 第1部分:基本要求 所有电气和电子设备的空隙和蠕变距离(Railway application—Insulation coordination—Part 1:Basic requirements—Clearances and creepage distances for electrical and electronic equipment)

3 术语和定义

GB/T 25890.1—2010 确立的术语和定义适用于本文件。

4 工作条件

设备装在 GB/T 25890 所规定的装置和成套设备上时,其工作条件与装置和成套设备的一致。

在本部分中,EN 50124-1:2001 中描述的污秽等级 PD4 和过电压等级(见 GB/T 25890.1—2010 表1的注)认为是正常工作条件。

正常工作条件见 GB/T 25890.1—2010 中附录 B。

5 特性

5.1 电气特性

5.1.1 概述

隔离变送器一次侧和二次侧接线端子电路间的绝缘等级和主电路的绝缘等级相同。

隔离变送器的绝缘等级应符合 GB/T 25890.1—2010 中表1。

除非另有规定,带电导体附近使用的变送器应装有绝缘外壳。变送器应该是 GB/T 25890.1—2010 的3.1.9～3.1.13 中描述的设备之一。

变送器应适用于向测量装置和/或保护装置提供输入。输出阻抗、准确度、响应的线性、输入和输出之间的相位移应与指定用途相兼容。

频率范围为 0 kHz～至少 1 kHz。

在额定电压 U_{Ne} 下，变送器应在(0～1.2)U_{Ne} 内按规定的误差范围、额定准确度正常工作。

U_{Ne} 宜不低于 U_{max2}（见 IEC 60850:2000）。

一次侧输入阻抗应大于 1 MΩ 或与买方协商。

注 1：建议在变送器或分压器一次侧接线上安装熔断器(当主电路带电时，最好可在带电隔室外部接近以确保安全操作)。建议对于与变送器或分压器相连的系统，带电导体和回流导体都不接地时，在变送器或分压器与回流导体间加装另一个熔丝或可移联片。

注 2：在安装传感器时应注意 EMC 辐射和抗扰度。

二次侧首选信号可以是 0 V～10 V 范围内的电压或者 0 mA～20 mA 范围内的电流（例如：0 mA～20 mA，4 mA～20 mA，0 mA～10 mA 或者 0 mA～1 mA)。

如果变送器使用辅助电源，则当辅助电源不可用时应有相应的状态显示；如果变送器的工作原理是电子式，则应有自检。上述需求取决于变送器的工作状态(用途)以及买方的要求。

对变送器和相关电路应考虑提供足够的保护，以防止过负荷和短路。

5.1.2 隔离变送器的要求

下述为隔离变送器的特性要求：

a) 额定输入电压（V）；

b) 额定绝缘电压（V）；

c) 100%信号时的输入信号（mV）；

d) 100%信号时的输入阻抗（Ω）；

e) 100%信号时输出信号（mA 或 mV 或 V）；

f) 100%信号时输出阻抗（Ω）；

g) 100%信号时的准确度范围（%）；

h) 准确度（±%）；

i) 响应频率上限（kHz）；

j) 工频耐受电压(60 s)（kV）；

k) 冲击耐受电压(如可适用)（kV）；

l) 功耗（W）；

m) 辅助电压（V）。

5.1.3 分压器的要求

下述是分压器的特性要求：

a) 额定绝缘电压（V）；

b) U_{Nm} 下的输出信号（V）；

c) 分压器的总电阻（Ω）；

d) 分压器的接地电阻（Ω）；

e) 基于 U_{Nm} 的准确度范围（%）；

f) 准确度（±%）；

g) 响应频率上限（kHz）；

h) 负载（VA）。

5.2 机械特性

变送器的外壳应为金属封装或绝缘材料，两者都要有金属接地管脚安装。

由于开关设备内部或变送器附近其他设备的操作导致的机械压力，应不导致变送器的损坏或准确度的降低。

6 买卖双方的信息交换

卖方应尽可能提供 5.1.2 和 5.1.3 中的要求，买方在有必要的情况下确认或补充要求。

如果需要，供应商应提供除上述要求外的下列信息：

a) 电路绝缘等级；

b) 准确度范围和误差；

c) 过电压能力；

d) 输入阻抗；

e) 输出阻抗；

f) 变送器二次侧相连设备的输入阻抗；

g) 二次侧信号的热偏差(/℃)；

h) 辅助电源中极性颠倒是否能损坏装置；

i) 负载。

铭牌额定参数至少应有：变比、绝缘等级、序列号、制造商名称。

7 试验

7.1 绝缘试验

工频耐受电压试验应是例行试验。电压应作用于辅助电源和主电路接线端子之间，以及二次侧接线端子和辅助电源之间。

对于用于 $U_{Nm}>2.5$ kV 系统的变送器，其冲击耐受电压试验应作为型式试验，应在输入接线端子和包括变送器安装管脚在内的所有其他接线端子间施加冲击耐受电压，进行冲击耐受电压试验。

工频耐受电压值应从 GB/T 25890.1—2010 的表 1 中选取。

7.2 校准试验

此为例行试验。

应在(0～1.2)U_{Nm}范围内检查标称的线性度。

此试验的目的是验证特定操作范围的典型准确度和记录变化。如果辅助电源的电压变化影响了校准，应在最大辅助供电压下重复测试。

7.3 电磁兼容(EMC)试验

电磁兼容试验应符合 IEC 62236。

ICS 35.040
L 71

中华人民共和国国家标准

GB 25891—2010

信息技术　维吾尔文、哈萨克文、柯尔克孜文编码字符集 8点阵字型　正文白体

Information technology—Uyghur, Kazak, Kirgiz coded character set—8 dot matrix font—Tuz lean

2011-01-10 发布　　2011-12-01 实施

中华人民共和国国家质量监督检验检疫总局
中国国家标准化管理委员会　发布

前　言

本标准的全部技术内容为强制性。

本标准依据GB 21669—2008《信息技术　维吾尔文、哈萨克文、柯尔克孜文编码字符集》所规定的维吾尔文、哈萨克文、柯尔克孜文名义字符、变形显现字符和共用符号，以我国现行规范的维吾尔文、哈萨克文、柯尔克孜文字形为基础，并依据现行规范维吾尔文、哈萨克文、柯尔克孜文的正字法原则，设计和规定了信息系统用维吾尔文、哈萨克文、柯尔克孜文8点阵正文白体(参见附录A)字型。

本标准的附录A和附录B是资料性附录，附录C是规范性附录。

本标准由全国信息技术标准化技术委员会(SAC/TC 28)提出并归口。

本标准起草单位：中国电子技术标准化研究所、新疆维吾尔自治区民族语言文字工作委员会、潍坊北大青鸟华光照排有限公司、新疆维吾尔自治区信息产业厅。

本标准起草人：买买提艾力、代红、斯迪克·买斯依提、佟加·庆夫、熊涛、高峡、亚森·伊明、吕建春、范德广、王利。

引　言

有关字型数据的授权转让使用事宜，字型标准数据的维护、更新及修订工作，统一由归口单位负责。

地　址：北京市东城区安定门东大街1号(北京市1101信箱)
邮　编：100007
电　话：64007689　84029173
传　真：64007681
E-mail：daihong@cesi.ac.cn

信息技术　维吾尔文、哈萨克文、柯尔克孜文编码字符集 8点阵字型　正文白体

1　范围

本标准规定了 GB 21669—2008 中维吾尔文、哈萨克文、柯尔克孜文字符的 8 点阵正文白体字型。

本标准适用于维吾尔文、哈萨克文、柯尔克孜文信息系统，也适用于其他有关设备。

2　规范性引用文件

下列文件中的条款通过本标准的引用而成为本标准的条款。凡是注日期的引用文件，其随后所有的修改单(不包括勘误的内容)或修订版均不适用于本标准，然而，鼓励根据本标准达成协议的各方研究是否可使用这些文件的最新版本。凡是不注日期的引用文件，其最新版本适用于本标准。

GB 21669—2008　信息技术　维吾尔文、哈萨克文、柯尔克孜文编码字符集

GB 13000　信息技术　通用多八位编码字符集(UCS)(GB 13000—2010,ISO/IEC 10646:2003,IDT)

3　术语和定义

下列术语和定义适用于本标准。

3.1

字形　glyph

一种可辨认的抽象的图形符号，它不依赖于任何特定的设计。

3.2

字型　font

具有同一基本设计的字形图像的集合，如：正文白体。

3.3

点阵字型　dot matrix font

以点的集合来表现图形字符的型(形)。

3.4

字型宽度　font width

点阵图形字符的有效宽度。

3.5

字序　character order

图形字符在集合中按一定规则排列的次序。

4　图形字符

4.1　字符数

本标准根据 GB 21669—2008 的规定，提供了维吾尔文、哈萨克文、柯尔克孜文图形字符 190 个，其中：

维吾尔文、哈萨克文、柯尔克孜文名义字符 42 个；

维吾尔文、哈萨克文、柯尔克孜文变形显现字符 143 个；

维吾尔文、哈萨克文、柯尔克孜文共用数字、标点符号、特殊符号 5 个。

4.2　字符字序

本标准提供的 190 个维吾尔文、哈萨克文、柯尔克孜文名义字符、变形显现字符和共用符号的字型

按照 GB 13000 规定的次序排列。

5 标准数据的管理

为加强对信息交换用产品用维吾尔文、哈萨克文、柯尔克孜文字型与字模标准数据的管理，保证本标准在贯彻执行中数据的一致性和正确性，有关字型数据的授权转让使用事宜，字型标准数据的维护、更新及修订工作，统一由归口单位负责。

6 点阵字型的表示方法

6.1 栅格

栅格由若干条等距离的垂直线与水平线相交叉而形成。

本标准规定的是 8 点阵字型，其栅格是横向 8 格，纵向 8 格。每个方格的中心定为点的中心位置。

栅格仅对构成点阵的各点进行定位，8 点阵栅格图如图 1 所示。

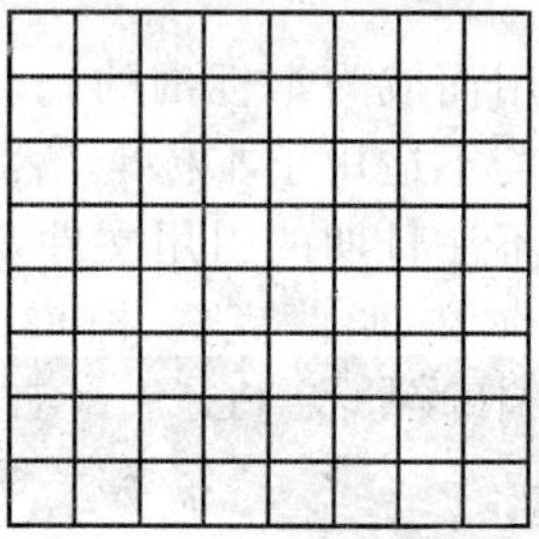

图 1　8 点阵栅格图

6.2 点

点是构成点阵字型的最小单位，以圆形表示，它是位于各方格内的黑色区域。

6.3 点阵字样

维吾尔文、哈萨克文、柯尔克孜文图形字符点阵字型的字样，由置于栅格内的若干个点的集合来表示。维吾尔文、哈萨克文、柯尔克孜文“”的 8 点阵字样如图 2 所示。

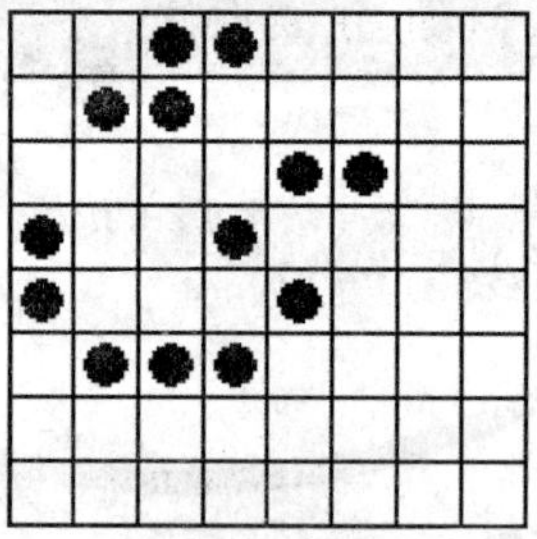

图 2　8 点阵字母“”的字样

6.4 字符宽度信息

维吾尔文、哈萨克文、柯尔克孜文是不等宽字体，每个字符都有各自特定的宽度，其宽度由字符宽度信息表来表示，见附录 B。

7 点阵字型

7.1 字型数据

维吾尔文、哈萨克文、柯尔克孜文 8 点阵字型数据的表示，见附录 C。

7.2 点阵字型表

本标准提供的 GB 21669—2008 中 190 个维吾尔文、哈萨克文、柯尔克孜文图形字符的 8 点阵正文白体字型见表 1。

表 1 维吾尔文、哈萨克文、柯尔克孜文字型表

060C	061B	061F	0626	0627	0628	062A	062C	062D	062E	062F	0631	0632	0633	0634	0639
063A	0640	0641	0642	0643	0644	0645	0646	0648	0649	064A	066A	0674	0675	0676	0677
0678	067E	0686	0698	06AD	06AF	06BE	06C5	06C6	06C7	06C8	06C9	06CB	06D0	06D5	FB56
FB57	FB58	FB59	FB7A	FB7B	FB7C	FB7D	FB8A	FB8B	FB92	FB93	FB94	FB95	FBAA	FBAB	FBAC
FBAD	FBD3	FBD4	FBD5	FBD6	FBD7	FBD8	FBD9	FBDA	FBDB	FBDC	FBDD	FBDE	FBDF	FBE0	FBE1
FBE2	FBE3	FBE4	FBE5	FBE6	FBE7	FBE8	FBE9	FBEA	FBEB	FBEC	FBED	FBEE	FBEF	FBF0	FBF1
FBF2	FBF3	FBF4	FBF5	FBF6	FBF7	FBF8	FBF9	FBFA	FBFB	FE89	FE8A	FE8B	FE8C	FE8D	FE8E
FE8F	FE90	FE91	FE92	FE95	FE96	FE97	FE98	FE9D	FE9E	FE9F	FEA0	FEA1	FEA2	FEA3	FEA4
FEA5	FEA6	FEA7	FEA8	FEA9	FEAA	FEAD	FEAE	FEAF	FEB0	FEB1	FEB2	FEB3	FEB4	FEB5	FEB6
FEB7	FEB8	FEC9	FECA	FECB	FECC	FECD	FECE	FECF	FED0	FED1	FED2	FED3	FED4	FED5	FED6
FED7	FED8	FED9	FEDA	FEDB	FEDC	FEDD	FEDE	FEDF	FEE0	FEE1	FEE2	FEE3	FEE4	FEE5	FEE6
FEE7	FEE8	FEE9	FEEA	FEED	FEEE	FEEF	FEF0	FEF1	FEF2	FEF3	FEF4	FEFB	FEFC		

附 录 A
（资料性附录）
正 文 白 体

正文白体意为直线端正的字体。维吾尔文、哈萨克文、柯尔克孜文属拼音文字类型，书写行款自右至左，所有字符均呈各自不同的宽度。正文白体是在长期使用阿拉伯文为基础的文字过程中，经反复修改完善后形成的独特字体。正文白体以横线为中心，整齐、美观，笔画刚劲、浑厚，长短适中，竖画粗度为笔粗的 2/3，呈笔直形，给人以严肃、稳重之感。

正文白体是维吾尔文、哈萨克文、柯尔克孜文的标准字体，实用价值高，使用范围广，主要用于报刊书籍的印刷，其手写体更是书法和牌匾用字的首选。

附 录 B
（资料性附录）
字符宽度信息表

维吾尔文、哈萨克文、柯尔克孜文是不等宽字体，其每个字符都有各自特定的宽度，字符宽度信息表定义了本标准中190个点阵图形字符的有效宽度，参见表B.1。

表 B.1 字符宽度信息表

代码	字宽	代码	字宽	代码	字宽	代码	字宽	代码	字宽	代码	字宽
060C	2	0678	8	FBAD	7	FBF2	7	FEA5	6	FED7	3
061B	2	067E	7	FBD3	7	FBF3	8	FEA6	6	FED8	5
061F	3	0686	6	FBD4	8	FBF4	7	FEA7	6	FED9	6
0626	6	0698	3	FBD5	6	FBF5	8	FEA8	7	FEDA	8
0627	2	06AD	7	FBD6	7	FBF6	7	FEA9	4	FEDB	4
0628	7	06AF	7	FBD7	4	FBF7	8	FEAA	6	FEDC	5
062A	7	06BE	7	FBD8	5	FBF8	7	FEAD	3	FEDD	4
062C	6	06C5	4	FBD9	4	FBF9	7	FEAE	4	FEDE	6
062D	6	06C6	4	FBDA	5	FBFA	8	FEAF	3	FEDF	3
062E	6	06C7	4	FBDB	4	FBFB	7	FEB0	4	FEE0	5
062F	4	06C8	4	FBDC	5	FE89	6	FEB1	7	FEE1	4
0631	3	06C9	4	FBDD	6	FE8A	7	FEB2	8	FEE2	5
0632	3	06CB	4	FBDE	4	FE8B	3	FEB3	6	FEE3	4
0633	7	06D0	6	FBDF	5	FE8C	5	FEB4	7	FEE4	5
0634	7	06D5	5	FBE0	4	FE8D	2	FEB5	7	FEE5	6
0639	6	FB56	7	FBE1	5	FE8E	4	FEB6	8	FEE6	8
063A	6	FB57	8	FBE2	4	FE8F	7	FEB7	6	FEE7	3
0640	3	FB58	3	FBE3	5	FE90	8	FEB8	7	FEE8	5
0641	5	FB59	5	FBE4	6	FE91	3	FEC9	6	FEE9	5
0642	5	FB7A	6	FBE5	7	FE92	5	FECA	6	FEEA	7
0643	6	FB7B	6	FBE6	3	FE95	7	FECB	4	FEED	4
0644	4	FB7C	6	FBE7	5	FE96	8	FECC	5	FEEE	5
0645	4	FB7D	7	FBE8	3	FE97	4	FECD	6	FEEF	6
0646	6	FB8A	3	FBE9	5	FE98	5	FECE	6	FEF0	7
0648	4	FB8B	4	FBEA	6	FE9D	6	FECF	4	FEF1	6
0649	6	FB92	7	FBEB	8	FE9E	6	FED0	5	FEF2	7
064A	6	FB93	8	FBEC	8	FE9F	6	FED1	5	FEF3	3
066A	7	FB94	5	FBED	8	FEA0	7	FED2	6	FEF4	5
0674	3	FB95	6	FBEE	7	FEA1	6	FED3	3	FEFB	4
0675	5	FBAA	7	FBEF	8	FEA2	6	FED4	5	FEFC	6
0676	6	FBAB	7	FBF0	7	FEA3	6	FED5	5		
0677	6	FBAC	6	FBF1	8	FEA4	7	FED6	6		

附 录 C
（规范性附录）
8点阵字型数据

C.1 8点阵字型数据的表示

本标准中，图形字符的字型可由点阵数据来表示。每个字型的点阵数据为8×8(横行点数×纵列点数)，共64个二进制位，8个字节。

C.2 8点阵字型数据的记录格式

8点阵字型数据的8个字节排列次序是以0字节开始至7字节结束，均用十六进制表示，每行一个字节，记录格式如下：

行数	列数							
	0	1	2	3	4	5	6	7
0	0字节							
1 2 ⋮ 5 6	⋮							
7	7字节							

C.3 8点阵字型数据举例

0626

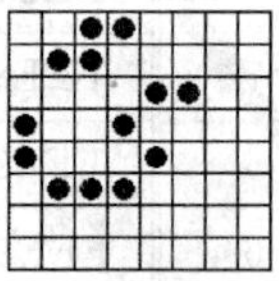

FEB6

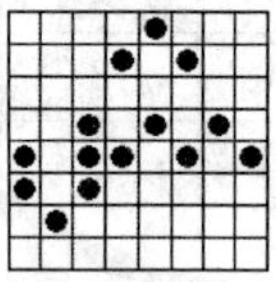

FEDA

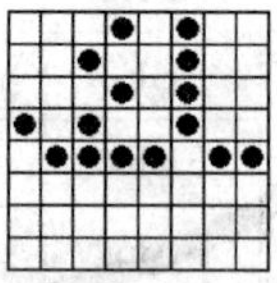

FEFC

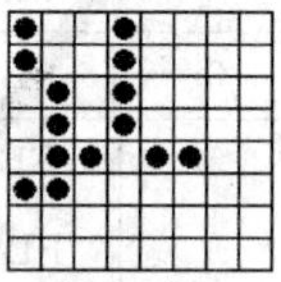

0626	FEB6	FEDA	FEFC
30	08	14	90
60	14	24	90
0C	00	14	50
90	2A	A4	50
88	B5	7B	6C
70	A0	00	C0
00	40	00	00
00	00	00	00

ICS 35.040
L 71

中华人民共和国国家标准

GB 25892.1—2010

信息技术 维吾尔文、哈萨克文、柯尔克孜文编码字符集 32点阵字型 第1部分：正文白体

**Information technology—
Uyghur, Kazak, Kirgiz coded character set—
32 dot matrix font—Part 1: Tuz lean**

2011-01-10 发布

2011-11-01 实施

中华人民共和国国家质量监督检验检疫总局
中国国家标准化管理委员会 发布

前言

本部分的全部技术内容为强制性。

GB 25892《信息技术　维吾尔文、哈萨克文、柯尔克孜文编码字符集　32点阵字型》分为如下部分：

——第1部分：正文白体；

——第2部分：正文黑体；

——第3部分：库非白体；

——第4部分：库非黑体；

——第5部分：如克白体；

——第6部分：如克黑体；

——第7部分：塔里克白体；

——第8部分：塔里克黑体；

……

本部分是GB 25892的第1部分。

本部分依据GB 21669—2008《信息技术　维吾尔文、哈萨克文、柯尔克孜文编码字符集》所规定的维吾尔文、哈萨克文、柯尔克孜文名义字符、变形显现字符和共用符号，以我国现行规范的维吾尔文、哈萨克文、柯尔克孜文字形为基础，并依据现行规范的维吾尔文、哈萨克文、柯尔克孜文正字法规则，设计和规定了信息系统用维吾尔文、哈萨克文、柯尔克孜文32点阵正文白体(参见附录A)字型。

本部分的附录A和附录B是资料性附录，附录C是规范性附录。

本部分由全国信息技术标准化技术委员会(SAC/TC 28)提出并归口。

本部分起草单位：中国电子技术标准化研究所、新疆维吾尔自治区民族语言文字工作委员会、潍坊北大青鸟华光照排有限公司、新疆维吾尔自治区信息产业厅。

本部分起草人：宿忠民、佟加·庆夫、代红、买买提艾力、熊涛、亚森·伊明、吕建春、魏明震、王颜尊、张静。

引　言

有关字型数据的授权转让使用事宜，字型标准数据的维护、更新及修订工作，统一由归口单位负责。

地　址：北京市东城区安定门东大街1号（北京市1101信箱）
邮　编：100007
电　话：64007689　84029173
传　真：64007681
E-mail：daihong@cesi.ac.cn

信息技术　维吾尔文、哈萨克文、柯尔克孜文编码字符集 32点阵字型　第1部分:正文白体

1　范围

GB 25892 的本部分规定了 GB 21669—2008 中维吾尔文、哈萨克文、柯尔克孜文字符的 32 点阵正文白体字型。

本部分适用于维吾尔文、哈萨克文、柯尔克孜文信息系统,也适用于其他有关设备。

2　规范性引用文件

下列文件中的条款通过本部分的引用而成为本部分的条款。凡是注日期的引用文件,其随后所有的修改单(不包括勘误的内容)或修订版均不适用于本部分,然而,鼓励根据本部分达成协议的各方研究是否可使用这些文件的最新版本。凡是不注日期的引用文件,其最新版本适用于本部分。

GB 21669—2008　信息技术　维吾尔文、哈萨克文、柯尔克孜文编码字符集

GB 13000　信息技术　通用多八位编码字符集(UCS)(GB 13000—2010,ISO/IEC 10646:2003,IDT)

3　术语和定义

下列术语和定义适用于本部分。

3.1

字形　glyph

一种可辨认的抽象的图形符号,它不依赖于任何特定的设计。

3.2

字型　font

具有同一基本设计的字形图像的集合,如:正文白体。

3.3

点阵字型　dot matrix font

以点的集合来表现图形字符的型(形)。

3.4

字型宽度　font width

点阵图形字符的有效宽度。

3.5

字序　character order

图形字符在集合中按一定规则排列的次序。

4　图形字符

4.1　字符数

本部分根据 GB 21669—2008 的规定,提供了维吾尔文、哈萨克文、柯尔克孜文图形字符 190 个,其中:

维吾尔文、哈萨克文、柯尔克孜文名义字符 42 个;

维吾尔文、哈萨克文、柯尔克孜文变形显现字符 143 个;

维吾尔文、哈萨克文、柯尔克孜文共用数字、标点符号、特殊符号 5 个。

4.2　字符字序

本部分提供的 190 个维吾尔文、哈萨克文、柯尔克孜文名义字符、变形显现字符和共用符号的字型按照 GB 13000 规定的次序排列。

5 标准数据的管理

为加强对信息交换用产品用维吾尔文、哈萨克文、柯尔克孜文字型与字模标准数据的管理，保证本部分在贯彻执行中数据的一致性和正确性，有关字型数据的授权转让使用事宜，字型标准数据的维护、更新及修订工作，统一由归口单位负责。

6 点阵字型的表示方法

6.1 栅格

栅格由若干条等距离的垂直线与水平线相交叉而形成。

本部分规定的是32点阵字型，其栅格是横向32格，纵向32格。每个方格的中心定为点的中心位置。

栅格仅对构成点阵的各点进行定位，32点阵栅格图如图1所示。

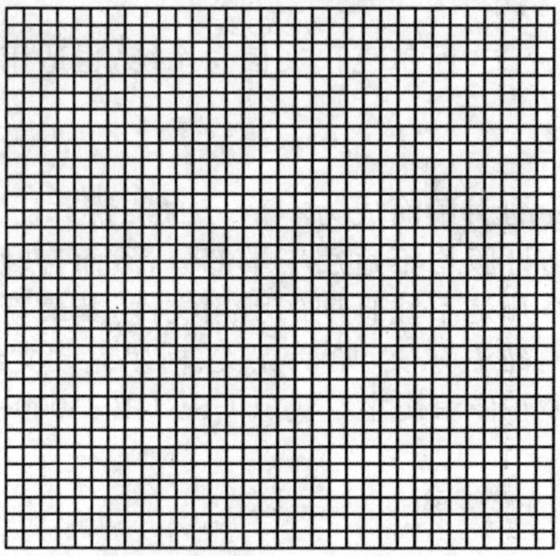

图1 32点阵栅格图

6.2 点

点是构成点阵字型的最小单位，以圆形表示，它是位于各方格内的黑色区域。

6.3 点阵字样

维吾尔文、哈萨克文、柯尔克孜文图形字符点阵字型的字样，由置于栅格内的若干个点的集合来表示。维吾尔文、哈萨克文、柯尔克孜文"ڭ"的32点阵字样如图2所示。

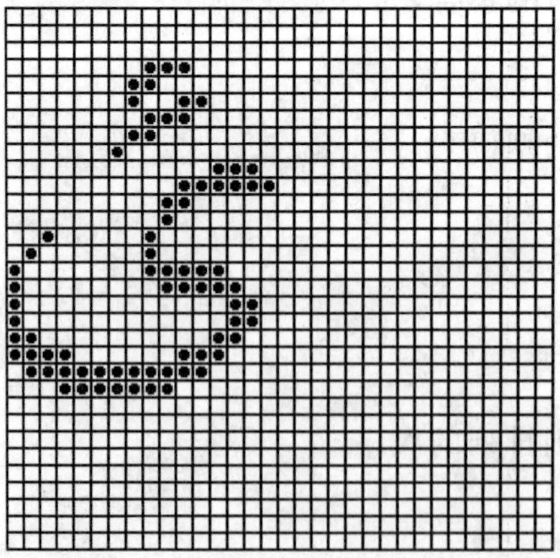

图2 32点阵字母"ڭ"的字样

6.4 字型宽度信息

维吾尔文、哈萨克文、柯尔克孜文是不等宽字体，每个字符都有各自特定的宽度，其宽度由字型宽度信息表来表示，见附录B。

7 点阵字型

7.1 字型数据

维吾尔文、哈萨克文、柯尔克孜文32点阵字型数据的表示，见附录C。

7.2 点阵字型表

本部分提供的 GB 21669—2008 中 190 个维吾尔文、哈萨克文、柯尔克孜文图形字符的 32 点阵正文白体字型见表 1。

表 1 维吾尔文、哈萨克文、柯尔克孜文字型表

060C ،	061B ؛	061F ؟	0626 ئ	0627 ا	0628 ب	062A ت	062C ج	062D ح	062E خ	062F د	0631 ر	0632 ز	0633 س	0634 ش	0639 ع
063A غ	0640 ـ	0641 ف	0642 ق	0643 ك	0644 ل	0645 م	0646 ن	0648 و	0649 ى	064A ي	066A ٪	0674 ٴ	0675 ٵ	0676 ٶ	0677 ٷ
0678 ٸ	067E پ	0686 چ	0698 ژ	06AD ڭ	06AF گ	06BE ھ	06C5 ۅ	06C6 ۆ	06C7 ۇ	06C8 ۈ	06C9 ۉ	06CB ۋ	06D0 ې	06D5 ە	FB56 ﭖ
FB57 ﭗ	FB58 ﭘ	FB59 ﭙ	FB7A ﭺ	FB7B ﭻ	FB7C ﭼ	FB7D ﭽ	FB8A ﮊ	FB8B ﮋ	FB92 ﮒ	FB93 ﮓ	FB94 ﮔ	FB95 ﮕ	FBAA ﮪ	FBAB ﮫ	FBAC ﮬ
FBAD ﮭ	FBD3 ﯓ	FBD4 ﯔ	FBD5 ﯕ	FBD6 ﯖ	FBD7 ﯗ	FBD8 ﯘ	FBD9 ﯙ	FBDA ﯚ	FBDB ﯛ	FBDC ﯜ	FBDD ﯝ	FBDE ﯞ	FBDF ﯟ	FBE0 ﯠ	FBE1 ﯡ
FBE2 ﯢ	FBE3 ﯣ	FBE4 ﯤ	FBE5 ﯥ	FBE6 ﯦ	FBE7 ﯧ	FBE8 ﯨ	FBE9 ﯩ	FBEA ﯪ	FBEB ﯫ	FBEC ﯬ	FBED ﯭ	FBEE ﯮ	FBEF ﯯ	FBF0 ﯰ	FBF1 ﯱ
FBF2 ﯲ	FBF3 ﯳ	FBF4 ﯴ	FBF5 ﯵ	FBF6 ﯶ	FBF7 ﯷ	FBF8 ﯸ	FBF9 ﯹ	FBFA ﯺ	FBFB ﯻ	FE89 ﺉ	FE8A ﺊ	FE8B ﺋ	FE8C ﺌ	FE8D ﺍ	FE8E ﺎ
FE8F ﺏ	FE90 ﺐ	FE91 ﺑ	FE92 ﺒ	FE95 ﺕ	FE96 ﺖ	FE97 ﺗ	FE98 ﺘ	FE9D ﺝ	FE9E ﺞ	FE9F ﺟ	FEA0 ﺠ	FEA1 ﺡ	FEA2 ﺢ	FEA3 ﺣ	FEA4 ﺤ
FEA5 ﺥ	FEA6 ﺦ	FEA7 ﺧ	FEA8 ﺨ	FEA9 ﺩ	FEAA ﺪ	FEAD ﺭ	FEAE ﺮ	FEAF ﺯ	FEB0 ﺰ	FEB1 ﺱ	FEB2 ﺲ	FEB3 ﺳ	FEB4 ﺴ	FEB5 ﺵ	FEB6 ﺶ
FEB7 ﺷ	FEB8 ﺸ	FEC9 ﻉ	FECA ﻊ	FECB ﻋ	FECC ﻌ	FECD ﻍ	FECE ﻎ	FECF ﻏ	FED0 ﻐ	FED1 ﻑ	FED2 ﻒ	FED3 ﻓ	FED4 ﻔ	FED5 ﻕ	FED6 ﻖ
FED7 ﻗ	FED8 ﻘ	FED9 ﻙ	FEDA ﻚ	FEDB ﻛ	FEDC ﻜ	FEDD ﻝ	FEDE ﻞ	FEDF ﻟ	FEE0 ﻠ	FEE1 ﻡ	FEE2 ﻢ	FEE3 ﻣ	FEE4 ﻤ	FEE5 ﻥ	FEE6 ﻦ
FEE7 ﻧ	FEE8 ﻨ	FEE9 ﻩ	FEEA ﻪ	FEED ﻭ	FEEE ﻮ	FEEF ﻯ	FEF0 ﻰ	FEF1 ﻱ	FEF2 ﻲ	FEF3 ﻳ	FEF4 ﻴ	FEFB ﻻ	FEFC ﻼ		

附　录　A

（资料性附录）

正　文　白　体

正文白体意为直线端正的字体。维吾尔文、哈萨克文、柯尔克孜文属拼音文字类型，书写行款自右至左，所有字符均呈各自不同的宽度。正文白体是在长期使用阿拉伯文为基础的文字过程中，经反复修改完善后形成的独特字体。正文白体以横线为中心，整齐、美观，笔画刚劲、浑厚，长短适中，竖画粗度为笔粗的 2/3，呈笔直形，给人以严肃、稳重之感。

正文白体是维吾尔文、哈萨克文、柯尔克孜文的标准字体，实用价值高，使用范围广，主要用于报刊书籍的印刷，其手写体更是书法和牌匾用字的首选。

附 录 B
（资料性附录）
字型宽度信息表

维吾尔文、哈萨克文、柯尔克孜文是不等宽字体，其每个字符都有各自特定的宽度，字型宽度信息表定义了本部分中 190 个点阵图形字符的有效宽度，参见表 B.1。

表 B.1 字型宽度信息表

代码	字宽	代码	字宽	代码	字宽	代码	字宽	代码	字宽	代码	字宽
060C	3	0678	23	FBAD	9	FBF2	16	FEA5	14	FED7	8
061B	3	067E	16	FBD3	17	FBF3	18	FEA6	15	FED8	8
061F	8	0686	14	FBD4	21	FBF4	16	FEA7	14	FED9	17
0626	16	0698	9	FBD5	12	FBF5	18	FEA8	15	FEDA	21
0627	3	06AD	17	FBD6	13	FBF6	20	FEA9	9	FEDB	11
0628	16	06AF	19	FBD7	9	FBF7	21	FEAA	13	FEDC	12
062A	16	06BE	13	FBD8	11	FBF8	14	FEAD	8	FEDD	12
062C	14	06C5	11	FBD9	9	FBF9	20	FEAE	10	FEDE	16
062D	14	06C6	9	FBDA	11	FBFA	21	FEAF	8	FEDF	5
062E	14	06C7	9	FBDB	9	FBFB	14	FEB0	10	FEE0	8
062F	9	06C8	9	FBDC	11	FE89	16	FEB1	25	FEE1	10
0631	8	06C9	9	FBDD	12	FE8A	15	FEB2	27	FEE2	10
0632	8	06CB	9	FBDE	9	FE8B	7	FEB3	16	FEE3	8
0633	25	06D0	16	FBDF	11	FE8C	9	FEB4	17	FEE4	11
0634	25	06D5	7	FBE0	10	FE8D	3	FEB5	25	FEE5	15
0639	13	FB56	16	FBE1	11	FE8E	6	FEB6	27	FEE6	17
063A	13	FB57	20	FBE2	9	FE8F	16	FEB7	16	FEE7	7
0640	8	FB58	7	FBE3	11	FE90	20	FEB8	17	FEE8	9
0641	14	FB59	9	FBE4	16	FE91	7	FEC9	13	FEE9	7
0642	14	FB7A	14	FBE5	15	FE92	9	FECA	13	FEEA	11
0643	17	FB7B	15	FBE6	7	FE95	16	FECB	9	FEED	9
0644	12	FB7C	14	FBE7	9	FE96	20	FECC	12	FEEE	11
0645	10	FB7D	15	FBE8	7	FE97	9	FECD	13	FEEF	16
0646	15	FB8A	9	FBE9	9	FE98	9	FECE	13	FEF0	15
0648	9	FB8B	10	FBEA	11	FE9D	14	FECF	9	FEF1	16
0649	16	FB92	19	FBEB	13	FE9E	15	FED0	12	FEF2	15
064A	16	FB93	20	FBEC	14	FE9F	14	FED1	14	FEF3	7
066A	15	FB94	12	FBED	17	FEA0	15	FED2	16	FEF4	9
0674	7	FB95	12	FBEE	16	FEA1	14	FED3	8	FEFB	12
0675	10	FBAA	14	FBEF	18	FEA2	15	FED4	8	FEFC	15
0676	11	FBAB	12	FBF0	16	FEA3	14	FED5	14		
0677	12	FBAC	12	FBF1	18	FEA4	15	FED6	16		

附 录 C
（规范性附录）
32点阵字型数据

C.1 32点阵字型数据的表示

本部分中，图形字符的字型可由点阵数据来表示。每个字型的点阵数据为32×32(横行点数×纵列点数)，共1 024个二进制位，128个字节。

C.2 32点阵字型数据的记录格式

32点阵字型数据的128个字节排列次序是以0字节开始至127字节结束，均用十六进制表示，每行四个字节，记录格式如下：

行数	列数																
	0	1	2	3	4	5	6	7	……	24	25	26	27	28	29	30	31
0	0字节								……	3字节							
1 2 3 4 ⋮ 30																	
31	124字节								……	127字节							

C.3 32点阵字型数据举例

0626

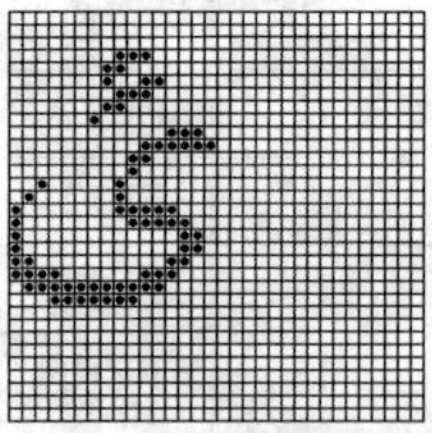

FEB6

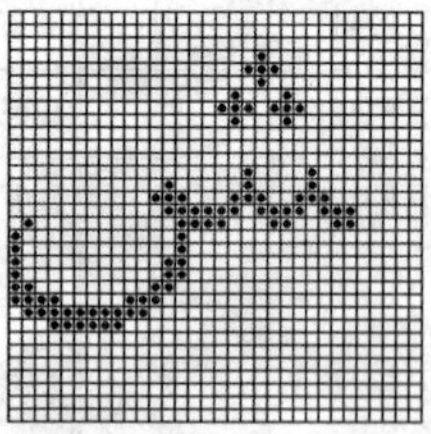

FEDA

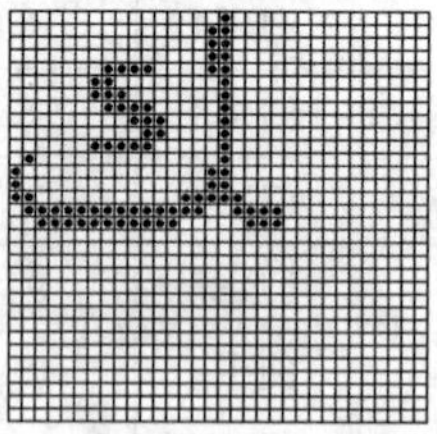

FEFC

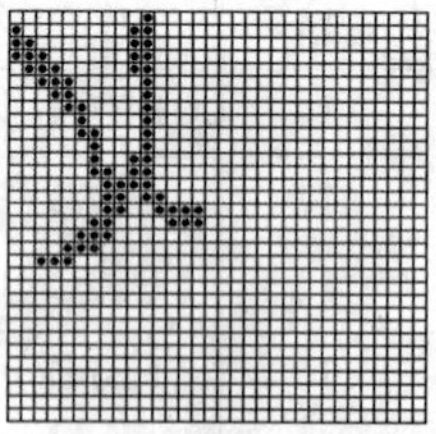

0626	FEB6	FEDA	FEFC
00 00 00 00	00 00 00 00	00 00 80 00	00 20 00 00
00 00 00 00	00 00 00 00	00 01 80 00	80 60 00 00
00 00 00 00	00 00 00 00	00 01 80 00	C0 60 00 00
00 E0 00 00	00 00 10 00	00 01 80 00	E0 60 00 00
01 80 00 00	00 00 38 00	01 E1 80 00	70 60 00 00
01 30 00 00	00 00 10 00	03 00 80 00	38 20 00 00
00 E0 00 00	00 00 44 00	03 80 80 00	18 20 00 00
01 80 00 00	00 00 EE 00	01 E0 80 00	0C 20 00 00
02 00 00 00	00 00 44 00	00 70 80 00	04 20 00 00

00	0E	00	00	00	00	00	00	00	30	80	00	06	20	00	00
00	3F	00	00	00	00	00	00	03	E0	80	00	02	20	00	00
00	60	00	00	00	00	00	00	40	00	80	00	02	60	00	00
00	40	00	00	00	00	21	00	80	01	80	00	03	60	00	00
20	80	00	00	00	08	21	00	80	01	80	00	01	E0	00	00
40	80	00	00	00	1C	73	80	C0	07	C0	00	01	B0	00	00
80	F8	00	00	00	0F	DE	E0	7F	FE	78	00	01	9E	00	00
80	7C	00	00	40	07	8C	60	3F	F8	38	00	03	0E	00	00
80	06	00	00	80	04	00	00	00	00	00	00	07	00	00	00
80	06	00	00	80	04	00	00	00	00	00	00	0E	00	00	00
C0	0C	00	00	80	0C	00	00	00	00	00	00	38	00	00	00
F0	38	00	00	80	0C	00	00	00	00	00	00	00	00	00	00
7F	F0	00	00	C0	18	00	00	00	00	00	00	00	00	00	00
1F	C0	00	00	F0	70	00	00	00	00	00	00	00	00	00	00
00	00	00	00	7F	E0	00	00	00	00	00	00	00	00	00	00
00	00	00	00	1F	80	00	00	00	00	00	00	00	00	00	00
00	00	00	00	00	00	00	00	00	00	00	00	00	00	00	00
00	00	00	00	00	00	00	00	00	00	00	00	00	00	00	00
00	00	00	00	00	00	00	00	00	00	00	00	00	00	00	00
00	00	00	00	00	00	00	00	00	00	00	00	00	00	00	00
00	00	00	00	00	00	00	00	00	00	00	00	00	00	00	00
00	00	00	00	00	00	00	00	00	00	00	00	00	00	00	00
00	00	00	00	00	00	00	00	00	00	00	00	00	00	00	00

ICS 35.040
L 71

中华人民共和国国家标准

GB 25892.2—2010

信息技术　维吾尔文、哈萨克文、柯尔克孜文编码字符集 32点阵字型　第2部分：正文黑体

Information technology—
Uyghur, Kazak, Kirgiz coded character set—
32 dot matrix font—Part 2: Tuz bold

2011-01-10 发布　　　　2011-11-01 实施

中华人民共和国国家质量监督检验检疫总局
中国国家标准化管理委员会　发布

前　言

本部分的全部技术内容为强制性。

GB 25892《信息技术　维吾尔文、哈萨克文、柯尔克孜文编码字符集　32点阵字型》分为如下部分：

——第1部分：正文白体；

——第2部分：正文黑体；

——第3部分：库非白体；

——第4部分：库非黑体；

——第5部分：如克白体；

——第6部分：如克黑体；

——第7部分：塔里克白体；

——第8部分：塔里克黑体；

……

本部分是GB 25892的第2部分。

本部分依据GB 21669—2008《信息技术　维吾尔文、哈萨克文、柯尔克孜文编码字符集》所规定的维吾尔文、哈萨克文、柯尔克孜文名义字符、变形显现字符和共用符号，以我国现行规范的维吾尔文、哈萨克文、柯尔克孜文字形为基础，并依据现行规范维吾尔文、哈萨克文、柯尔克孜文的正字法原则，设计和规定了信息系统用维吾尔文、哈萨克文、柯尔克孜文32点阵正文黑体(参见附录A)字型。

本部分的附录A和附录B是资料性附录，附录C是规范性附录。

本部分由全国信息技术标准化技术委员会(SAC/TC 28)提出并归口。

本部分起草单位：中国电子技术标准化研究所、新疆维吾尔自治区民族语言文字工作委员会、潍坊北大青鸟华光照排有限公司、新疆维吾尔自治区信息产业厅。

本部分起草人：宿忠民、佟加·庆夫、代红、买买提艾力、熊涛、吕建春、亚森·伊明、张羽宏、王颜尊、张静。

引　言

有关字型数据的授权转让使用事宜，字型标准数据的维护、更新及修订工作，统一由归口单位负责。

地　址：北京市东城区安定门东大街1号（北京市1101信箱）
邮　编：100007
电　话：64007689　84029173
传　真：64007681
E-mail：daihong@cesi.ac.cn

信息技术　维吾尔文、哈萨克文、柯尔克孜文编码字符集 32点阵字型　第2部分：正文黑体

1　范围

GB 25892 的本部分规定了 GB 21669—2008 中维吾尔文、哈萨克文、柯尔克孜文字符的 32 点阵正文黑体字型。

本部分适用于维吾尔文、哈萨克文、柯尔克孜文信息系统，也适用于其他有关设备。

2　规范性引用文件

下列文件中的条款通过本部分的引用而成为本部分的条款。凡是注日期的引用文件，其随后所有的修改单(不包括勘误的内容)或修订版均不适用于本部分，然而，鼓励根据本部分达成协议的各方研究是否可使用这些文件的最新版本。凡是不注日期的引用文件，其最新版本适用于本部分。

GB 21669—2008　信息技术　维吾尔文、哈萨克文、柯尔克孜文编码字符集

GB 13000　信息技术　通用多八位编码字符集(UCS)(GB 13000—2010,ISO/IEC 10646:2003,IDT)

3　术语和定义

下列术语和定义适用于本部分。

3.1

字形　glyph

一种可辨认的抽象的图形符号，它不依赖于任何特定的设计。

3.2

字型　font

具有同一基本设计的字形图像的集合，如：正文黑体。

3.3

点阵字型　dot matrix font

以点的集合来表现图形字符的型(形)。

3.4

字型宽度　font width

点阵图形字符的有效宽度。

3.5

字序　character order

图形字符在集合中按一定规则排列的次序。

4　图形字符

4.1　字符数

本部分根据 GB 21669—2008 的规定，提供了维吾尔文、哈萨克文、柯尔克孜文图形字符 190 个，其中：

维吾尔文、哈萨克文、柯尔克孜文名义字符 42 个；

维吾尔文、哈萨克文、柯尔克孜文变形显现字符 143 个；

维吾尔文、哈萨克文、柯尔克孜文共用数字、标点符号、特殊符号 5 个。

4.2　字符字序

本部分提供的 190 个维吾尔文、哈萨克文、柯尔克孜文名义字符、变形显现字符和共用符号的字型按照 GB 13000 规定的次序排列。

5 标准数据的管理

为加强对信息交换用产品用维吾尔文、哈萨克文、柯尔克孜文字型与字模标准数据的管理，保证本部分在贯彻执行中数据的一致性和正确性，有关字型数据的授权转让使用事宜，字型标准数据的维护、更新及修订工作，统一由归口单位负责。

6 点阵字型的表示方法

6.1 栅格

栅格由若干条等距离的垂直线与水平线相交叉而形成。

本部分规定的是32点阵字型，其栅格是横向32格，纵向32格。每个方格的中心定为点的中心位置。

栅格仅对构成点阵的各点进行定位，32点阵栅格图如图1所示。

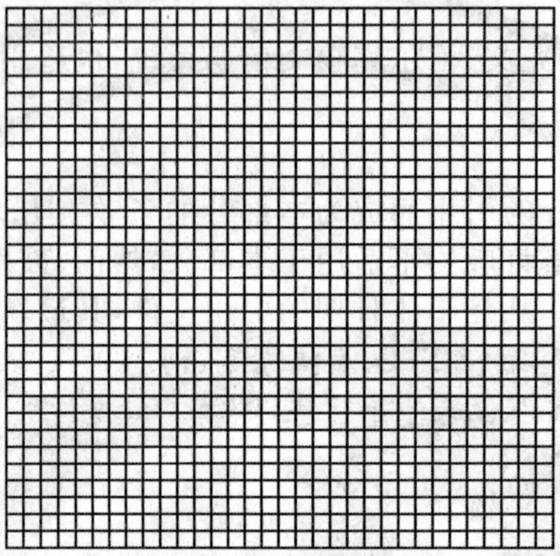

图1 32点阵栅格图

6.2 点

点是构成点阵字型的最小单位，以圆形表示，它是位于各方格内的黑色区域。

6.3 点阵字样

维吾尔文、哈萨克文、柯尔克孜文图形字符点阵字型的字样，由置于栅格内的若干个点的集合来表示。维吾尔文、哈萨克文、柯尔克孜文"ئ"的32点阵字样如图2所示。

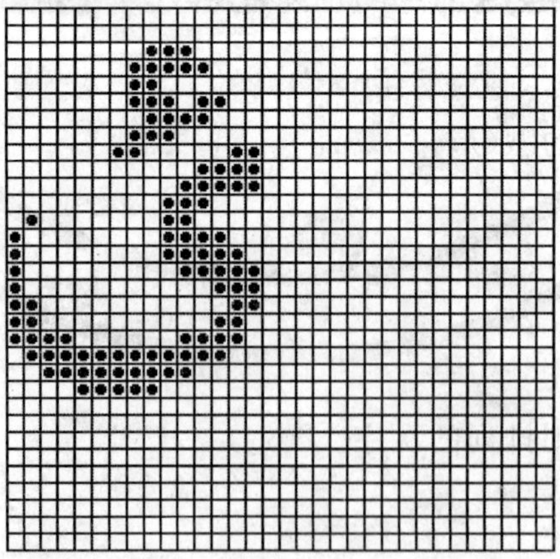

图2 32点阵字母"ئ"的字样

6.4 字型宽度信息

维吾尔文、哈萨克文、柯尔克孜文是不等宽字体，每个字符都有各自特定的宽度，其宽度由字型宽度信息表来表示，见附录B。

7 点阵字型

7.1 字型数据

维吾尔文、哈萨克文、柯尔克孜文32点阵字型数据的表示，见附录C。

7.2 点阵字型表

本部分提供的 GB 21669—2008 中 190 个维吾尔文、哈萨克文、柯尔克孜文图形字符的 32 点阵正文黑体字型见表 1。

表 1 维吾尔文、哈萨克文、柯尔克孜文字型表

060C	061B	061F	0626	0627	0628	062A	062C	062D	062E	062F	0631	0632	0633	0634	0639
،	؛	؟	ئ	ا	ب	ت	ج	ح	خ	د	ر	ز	س	ش	ع
063A	0640	0641	0642	0643	0644	0645	0646	0648	0649	064A	066A	0674	0675	0676	0677
غ	ـ	ف	ق	ك	ل	م	ن	و	ى	ي	%	ٴ	ٵ	ٶ	ٷ
0678	067E	0686	0698	06AD	06AF	06BE	06C5	06C6	06C7	06C8	06C9	06CB	06D0	06D5	FB56
ٸ	پ	چ	ژ	ڭ	گ	ھ	ۅ	ۆ	ۇ	ۈ	ۉ	ۋ	ې	ە	ﭖ
FB57	FB58	FB59	FB7A	FB7B	FB7C	FB7D	FB8A	FB8B	FB92	FB93	FB94	FB95	FBAA	FBAB	FBAC
ﭗ	ﭘ	ﭙ	ﭺ	ﭻ	ﭼ	ﭽ	ﮊ	ﮋ	ﮒ	ﮓ	ﮔ	ﮕ	ﮪ	ﮫ	ﮬ
FBAD	FBD3	FBD4	FBD5	FBD6	FBD7	FBD8	FBD9	FBDA	FBDB	FBDC	FBDD	FBDE	FBDF	FBE0	FBE1
ﮭ	ﯓ	ﯔ	ﯕ	ﯖ	ﯗ	ﯘ	ﯙ	ﯚ	ﯛ	ﯜ	ﯝ	ﯞ	ﯟ	ﯠ	ﯡ
FBE2	FBE3	FBE4	FBE5	FBE6	FBE7	FBE8	FBE9	FBEA	FBEB	FBEC	FBED	FBEE	FBEF	FBF0	FBF1
ﯢ	ﯣ	ﯤ	ﯥ	ﯦ	ﯧ	ﯨ	ﯩ	ﯪ	ﯫ	ﯬ	ﯭ	ﯮ	ﯯ	ﯰ	ﯱ
FBF2	FBF3	FBF4	FBF5	FBF6	FBF7	FBF8	FBF9	FBFA	FBFB	FE89	FE8A	FE8B	FE8C	FE8D	FE8E
ﯲ	ﯳ	ﯴ	ﯵ	ﯶ	ﯷ	ﯸ	ﯹ	ﯺ	ﯻ	ﺉ	ﺊ	ﺋ	ﺌ	ﺍ	ﺎ
FE8F	FE90	FE91	FE92	FE95	FE96	FE97	FE98	FE9D	FE9E	FE9F	FEA0	FEA1	FEA2	FEA3	FEA4
ﺏ	ﺐ	ﺑ	ﺒ	ﺕ	ﺖ	ﺗ	ﺘ	ﺝ	ﺞ	ﺟ	ﺠ	ﺡ	ﺢ	ﺣ	ﺤ
FEA5	FEA6	FEA7	FEA8	FEA9	FEAA	FEAD	FEAE	FEAF	FEB0	FEB1	FEB2	FEB3	FEB4	FEB5	FEB6
ﺥ	ﺦ	ﺧ	ﺨ	ﺩ	ﺪ	ﺭ	ﺮ	ﺯ	ﺰ	ﺱ	ﺲ	ﺳ	ﺴ	ﺵ	ﺶ
FEB7	FEB8	FEC9	FECA	FECB	FECC	FECD	FECE	FECF	FED0	FED1	FED2	FED3	FED4	FED5	FED6
ﺷ	ﺸ	ﻉ	ﻊ	ﻋ	ﻌ	ﻍ	ﻎ	ﻏ	ﻐ	ﻑ	ﻒ	ﻓ	ﻔ	ﻕ	ﻖ
FED7	FED8	FED9	FEDA	FEDB	FEDC	FEDD	FEDE	FEDF	FEE0	FEE1	FEE2	FEE3	FEE4	FEE5	FEE6
ﻗ	ﻘ	ﻙ	ﻚ	ﻛ	ﻜ	ﻝ	ﻞ	ﻟ	ﻠ	ﻡ	ﻢ	ﻣ	ﻤ	ﻥ	ﻦ
FEE7	FEE8	FEE9	FEEA	FEED	FEEE	FEEF	FEF0	FEF1	FEF2	FEF3	FEF4	FEFB	FEFC		
ﻧ	ﻨ	ﻩ	ﻪ	ﻭ	ﻮ	ﻯ	ﻰ	ﻱ	ﻲ	ﻳ	ﻴ	ﻻ	ﻼ		

附 录 A
（资料性附录）
正 文 黑 体

正文黑体意为直线端正的字体。维吾尔文、哈萨克文、柯尔克孜文属拼音文字类型，书写行款自右至左，所有字符均呈各自不同的宽度。正文黑体是在长期使用阿拉伯文为基础的文字过程中，经反复修改完善后形成的独特字体。正文黑体以横线为中心，整齐、美观，笔画刚劲、浑厚，长短适中，竖画粗度为笔粗的2/3，呈笔直形，给人以严肃、稳重之感。

正文黑体主要用于文章标题、编者按等，正文黑体与正文白体风格一致，只是在笔画的粗细、文字线条的轻重上有所不同。

附　录　B
（资料性附录）
字型宽度信息表

维吾尔文、哈萨克文、柯尔克孜文是不等宽字体，其每个字符都有各自特定的宽度，字型宽度信息表定义了本部分中190个点阵图形字符的有效宽度，参见表B.1。

表B.1　字型宽度信息表

代码	字宽	代码	字宽	代码	字宽	代码	字宽	代码	字宽	代码	字宽
060C	5	0678	23	FBAD	13	FBF2	19	FEA5	16	FED7	10
061B	3	067E	16	FBD3	17	FBF3	24	FEA6	17	FED8	10
061F	9	0686	16	FBD4	20	FBF4	19	FEA7	14	FED9	17
0626	15	0698	12	FBD5	12	FBF5	24	FEA8	16	FEDA	20
0627	5	06AD	17	FBD6	16	FBF6	23	FEA9	9	FEDB	13
0628	16	06AF	19	FBD7	10	FBF7	27	FEAA	16	FEDC	18
062A	16	06BE	17	FBD8	13	FBF8	19	FEAD	10	FEDD	14
062C	16	06C5	10	FBD9	10	FBF9	23	FEAE	15	FEDE	19
062D	16	06C6	10	FBDA	13	FBFA	27	FEAF	10	FEDF	7
062E	16	06C7	10	FBDB	10	FBFB	19	FEB0	15	FEE0	12
062F	9	06C8	10	FBDC	13	FE89	15	FEB1	22	FEE1	9
0631	10	06C9	10	FBDD	15	FE8A	16	FEB2	25	FEE2	17
0632	10	06CB	10	FBDE	10	FE8B	9	FEB3	16	FEE3	12
0633	22	06D0	15	FBDF	13	FE8C	11	FEB4	19	FEE4	15
0634	22	06D5	7	FBE0	10	FE8D	5	FEB5	22	FEE5	13
0639	16	FB56	16	FBE1	13	FE8E	8	FEB6	25	FEE6	17
063A	16	FB57	21	FBE2	10	FE8F	16	FEB7	17	FEE7	8
0640	8	FB58	8	FBE3	13	FE90	21	FEB8	20	FEE8	11
0641	14	FB59	11	FBE4	15	FE91	8	FEC9	16	FEE9	7
0642	14	FB7A	16	FBE5	16	FE92	11	FECA	17	FEEA	11
0643	17	FB7B	17	FBE6	8	FE95	16	FECB	12	FEED	10
0644	14	FB7C	14	FBE7	11	FE96	21	FECC	13	FEEE	13
0645	9	FB7D	16	FBE8	8	FE97	9	FECD	16	FEEF	15
0646	13	FB8A	12	FBE9	11	FE98	11	FECE	17	FEF0	16
0648	10	FB8B	13	FBEA	15	FE9D	16	FECF	12	FEF1	15
0649	15	FB92	19	FBEB	19	FE9E	17	FED0	13	FEF2	16
064A	15	FB93	23	FBEC	18	FE9F	14	FED1	14	FEF3	8
066A	13	FB94	12	FBED	22	FEA0	16	FED2	16	FEF4	11
0674	7	FB95	17	FBEE	19	FEA1	16	FED3	10	FEFB	14
0675	12	FBAA	17	FBEF	23	FEA2	17	FED4	10	FEFC	14
0676	12	FBAB	15	FBF0	19	FEA3	14	FED5	14		
0677	15	FBAC	14	FBF1	24	FEA4	16	FED6	16		

附 录 C
（规范性附录）
32 点阵字型数据

C.1 32 点阵字型数据的表示

本部分中，图形字符的字型可由点阵数据来表示。每个字型的点阵数据为 32×32（横行点数×纵列点数），共 1 024 个二进制位，128 个字节。

C.2 32 点阵字型数据的记录格式

32 点阵字型数据的 128 个字节排列次序是以 0 字节开始至 127 字节结束，均用十六进制表示，每行四个字节，记录格式如下：

<table>
<tr><td rowspan="2">行数</td><td colspan="17">列 数</td></tr>
<tr><td>0</td><td>1</td><td>2</td><td>3</td><td>4</td><td>5</td><td>6</td><td>7</td><td>……</td><td>24</td><td>25</td><td>26</td><td>27</td><td>28</td><td>29</td><td>30</td><td>31</td></tr>
<tr><td>0</td><td colspan="8">0 字节</td><td>……</td><td colspan="8">3 字节</td></tr>
<tr><td>1
2
3
4
⋮
30</td><td colspan="8"></td><td></td><td colspan="8"></td></tr>
<tr><td>31</td><td colspan="8">124 字节</td><td>……</td><td colspan="8">127 字节</td></tr>
</table>

C.3 32 点阵字型数据举例

0626	FEB6	FEDA	FEFC
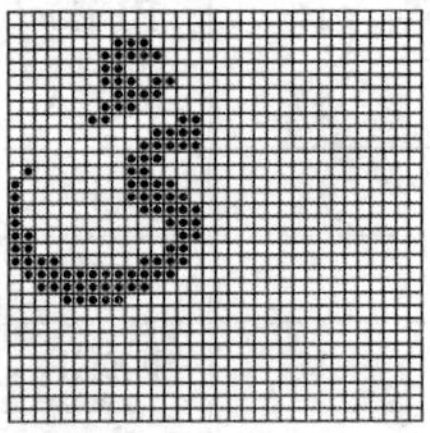	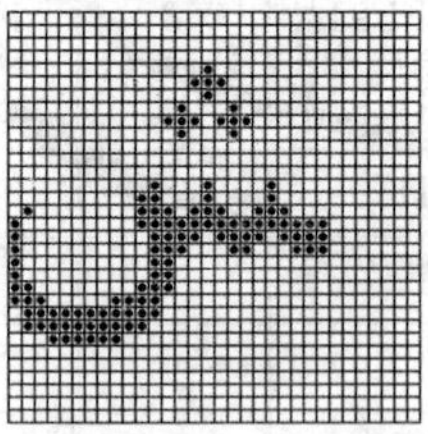	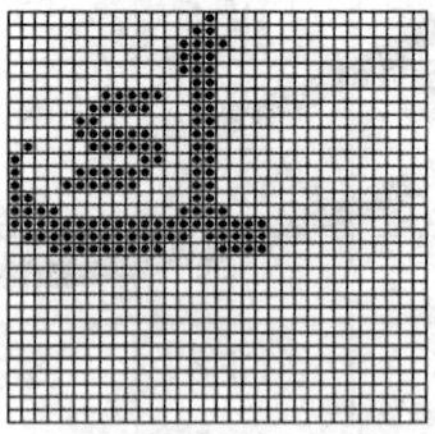	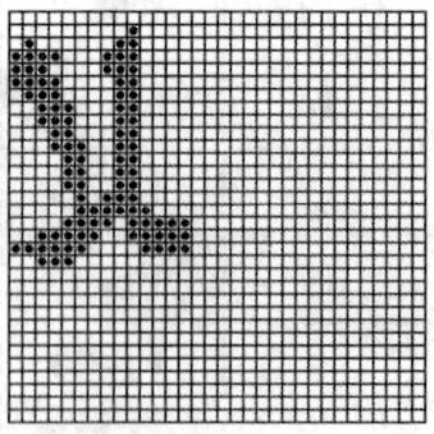
00 00 00 00	00 00 00 00	00 01 00 00	00 00 00 00
00 00 00 00	00 00 00 00	00 03 00 00	00 40 00 00
00 E0 00 00	00 00 00 00	00 07 80 00	40 C0 00 00
01 F0 00 00	00 00 00 00	00 07 00 00	F1 C0 00 00
01 80 00 00	00 01 00 00	00 07 00 00	E1 C0 00 00
01 D8 00 00	00 03 80 00	00 03 00 00	F0 C0 00 00
00 F0 00 00	00 01 00 00	01 F3 00 00	70 C0 00 00
01 C0 00 00	00 04 40 00	03 E3 00 00	38 C0 00 00
03 06 00 00	00 0E E0 00	06 03 00 00	38 C0 00 00

00 1E 00 00	00 04 40 00	07 E3 00 00	18 C0 00 00
00 3E 00 00	00 00 00 00	43 F3 00 00	1C C0 00 00
00 70 00 00	00 00 00 00	80 33 00 00	0C C0 00 00
40 60 00 00	00 00 00 00	87 E3 00 00	0C C0 00 00
80 78 00 00	00 11 08 00	8F C3 00 00	0C C0 00 00
80 7C 00 00	00 31 08 00	C0 03 00 00	05 C0 00 00
80 3E 00 00	40 3B 9C 00	F0 07 80 00	07 E0 00 00
80 0E 00 00	80 3F FF 80	FF FF F0 00	0F 7C 00 00
C0 06 00 00	80 1E F7 80	7F FD F0 00	3E 7C 00 00
C0 0C 00 00	80 1C 63 80	1F F0 F0 00	FC 3C 00 00
F0 3C 00 00	80 18 00 00	00 00 00 00	38 00 00 00
7F F8 00 00	80 18 00 00	00 00 00 00	00 00 00 00
3F E0 00 00	C0 38 00 00	00 00 00 00	00 00 00 00
0F 80 00 00	E0 F0 00 00	00 00 00 00	00 00 00 00
00 00 00 00	7F F0 00 00	00 00 00 00	00 00 00 00
00 00 00 00	7F E0 00 00	00 00 00 00	00 00 00 00
00 00 00 00	1F 80 00 00	00 00 00 00	00 00 00 00
00 00 00 00	00 00 00 00	00 00 00 00	00 00 00 00
00 00 00 00	00 00 00 00	00 00 00 00	00 00 00 00
00 00 00 00	00 00 00 00	00 00 00 00	00 00 00 00
00 00 00 00	00 00 00 00	00 00 00 00	00 00 00 00
00 00 00 00	00 00 00 00	00 00 00 00	00 00 00 00
00 00 00 00	00 00 00 00	00 00 00 00	00 00 00 00

ICS 35.040
L 71

中华人民共和国国家标准

GB 25892.3—2010

信息技术　维吾尔文、哈萨克文、柯尔克孜文编码字符集 32点阵字型　第3部分：库非白体

Information technology—Uyghur, Kazak, Kirgiz coded character set—32 dot matrix font—Part 3: Kufi lean

2011-01-10 发布　　　　2011-11-01 实施

中华人民共和国国家质量监督检验检疫总局
中国国家标准化管理委员会　发布

前　　言

本部分的全部技术内容为强制性。

GB 25892《信息技术　维吾尔文、哈萨克文、柯尔克孜文编码字符集　32 点阵字型》分为如下部分：

——第 1 部分：正文白体；

——第 2 部分：正文黑体；

——第 3 部分：库非白体；

——第 4 部分：库非黑体；

——第 5 部分：如克白体；

——第 6 部分：如克黑体；

——第 7 部分：塔里克白体；

——第 8 部分：塔里克黑体；

……

本部分是 GB 25892 的第 3 部分。

本部分依据 GB 21669—2008《信息技术　维吾尔文、哈萨克文、柯尔克孜文编码字符集》所规定的维吾尔文、哈萨克文、柯尔克孜文名义字符、变形显现字符和共用符号，以我国现行规范的维吾尔文、哈萨克文、柯尔克孜文字形为基础，并依据现行规范维吾尔文、哈萨克文、柯尔克孜文的正字法原则，设计和规定了信息系统用维吾尔文、哈萨克文、柯尔克孜文 32 点阵库非白体（参见附录 A）字型。

本部分的附录 A 和附录 B 是资料性附录，附录 C 是规范性附录。

本部分由全国信息技术标准化技术委员会（SAC/TC 28）提出并归口。

本部分起草单位：中国电子技术标准化研究所、新疆维吾尔自治区民族语言文字工作委员会、潍坊北大青鸟华光照排有限公司、新疆维吾尔自治区信息产业厅。

本部分起草人：代红、买买提艾力、高峡、亚森·伊明、熊涛、佟加·庆夫、吕建春、范晓民、冯海霞、王利。

引　言

有关字型数据的授权转让使用事宜，字型标准数据的维护、更新及修订工作，统一由归口单位负责。

地　址：北京市东城区安定门东大街1号(北京市1101信箱)
邮　编：100007
电　话：64007689　84029173
传　真：64007681
E-mail：daihong@cesi.ac.cn

信息技术　维吾尔文、哈萨克文、柯尔克孜文编码字符集 32 点阵字型　第 3 部分：库非白体

1　范围

GB 25892 的本部分规定了 GB 21669—2008 中维吾尔文、哈萨克文、柯尔克孜文字符的 32 点阵库非白体字型。

本部分适用于维吾尔文、哈萨克文、柯尔克孜文信息系统，也适用于其他有关设备。

2　规范性引用文件

下列文件中的条款通过本部分的引用而成为本部分的条款。凡是注日期的引用文件，其随后所有的修改单(不包括勘误的内容)或修订版均不适用于本部分，然而，鼓励根据本部分达成协议的各方研究是否可使用这些文件的最新版本。凡是不注日期的引用文件，其最新版本适用于本部分。

GB 21669—2008　信息技术　维吾尔文、哈萨克文、柯尔克孜文编码字符集

GB 13000　信息技术　通用多八位编码字符集(UCS)(GB 13000—2010，ISO/IEC 10646：2003，IDT)

3　术语和定义

下列术语和定义适用于本部分。

3.1

字形　glyph

一种可辨认的抽象的图形符号，它不依赖于任何特定的设计。

3.2

字型　font

具有同一基本设计的字形图像的集合，如：库非白体。

3.3

点阵字型　dot matrix font

以点的集合来表现图形字符的型(形)。

3.4

字型宽度　font width

点阵图形字符的有效宽度。

3.5

字序　character order

图形字符在集合中按一定规则排列的次序。

4　图形字符

4.1　字符数

本部分根据 GB 21669—2008 的规定，提供了维吾尔文、哈萨克文、柯尔克孜文图形字符 190 个，其中：

维吾尔文、哈萨克文、柯尔克孜文名义字符 42 个；

维吾尔文、哈萨克文、柯尔克孜文变形显现字符 143 个；

维吾尔文、哈萨克文、柯尔克孜文共用数字、标点符号、特殊符号 5 个。

4.2　字符字序

本部分提供的 190 个维吾尔文、哈萨克文、柯尔克孜文名义字符、变形显现字符和共用符号的字型按照 GB 13000 规定的次序排列。

5 标准数据的管理

为加强对信息交换用产品用维吾尔文、哈萨克文、柯尔克孜文字型与字模标准数据的管理，保证本部分在贯彻执行中数据的一致性和正确性，有关字型数据的授权转让使用事宜，字型标准数据的维护、更新及修订工作，统一由归口单位负责。

6 点阵字型的表示方法

6.1 栅格

栅格由若干条等距离的垂直线与水平线相交叉而形成。

本部分规定的是32点阵字型，其栅格是横向32格，纵向32格。每个方格的中心定为点的中心位置。

栅格仅对构成点阵的各点进行定位，32点阵栅格图如图1所示。

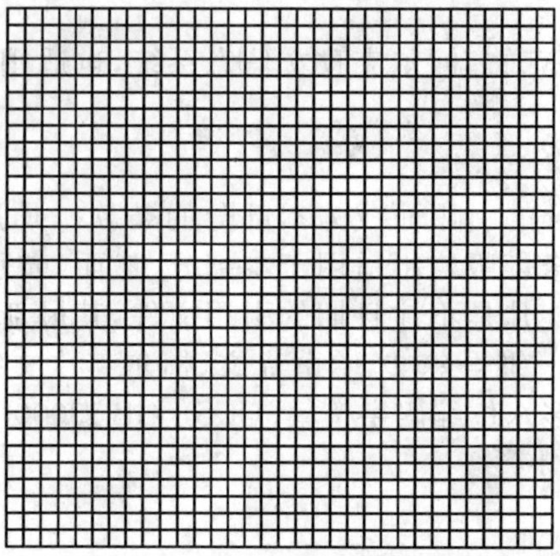

图1 32点阵栅格图

6.2 点

点是构成点阵字型的最小单位，以圆形表示，它是位于各方格内的黑色区域。

6.3 点阵字样

维吾尔文、哈萨克文、柯尔克孜文图形字符点阵字型的字样，由置于栅格内的若干个点的集合来表示。维吾尔文、哈萨克文、柯尔克孜文字符“ئ”的32点阵字样如图2所示。

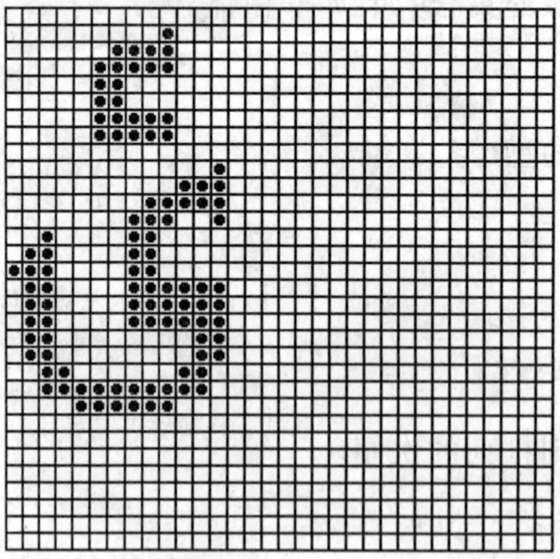

图2 字符“ئ”的32点阵字样

6.4 字型宽度信息

维吾尔文、哈萨克文、柯尔克孜文是不等宽字体，每个字符都有各自特定的宽度，其宽度由字型宽度信息表来表示，见附录B。

7 点阵字型

7.1 字型数据

维吾尔文、哈萨克文、柯尔克孜文32点阵字型数据的表示，见附录C。

7.2 点阵字型表

本部分提供的 GB 21669—2008 中 190 个维吾尔文、哈萨克文、柯尔克孜文图形字符的 32 点阵库非白体字型见表 1。

表 1 维吾尔文、哈萨克文、柯尔克孜文字型表

060C	061B	061F	0626	0627	0628	062A	062C	062D	062E	062F	0631	0632	0633	0634	0639
،	؛	؟	ئ	ا	ب	ت	ج	ح	خ	د	ر	ز	س	ش	ع
063A	0640	0641	0642	0643	0644	0645	0646	0648	0649	064A	066A	0674	0675	0676	0677
غ	ـ	ف	ق	ك	ل	م	ن	و	ى	ي	٪	ٴ	ٵ	ٶ	ٷ
0678	067E	0686	0698	06AD	06AF	06BE	06C5	06C6	06C7	06C8	06C9	06CB	06D0	06D5	FB56
ٸ	پ	چ	ژ	ڭ	گ	ھ	ۅ	ۆ	ۇ	ۈ	ۉ	ۋ	ې	ە	ﭖ
FB57	FB58	FB59	FB7A	FB7B	FB7C	FB7D	FB8A	FB8B	FB92	FB93	FB94	FB95	FBAA	FBAB	FBAC
ﭗ	ﭘ	ﭙ	ﭺ	ﭻ	ﭼ	ﭽ	ﮊ	ﮋ	ﮒ	ﮓ	ﮔ	ﮕ	ﮪ	ﮫ	ﮬ
FBAD	FBD3	FBD4	FBD5	FBD6	FBD7	FBD8	FBD9	FBDA	FBDB	FBDC	FBDD	FBDE	FBDF	FBE0	FBE1
ﮭ	ﯓ	ﯔ	ﯕ	ﯖ	ﯗ	ﯘ	ﯙ	ﯚ	ﯛ	ﯜ	ﯝ	ﯞ	ﯟ	ﯠ	ﯡ
FBE2	FBE3	FBE4	FBE5	FBE6	FBE7	FBE8	FBE9	FBEA	FBEB	FBEC	FBED	FBEE	FBEF	FBF0	FBF1
ﯢ	ﯣ	ﯤ	ﯥ	ﯦ	ﯧ	ﯨ	ﯩ	ﯪ	ﯫ	ﯬ	ﯭ	ﯮ	ﯯ	ﯰ	ﯱ
FBF2	FBF3	FBF4	FBF5	FBF6	FBF7	FBF8	FBF9	FBFA	FBFB	FE89	FE8A	FE8B	FE8C	FE8D	FE8E
ﯲ	ﯳ	ﯴ	ﯵ	ﯶ	ﯷ	ﯸ	ﯹ	ﯺ	ﯻ	ﺉ	ﺊ	ﺋ	ﺌ	ﺍ	ﺎ
FE8F	FE90	FE91	FE92	FE95	FE96	FE97	FE98	FE9D	FE9E	FE9F	FEA0	FEA1	FEA2	FEA3	FEA4
ﺏ	ﺐ	ﺑ	ﺒ	ﺕ	ﺖ	ﺗ	ﺘ	ﺝ	ﺞ	ﺟ	ﺠ	ﺡ	ﺢ	ﺣ	ﺤ
FEA5	FEA6	FEA7	FEA8	FEA9	FEAA	FEAD	FEAE	FEAF	FEB0	FEB1	FEB2	FEB3	FEB4	FEB5	FEB6
ﺥ	ﺦ	ﺧ	ﺨ	ﺩ	ﺪ	ﺭ	ﺮ	ﺯ	ﺰ	ﺱ	ﺲ	ﺳ	ﺴ	ﺵ	ﺶ
FEB7	FEB8	FEC9	FECA	FECB	FECC	FECD	FECE	FECF	FED0	FED1	FED2	FED3	FED4	FED5	FED6
ﺷ	ﺸ	ﻉ	ﻊ	ﻋ	ﻌ	ﻍ	ﻎ	ﻏ	ﻐ	ﻑ	ﻒ	ﻓ	ﻔ	ﻕ	ﻖ
FED7	FED8	FED9	FEDA	FEDB	FEDC	FEDD	FEDE	FEDF	FEE0	FEE1	FEE2	FEE3	FEE4	FEE5	FEE6
ﻗ	ﻘ	ﻙ	ﻚ	ﻛ	ﻜ	ﻝ	ﻞ	ﻟ	ﻠ	ﻡ	ﻢ	ﻣ	ﻤ	ﻥ	ﻦ
FEE7	FEE8	FEE9	FEEA	FEED	FEEE	FEEF	FEF0	FEF1	FEF2	FEF3	FEF4	FEFB	FEFC		
ﻧ	ﻨ	ﻩ	ﻪ	ﻭ	ﻮ	ﻯ	ﻰ	ﻱ	ﻲ	ﻳ	ﻴ	ﻻ	ﻼ		

附 录 A
（资料性附录）
库 非 白 体

库非白体是维吾尔文、哈萨克文、柯尔克孜文中属于美术字类型的字体，是民族书法的一种，属拼音文字类型，书写行款自右至左，所有字符均呈各自不同的宽度。“库非”原是幼发拉底河畔的一座古城名，因这里的人们最先使用了这种字体，故得名为“库非体”。近代书法家们在古代库非体的基础上经过反复修改完善，形成了现行的库非印刷体。库非白体笔画深厚，字母有棱有角，点为圆型，字形古怪。

附 录 B
（资料性附录）
字型宽度信息表

维吾尔文、哈萨克文、柯尔克孜文是不等宽字体，其每个字符都有各自特定的宽度，字型宽度信息表定义了本部分中190个点阵图形字符的有效宽度，参见表B.1。

表B.1 字型宽度信息表

代码	字宽	代码	字宽	代码	字宽	代码	字宽	代码	字宽	代码	字宽
060C	4	0678	17	FBAD	12	FBF2	16	FEA5	14	FED7	8
061B	4	067E	15	FBD3	16	FBF3	16	FEA6	16	FED8	9
061F	9	0686	14	FBD4	18	FBF4	16	FEA7	13	FED9	16
0626	13	0698	7	FBD5	16	FBF5	16	FEA8	15	FEDA	18
0627	3	06AD	16	FBD6	18	FBF6	19	FEA9	9	FEDB	16
0628	15	06AF	24	FBD7	7	FBF7	20	FEAA	11	FEDC	18
062A	15	06BE	14	FBD8	9	FBF8	15	FEAD	5	FEDD	13
062C	14	06C5	7	FBD9	7	FBF9	19	FEAE	7	FEDE	15
062D	14	06C6	7	FBDA	9	FBFA	20	FEAF	5	FEDF	6
062E	14	06C7	7	FBDB	7	FBFB	15	FEB0	7	FEE0	8
062F	9	06C8	7	FBDC	9	FE89	13	FEB1	21	FEE1	11
0631	5	06C9	7	FBDD	12	FE8A	14	FEB2	23	FEE2	13
0632	5	06CB	8	FBDE	8	FE8B	6	FEB3	14	FEE3	8
0633	21	06D0	13	FBDF	9	FE8C	7	FEB4	16	FEE4	10
0634	21	06D5	7	FBE0	7	FE8D	3	FEB5	21	FEE5	13
0639	10	FB56	15	FBE1	9	FE8E	6	FEB6	23	FEE6	15
063A	10	FB57	17	FBE2	7	FE8F	15	FEB7	14	FEE7	6
0640	14	FB58	7	FBE3	9	FE90	17	FEB8	16	FEE8	7
0641	14	FB59	11	FBE4	13	FE91	6	FEC9	10	FEE9	7
0642	14	FB7A	14	FBE5	15	FE92	7	FECA	10	FEEA	9
0643	16	FB7B	16	FBE6	6	FE95	15	FECB	8	FEED	7
0644	13	FB7C	13	FBE7	7	FE96	17	FECC	10	FEEE	9
0645	11	FB7D	15	FBE8	6	FE97	8	FECD	10	FEEF	13
0646	13	FB8A	7	FBE9	7	FE98	7	FECE	10	FEF0	14
0648	7	FB8B	7	FBEA	12	FE9D	14	FECF	8	FEF1	13
0649	13	FB92	24	FBEB	13	FE9E	16	FED0	10	FEF2	14
064A	13	FB93	26	FBEC	16	FE9F	13	FED1	14	FEF3	6
066A	15	FB94	21	FBED	17	FEA0	15	FED2	16	FEF4	8
0674	5	FB95	23	FBEE	16	FEA1	14	FED3	7	FEFB	9
0675	11	FBAA	14	FBEF	16	FEA2	16	FED4	9	FEFC	11
0676	11	FBAB	14	FBF0	16	FEA3	13	FED5	14		
0677	12	FBAC	12	FBF1	16	FEA4	15	FED6	16		

附 录 C
（规范性附录）
32 点阵字型数据

C.1 32 点阵字型数据的表示

本部分中，图形字符的字型可由点阵数据来表示。每个字型的点阵数据为 32×32(横行点数×纵列点数)，共 1 024 个二进制位，128 个字节。

C.2 32 点阵字型数据的记录格式

32 点阵字型数据的 128 个字节排列次序是以 0 字节开始至 127 字节结束，均用十六进制表示，每行四字节，记录格式如下：

<table>
<tr><th rowspan="2">行数</th><th colspan="17">列 数</th></tr>
<tr><th>0</th><th>1</th><th>2</th><th>3</th><th>4</th><th>5</th><th>6</th><th>7</th><th>……</th><th>24</th><th>25</th><th>26</th><th>27</th><th>28</th><th>29</th><th>30</th><th>31</th></tr>
<tr><td>0</td><td colspan="8">0 字节</td><td>……</td><td colspan="8">3 字节</td></tr>
<tr><td>1
2
3
4
⋮
30</td><td colspan="8"></td><td></td><td colspan="8"></td></tr>
<tr><td>31</td><td colspan="8">124 字节</td><td>……</td><td colspan="8">127 字节</td></tr>
</table>

C.3 32 点阵字型数据举例

0626 FEB6 FEDA FEFC

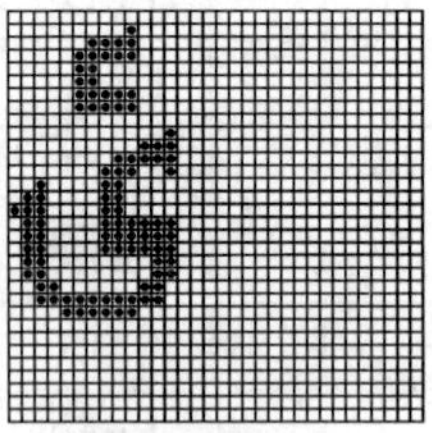
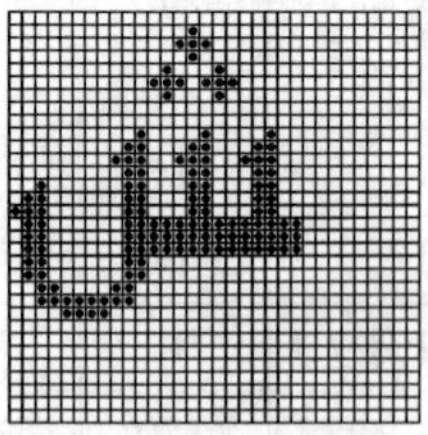
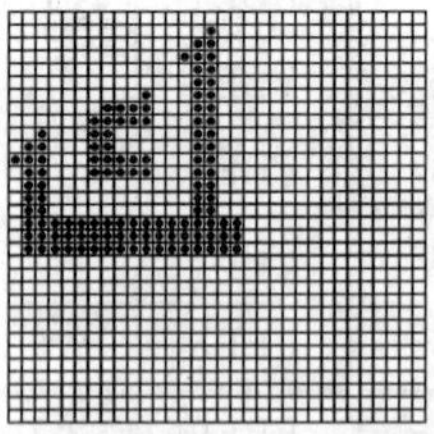
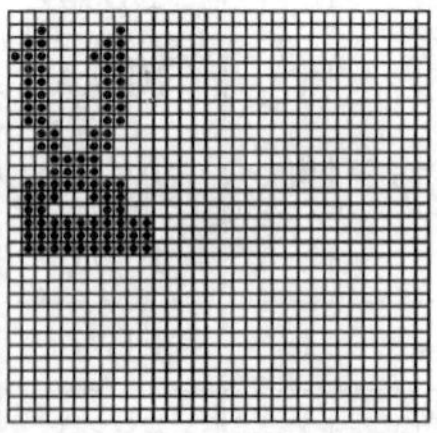

0626	FEB6	FEDA	FEFC
00 00 00 00	00 00 00 00	00 00 00 00	00 00 00 00
00 40 00 00	00 02 00 00	00 01 00 00	20 80 00 00
03 C0 00 00	00 07 00 00	00 03 00 00	61 80 00 00
07 C0 00 00	00 02 00 00	00 07 00 00	E3 80 00 00
06 00 00 00	00 08 80 00	00 03 00 00	61 80 00 00
06 00 00 00	00 1D C0 00	00 03 00 00	61 80 00 00
07 C0 00 00	00 08 80 00	00 23 00 00	61 80 00 00
07 C0 00 00	00 00 00 00	01 E3 00 00	61 80 00 00
00 00 00 00	00 00 00 00	03 E3 00 00	61 80 00 00

00 08 00 00	00 21 08 00	23 03 00 00	33 00 00 00
00 38 00 00	00 63 18 00	63 03 00 00	33 00 00 00
00 F8 00 00	00 E7 38 00	E3 E3 00 00	1E 00 00 00
01 C8 00 00	00 63 18 00	63 E3 00 00	1E 00 00 00
21 80 00 00	20 63 18 00	60 03 00 00	7F 80 00 00
61 80 00 00	60 63 18 00	60 03 00 00	73 80 00 00
E1 80 00 00	E0 63 18 00	60 03 00 00	61 80 00 00
61 F8 00 00	60 7F FE 00	7F FF C0 00	7F E0 00 00
61 F8 00 00	60 7F FE 00	7F FF C0 00	7F E0 00 00
61 F8 00 00	60 7F FE 00	7F FF C0 00	7F E0 00 00
60 18 00 00	60 60 00 00	00 00 00 00	00 00 00 00
60 18 00 00	60 60 00 00	00 00 00 00	00 00 00 00
30 30 00 00	30 C0 00 00	00 00 00 00	00 00 00 00
3F F0 00 00	3F C0 00 00	00 00 00 00	00 00 00 00
0F C0 00 00	0F 00 00 00	00 00 00 00	00 00 00 00
00 00 00 00	00 00 00 00	00 00 00 00	00 00 00 00
00 00 00 00	00 00 00 00	00 00 00 00	00 00 00 00
00 00 00 00	00 00 00 00	00 00 00 00	00 00 00 00
00 00 00 00	00 00 00 00	00 00 00 00	00 00 00 00
00 00 00 00	00 00 00 00	00 00 00 00	00 00 00 00
00 00 00 00	00 00 00 00	00 00 00 00	00 00 00 00
00 00 00 00	00 00 00 00	00 00 00 00	00 00 00 00
00 00 00 00	00 00 00 00	00 00 00 00	00 00 00 00

ICS 35.040
L 71

中华人民共和国国家标准

GB 25892.4—2010

信息技术　维吾尔文、哈萨克文、柯尔克孜文编码字符集 32点阵字型　第4部分：库菲黑体

Information technology—Uyghur, Kazak, Kirgiz coded character set—32 dot matrix font—Part 4: Kufi bold

2011-01-10 发布　　2011-11-01 实施

中华人民共和国国家质量监督检验检疫总局
中国国家标准化管理委员会　发布

前　言

本部分的全部技术内容为强制性。

GB 25892《信息技术　维吾尔文、哈萨克文、柯尔克孜文编码字符集　32点阵字型》分为如下部分：

——第1部分：正文白体；

——第2部分：正文黑体；

——第3部分：库非白体；

——第4部分：库非黑体；

——第5部分：如克白体；

——第6部分：如克黑体；

——第7部分：塔里克白体；

——第8部分：塔里克黑体；

……

本部分是GB 25892的第4部分。

本部分依据GB 21669—2008《信息技术　维吾尔文、哈萨克文、柯尔克孜文编码字符集》所规定的维吾尔文、哈萨克文、柯尔克孜文名义字符、变形显现字符和共用符号，以我国现行规范的维吾尔文、哈萨克文、柯尔克孜文字形为基础，并依据现行规范维吾尔文、哈萨克文、柯尔克孜文的正字法原则，设计和规定了信息系统用维吾尔文、哈萨克文、柯尔克孜文32点阵库非黑体(参见附录A)字型。

本部分的附录A和附录B是资料性附录，附录C是规范性附录。

本部分由全国信息技术标准化技术委员会(SAC/TC 28)提出并归口。

本部分起草单位：中国电子技术标准化研究所、新疆维吾尔自治区民族语言文字工作委员会、潍坊北大青鸟华光照排有限公司、新疆维吾尔自治区信息产业厅。

本部分起草人：代红、买买提艾力、高峡、亚森·伊明、熊涛、佟加·庆夫、吕建春、范晓民、冯海霞、王利。

引　言

有关字型数据的授权转让使用事宜，字型标准数据的维护、更新及修订工作，统一由归口单位负责。

地　址：北京市东城区安定门东大街1号（北京市1101信箱）
邮　编：100007
电　话：64007689　84029173
传　真：64007681
E-mail：daihong@cesi.ac.cn

信息技术　维吾尔文、哈萨克文、柯尔克孜文编码字符集 32 点阵字型　第 4 部分：库非黑体

1　范围

GB 25892 的本部分规定了 GB 21669—2008 中维吾尔文、哈萨克文、柯尔克孜文字符的 32 点阵库非黑体字型。

本部分适用于维吾尔文、哈萨克文、柯尔克孜文信息系统，也适用于其他有关设备。

2　规范性引用文件

下列文件中的条款通过本部分的引用而成为本部分的条款。凡是注日期的引用文件，其随后所有的修改单(不包括勘误的内容)或修订版均不适用于本部分，然而，鼓励根据本部分达成协议的各方研究是否可使用这些文件的最新版本。凡是不注日期的引用文件，其最新版本适用于本部分。

GB 21669—2008　信息技术　维吾尔文、哈萨克文、柯尔克孜文编码字符集

GB 13000　信息技术　通用多八位编码字符集(UCS)(GB 13000—2010，ISO/IEC 10646：2003，IDT)

3　术语和定义

下列术语和定义适用于本部分。

3.1

字形　glyph

一种可辨认的抽象的图形符号，它不依赖于任何特定的设计。

3.2

字型　font

具有同一基本设计的字形图像的集合，如：库非黑体。

3.3

点阵字型　dot matrix font

以点的集合来表现图形字符的型(形)。

3.4

字型宽度　font width

点阵图形字符的有效宽度。

3.5

字序　character order

图形字符在集合中按一定规则排列的次序。

4　图形字符

4.1　字符数

本部分根据 GB 21669—2008 的规定，提供了维吾尔文、哈萨克文、柯尔克孜文图形字符 190 个，其中：

维吾尔文、哈萨克文、柯尔克孜文名义字符 42 个；

维吾尔文、哈萨克文、柯尔克孜文变形显现字符 143 个；

维吾尔文、哈萨克文、柯尔克孜文共用数字、标点符号、特殊符号 5 个。

4.2　字符字序

本部分提供的 190 个维吾尔文、哈萨克文、柯尔克孜文名义字符、变形显现字符和共用符号的字型按照 GB 13000 规定的次序排列。

5 标准数据的管理

为加强对信息交换用产品用维吾尔文、哈萨克文、柯尔克孜文字型与字模标准数据的管理，保证本部分在贯彻执行中数据的一致性和正确性，有关字型数据的授权转让使用事宜，字型标准数据的维护、更新及修订工作，统一由归口单位负责。

6 点阵字型的表示方法

6.1 栅格

栅格由若干条等距离的垂直线与水平线相交叉而形成。

本部分规定的是 32 点阵字型，其栅格是横向 32 格，纵向 32 格。每个方格的中心定为点的中心位置。

栅格仅对构成点阵的各点进行定位，32 点阵栅格图如图 1 所示。

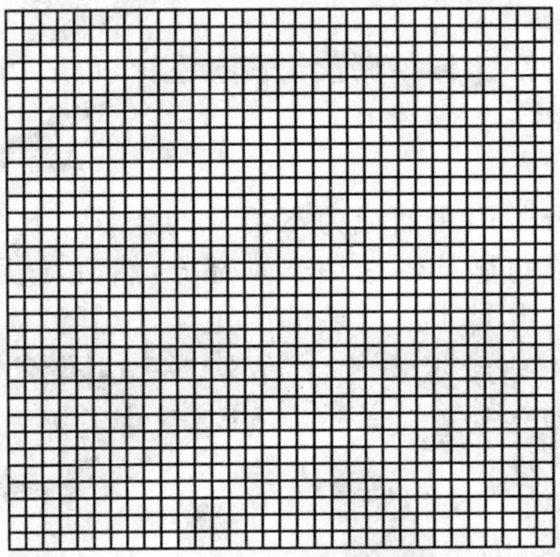

图 1 32 点阵栅格图

6.2 点

点是构成点阵字型的最小单位，以圆形表示，它是位于各方格内的黑色区域。

6.3 点阵字样

维吾尔文、哈萨克文、柯尔克孜文图形字符点阵字型的字样，由置于栅格内的若干个点的集合来表示。维吾尔文、哈萨克文、柯尔克孜文“ك”的 32 点阵字样如图 2 所示。

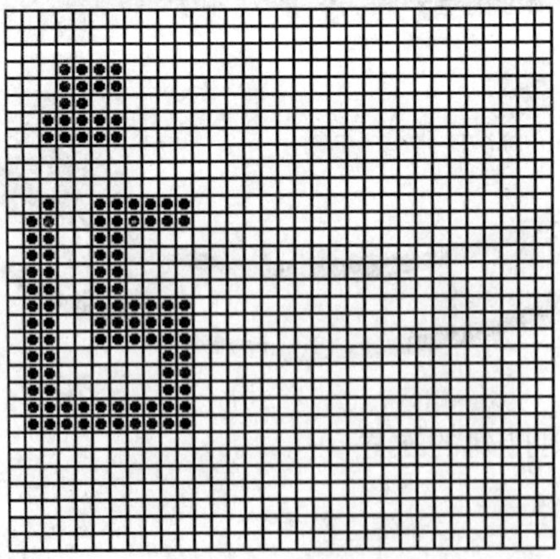

图 2 32 点阵字母“ك”的字样

6.4 字型宽度信息

维吾尔文、哈萨克文、柯尔克孜文是不等宽字体，每个字符都有各自特定的宽度，其宽度由字型宽度信息表来表示，见附录 B。

7 点阵字型

7.1 字型数据

维吾尔文、哈萨克文、柯尔克孜文 32 点阵字型数据的表示，见附录 C。

7.2 点阵字型表

本部分提供的 GB 21669—2008 中 190 个维吾尔文、哈萨克文、柯尔克孜文图形字符的 32 点阵库非黑体字型见表 1。

表 1 维吾尔文、哈萨克文、柯尔克孜文字型表

060C ،	061B ؛	061F ؟	0626 ئ	0627 ا	0628 ب	062A ت	062C ج	062D ح	062E خ	062F د	0631 ر	0632 ز	0633 س	0634 ش	0639 ع
063A غ	0640 ـ	0641 ف	0642 ق	0643 ك	0644 ل	0645 م	0646 ن	0648 و	0649 ى	064A ي	066A ٪	0674 ٴ	0675 ٵ	0676 ٶ	0677 ٷ
0678 ٸ	067E پ	0686 چ	0698 ژ	06AD ڭ	06AF گ	06BE ھ	06C5 ۅ	06C6 ۆ	06C7 ۇ	06C8 ۈ	06C9 ۉ	06CB ۋ	06D0 ې	06D5 ە	FB56 ﭖ
FB57 ﭗ	FB58 ﭘ	FB59 ﭙ	FB7A ﭺ	FB7B ﭻ	FB7C ﭼ	FB7D ﭽ	FB8A ﮊ	FB8B ﮋ	FB92 ﮒ	FB93 ﮓ	FB94 ﮔ	FB95 ﮕ	FBAA ﮪ	FBAB ﮫ	FBAC ﮬ
FBAD ﮭ	FBD3 ﯓ	FBD4 ﯔ	FBD5 ﯕ	FBD6 ﯖ	FBD7 ﯗ	FBD8 ﯘ	FBD9 ﯙ	FBDA ﯚ	FBDB ﯛ	FBDC ﯜ	FBDD ﯝ	FBDE ﯞ	FBDF ﯟ	FBE0 ﯠ	FBE1 ﯡ
FBE2 ﯢ	FBE3 ﯣ	FBE4 ﯤ	FBE5 ﯥ	FBE6 ﯦ	FBE7 ﯧ	FBE8 ﯨ	FBE9 ﯩ	FBEA ﯪ	FBEB ﯫ	FBEC ﯬ	FBED ﯭ	FBEE ﯮ	FBEF ﯯ	FBF0 ﯰ	FBF1 ﯱ
FBF2 ﯲ	FBF3 ﯳ	FBF4 ﯴ	FBF5 ﯵ	FBF6 ﯶ	FBF7 ﯷ	FBF8 ﯸ	FBF9 ﯹ	FBFA ﯺ	FBFB ﯻ	FE89 ﺉ	FE8A ﺊ	FE8B ﺋ	FE8C ﺌ	FE8D ﺍ	FE8E ﺎ
FE8F ﺏ	FE90 ﺐ	FE91 ﺑ	FE92 ﺒ	FE95 ﺕ	FE96 ﺖ	FE97 ﺗ	FE98 ﺘ	FE9D ﺝ	FE9E ﺞ	FE9F ﺟ	FEA0 ﺠ	FEA1 ﺡ	FEA2 ﺢ	FEA3 ﺣ	FEA4 ﺤ
FEA5 ﺥ	FEA6 ﺦ	FEA7 ﺧ	FEA8 ﺨ	FEA9 ﺩ	FEAA ﺪ	FEAD ﺭ	FEAE ﺮ	FEAF ﺯ	FEB0 ﺰ	FEB1 ﺱ	FEB2 ﺲ	FEB3 ﺳ	FEB4 ﺴ	FEB5 ﺵ	FEB6 ﺶ
FEB7 ﺷ	FEB8 ﺸ	FEC9 ﻉ	FECA ﻊ	FECB ﻋ	FECC ﻌ	FECD ﻍ	FECE ﻎ	FECF ﻏ	FED0 ﻐ	FED1 ﻑ	FED2 ﻒ	FED3 ﻓ	FED4 ﻔ	FED5 ﻕ	FED6 ﻖ
FED7 ﻗ	FED8 ﻘ	FED9 ﻙ	FEDA ﻚ	FEDB ﻛ	FEDC ﻜ	FEDD ﻝ	FEDE ﻞ	FEDF ﻟ	FEE0 ﻠ	FEE1 ﻡ	FEE2 ﻢ	FEE3 ﻣ	FEE4 ﻤ	FEE5 ﻥ	FEE6 ﻦ
FEE7 ﻧ	FEE8 ﻨ	FEE9 ﻩ	FEEA ﻪ	FEED ﻭ	FEEE ﻮ	FEEF ﻯ	FEF0 ﻰ	FEF1 ﻱ	FEF2 ﻲ	FEF3 ﻳ	FEF4 ﻴ	FEFB ﻻ	FEFC ﻼ		

附 录 A
（资料性附录）
库 非 黑 体

库非黑体是维吾尔文、哈萨克文、柯尔克孜文中属于美术字类型的字体，是民族书法的一种，属拼音文字类型，书写行款自右至左，所有字符均呈各自不同的宽度。“库非”（KUFI）原是幼发拉底河畔的一座古城名，因这里的人们最先使用了这种字体，故得名为“库非体”。近代书法家们在古代库非体的基础上经过反复修改完善，形成了现行的库非体的印刷体。库非黑体主要用于文章标题、编者按等，与白体的风格一致，只是笔画的粗细、文字线条上的轻重有所不同。

附　录　B
（资料性附录）
字型宽度信息表

维吾尔文、哈萨克文、柯尔克孜文是不等宽字体，其每个字符都有各自特定的宽度，字型宽度信息表定义了本部分中190个点阵图形字符的有效宽度，参见表B.1。

表 B.1　字型宽度信息表

代码	字宽	代码	字宽	代码	字宽	代码	字宽	代码	字宽	代码	字宽
060C	3	0678	16	FBAD	11	FBF2	15	FEA5	10	FED7	9
061B	3	067E	13	FBD3	15	FBF3	17	FEA6	12	FED8	11
061F	5	0686	10	FBD4	17	FBF4	15	FEA7	9	FED9	15
0626	11	0698	8	FBD5	11	FBF5	17	FEA8	11	FEDA	17
0627	3	06AD	14	FBD6	13	FBF6	16	FEA9	10	FEDB	11
0628	14	06AF	14	FBD7	8	FBF7	18	FEAA	12	FEDC	13
062A	14	06BE	12	FBD8	10	FBF8	15	FEAD	6	FEDD	9
062C	10	06C5	8	FBD9	8	FBF9	16	FEAE	8	FEDE	11
062D	10	06C6	8	FBDA	10	FBFA	18	FEAF	6	FEDF	4
062E	10	06C7	8	FBDB	8	FBFB	15	FEB0	8	FEE0	6
062F	10	06C8	8	FBDC	10	FE89	11	FEB1	19	FEE1	9
0631	6	06C9	8	FBDD	13	FE8A	11	FEB2	20	FEE2	11
0632	6	06CB	8	FBDE	8	FE8B	6	FEB3	14	FEE3	9
0633	19	06D0	11	FBDF	10	FE8C	6	FEB4	16	FEE4	11
0634	19	06D5	8	FBE0	8	FE8D	3	FEB5	19	FEE5	9
0639	9	FB56	14	FBE1	10	FE8E	5	FEB6	20	FEE6	11
063A	9	FB57	16	FBE2	8	FE8F	14	FEB7	14	FEE7	5
0640	13	FB58	8	FBE3	10	FE90	16	FEB8	16	FEE8	7
0641	15	FB59	6	FBE4	11	FE91	5	FEC9	9	FEE9	8
0642	12	FB7A	10	FBE5	12	FE92	6	FECA	10	FEEA	10
0643	15	FB7B	12	FBE6	5	FE95	13	FECB	8	FEED	8
0644	9	FB7C	9	FBE7	6	FE96	15	FECC	10	FEEE	10
0645	9	FB7D	11	FBE8	5	FE97	8	FECD	9	FEEF	11
0646	9	FB8A	8	FBE9	6	FE98	6	FECE	10	FEF0	12
0648	8	FB8B	8	FBEA	11	FE9D	10	FECF	8	FEF1	11
0649	11	FB92	14	FBEB	12	FE9E	12	FED0	10	FEF2	12
064A	11	FB93	16	FBEC	15	FE9F	9	FED1	14	FEF3	6
066A	14	FB94	11	FBED	17	FEA0	11	FED2	16	FEF4	7
0674	5	FB95	13	FBEE	15	FEA1	10	FED3	9	FEFB	9
0675	10	FBAA	12	FBEF	17	FEA2	12	FED4	10	FEFC	11
0676	13	FBAB	14	FBF0	15	FEA3	10	FED5	12		
0677	13	FBAC	12	FBF1	17	FEA4	12	FED6	14		

附 录 C
（规范性附录）
32 点阵字型数据

C.1 32 点阵字型数据的表示

本部分中，图形字符的字型可由点阵数据来表示。每个字型的点阵数据为 32×32（横行点数×纵列点数），共 1 024 个二进制位，128 个字节。

C.2 32 点阵字型数据的记录格式

32 点阵字型数据的 128 个字节排列次序是以 0 字节开始至 127 字节结束，均用十六进制表示，每行四个字节，记录格式如下：

<table>
<tr><td rowspan="2">行数</td><td colspan="17">列　数</td></tr>
<tr><td>0</td><td>1</td><td>2</td><td>3</td><td>4</td><td>5</td><td>6</td><td>7</td><td>……</td><td>24</td><td>25</td><td>26</td><td>27</td><td>28</td><td>29</td><td>30</td><td>31</td></tr>
<tr><td>0</td><td colspan="8">0 字节</td><td>……</td><td colspan="8">3 字节</td></tr>
<tr><td>1
2
3
4
⋮
30</td><td colspan="8"></td><td></td><td colspan="8"></td></tr>
<tr><td>31</td><td colspan="8">124 字节</td><td>……</td><td colspan="8">127 字节</td></tr>
</table>

C.3 32 点阵字型数据举例

0626

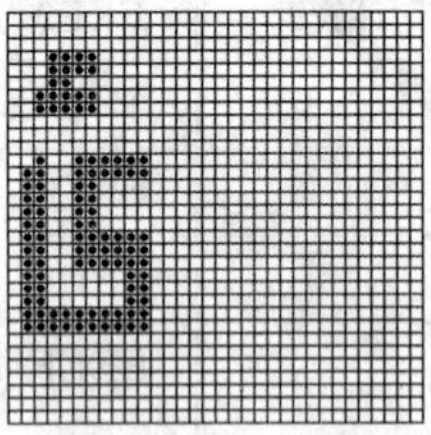

FEB6

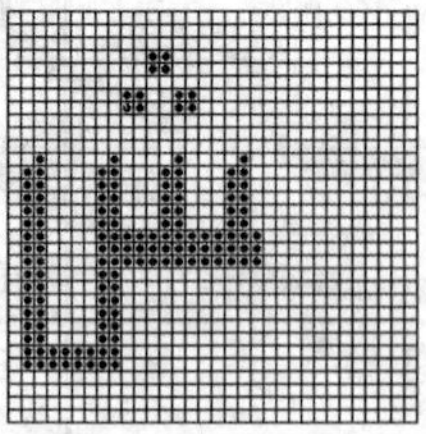

FEDA

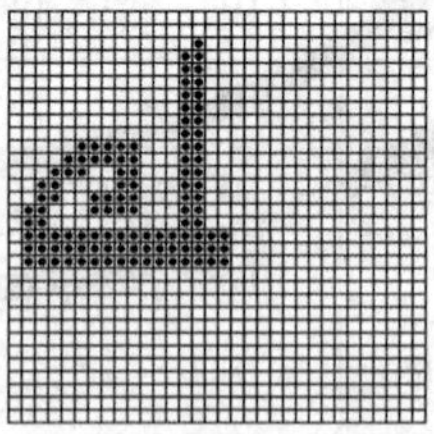

FEFC

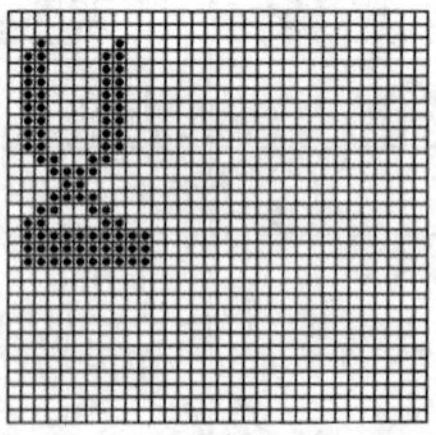

0626	FEB6	FEDA	FEFC
00 00 00 00	00 00 00 00	00 00 00 00	00 00 00 00
00 00 00 00	00 00 00 00	00 00 00 00	00 00 00 00
00 00 00 00	00 00 00 00	00 02 00 00	20 80 00 00
1E 00 00 00	00 18 00 00	00 06 00 00	61 80 00 00
1E 00 00 00	00 18 00 00	00 06 00 00	61 80 00 00
18 00 00 00	00 00 00 00	00 06 00 00	61 80 00 00
3E 00 00 00	00 66 00 00	00 06 00 00	61 80 00 00
3E 00 00 00	00 66 00 00	00 06 00 00	61 80 00 00
00 00 00 00	00 00 00 00	00 06 00 00	61 80 00 00

00 00 00 00
00 00 00 00
27 E0 00 00
67 E0 00 00
66 00 00 00
66 00 00 00
66 00 00 00
66 00 00 00
67 E0 00 00
67 E0 00 00
67 E0 00 00
60 60 00 00
60 60 00 00
60 60 00 00
7F E0 00 00
7F E0 00 00
00 00 00 00
00 00 00 00
00 00 00 00
00 00 00 00
00 00 00 00
00 00 00 00
00 00 00 00

00 00 00 00
00 00 00 00
20 84 20 00
61 8C 60 00
61 8C 60 00
61 8C 60 00
61 8C 60 00
61 8C 60 00
61 FF F0 00
61 FF F0 00
61 FF F0 00
61 80 00 00
61 80 00 00
61 80 00 00
61 80 00 00
61 80 00 00
61 80 00 00
7F 80 00 00
7F 80 00 00
00 00 00 00
00 00 00 00
00 00 00 00
00 00 00 00

00 06 00 00
07 C6 00 00
0F C6 00 00
1C C6 00 00
30 C6 00 00
33 C6 00 00
63 C6 00 00
60 06 00 00
7F FF 80 00
7F FF 80 00
7F FF 80 00
00 00 00 00
00 00 00 00
00 00 00 00
00 00 00 00
00 00 00 00
00 00 00 00
00 00 00 00
00 00 00 00
00 00 00 00
00 00 00 00
00 00 00 00
00 00 00 00

61 80 00 00
61 80 00 00
33 00 00 00
1E 00 00 00
0C 00 00 00
1E 00 00 00
33 00 00 00
61 80 00 00
7F E0 00 00
7F E0 00 00
7F E0 00 00
00 00 00 00
00 00 00 00
00 00 00 00
00 00 00 00
00 00 00 00
00 00 00 00
00 00 00 00
00 00 00 00
00 00 00 00
00 00 00 00
00 00 00 00
00 00 00 00

ICS 35.040
L 71

中华人民共和国国家标准

GB 25892.5—2010

信息技术　维吾尔文、哈萨克文、柯尔克孜文编码字符集 32 点阵字型　第 5 部分：如克白体

Information technology—Uyghur, Kazak, Kirgiz coded character set—32 dot matrix font—Part 5: Ruki lean

2011-01-10 发布　　2011-11-01 实施

中华人民共和国国家质量监督检验检疫总局
中国国家标准化管理委员会　发布

前　言

本部分的全部技术内容为强制性。

GB 25892《信息技术　维吾尔文、哈萨克文、柯尔克孜文编码字符集　32点阵字型》分为如下部分：

——第1部分：正文白体；

——第2部分：正文黑体；

——第3部分：库非白体；

——第4部分：库非黑体；

——第5部分：如克白体；

——第6部分：如克黑体；

——第7部分：塔里克白体；

——第8部分：塔里克黑体；

……

本部分是GB 25892的第5部分。

本部分依据GB 21669—2008《信息技术　维吾尔文、哈萨克文、柯尔克孜文编码字符集》所规定的维吾尔文、哈萨克文、柯尔克孜文名义字符、变形显现字符和共用符号，以我国现行规范的维吾尔文、哈萨克文、柯尔克孜文字形为基础，并依据现行规范维吾尔文、哈萨克文、柯尔克孜文的正字法原则，设计和规定了信息系统用维吾尔文、哈萨克文、柯尔克孜文32点阵如克白体（参见附录A）字型。

本部分的附录A和附录B是资料性附录，附录C是规范性附录。

本部分由全国信息技术标准化技术委员会（SAC/TC 28）提出并归口。

本部分起草单位：中国电子技术标准化研究所、新疆维吾尔自治区民族语言文字工作委员会、潍坊北大青鸟华光照排有限公司、新疆维吾尔自治区信息产业厅。

本部分起草人：买买提艾力、代红、亚森·伊明、熊涛、吕建春、佟加·庆夫、高峡、张德新、符玉、王利。

引　　言

有关字型数据的授权转让使用事宜，字型标准数据的维护、更新及修订工作，统一由归口单位负责。

地　址：北京市东城区安定门东大街1号（北京市1101信箱）
邮　编：100007
电　话：64007689　84029173
传　真：64007681
E-mail：daihong@cesi.ac.cn

信息技术 维吾尔文、哈萨克文、柯尔克孜文编码字符集 32点阵字型 第5部分:如克白体

1 范围

GB 25892 的本部分规定了 GB 21669—2008 中维吾尔文、哈萨克文、柯尔克孜文字符的 32 点阵如克白体字型。

本部分适用于维吾尔文、哈萨克文、柯尔克孜文信息系统,也适用于其他有关设备。

2 规范性引用文件

下列文件中的条款通过本部分的引用而成为本部分的条款。凡是注日期的引用文件,其随后所有的修改单(不包括勘误的内容)或修订版均不适用于本部分,然而,鼓励根据本部分达成协议的各方研究是否可使用这些文件的最新版本。凡是不注日期的引用文件,其最新版本适用于本部分。

GB 21669—2008 信息技术 维吾尔文、哈萨克文、柯尔克孜文编码字符集

GB 13000 信息技术 通用多八位编码字符集(UCS)(GB 13000—2010,ISO/IEC 10646:2003,IDT)

3 术语和定义

下列术语和定义适用于本部分。

3.1

字形 glyph

一种可辨认的抽象的图形符号,它不依赖于任何特定的设计。

3.2

字型 font

具有同一基本设计的字形图像的集合,如:如克白体。

3.3

点阵字型 dot matrix font

以点的集合来表现图形字符的型(形)。

3.4

字型宽度 font width

点阵图形字符的有效宽度。

3.5

字序 character order

图形字符在集合中按一定规则排列的次序。

4 图形字符

4.1 字符数

本部分根据 GB 21669—2008 的规定,提供了维吾尔文、哈萨克文、柯尔克孜文图形字符 190 个,其中:

维吾尔文、哈萨克文、柯尔克孜文名义字符 42 个;

维吾尔文、哈萨克文、柯尔克孜文变形显现字符 143 个;

维吾尔文、哈萨克文、柯尔克孜文共用数字、标点符号、特殊符号 5 个。

4.2 字符字序

本部分提供的 190 个维吾尔文、哈萨克文、柯尔克孜文名义字符、变形显现字符和共用符号的字型按照 GB 13000 规定的次序排列。

5 标准数据的管理

为加强对信息交换用产品用维吾尔文、哈萨克文、柯尔克孜文字型与字模标准数据的管理，保证本部分在贯彻执行中数据的一致性和正确性，有关字型数据的授权转让使用事宜，字型标准数据的维护、更新及修订工作，统一由归口单位负责。

6 点阵字型的表示方法

6.1 栅格

栅格由若干条等距离的垂直线与水平线相交叉而形成。

本部分规定的是32点阵字型，其栅格是横向32格，纵向32格。每个方格的中心定为点的中心位置。

栅格仅对构成点阵的各点进行定位，32点阵栅格图如图1所示。

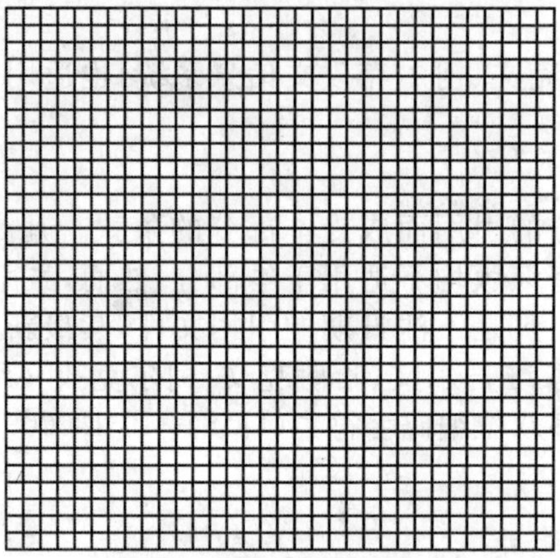

图1　32点阵栅格图

6.2 点

点是构成点阵字型的最小单位，以圆形表示，它是位于各方格内的黑色区域。

6.3 点阵字样

维吾尔文、哈萨克文、柯尔克孜文图形字符点阵字型的字样，由置于栅格内的若干个点的集合来表示。维吾尔文、哈萨克文、柯尔克孜文“ئ”的32点阵字样如图2所示。

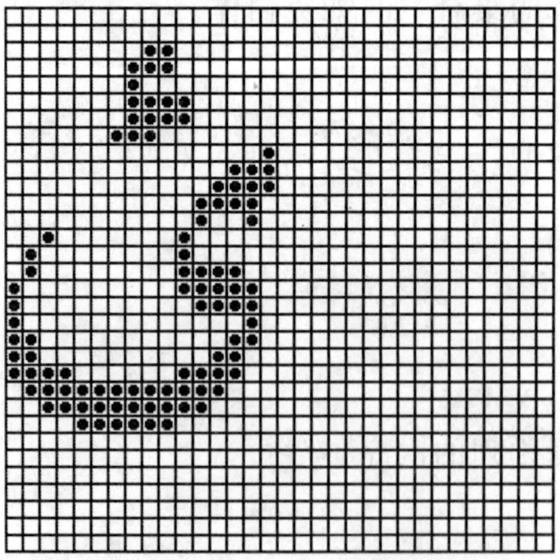

图2　32点阵字母“ئ”的字样

6.4 字型宽度信息

维吾尔文、哈萨克文、柯尔克孜文是不等宽字体，每个字符都有各自特定的宽度，其宽度由字型宽度信息表来表示，见附录B。

7 点阵字型

7.1 字型数据

维吾尔文、哈萨克文、柯尔克孜文32点阵字型数据的表示，见附录C。

7.2 点阵字型表

本部分提供的 GB 21669—2008 中 190 个维吾尔文、哈萨克文、柯尔克孜文图形字符的 32 点阵如克白体字型见表 1。

表 1 维吾尔文、哈萨克文、柯尔克孜文字型表

060C	061B	061F	0626	0627	0628	062A	062C	062D	062E	062F	0631	0632	0633	0634	0639
،	؛	؟	ئ	ا	ب	ت	ج	ح	خ	د	ر	ز	س	ش	ع
063A	0640	0641	0642	0643	0644	0645	0646	0648	0649	064A	066A	0674	0675	0676	0677
غ	ـ	ف	ق	ك	ل	م	ن	و	ى	ي	٪	ٴ	ٵ	ٶ	ٷ
0678	067E	0686	0698	06AD	06AF	06BE	06C5	06C6	06C7	06C8	06C9	06CB	06D0	06D5	FB56
ٸ	پ	چ	ژ	ڭ	گ	ھ	ۅ	ۆ	ۇ	ۈ	ۉ	ۋ	ې	ە	ﭖ
FB57	FB58	FB59	FB7A	FB7B	FB7C	FB7D	FB8A	FB8B	FB92	FB93	FB94	FB95	FBAA	FBAB	FBAC
ﭗ	ﭘ	ﭙ	ﭺ	ﭻ	ﭼ	ﭽ	ﮊ	ﮋ	ﮒ	ﮓ	ﮔ	ﮕ	ﮪ	ﮫ	ﮬ
FBAD	FBD3	FBD4	FBD5	FBD6	FBD7	FBD8	FBD9	FBDA	FBDB	FBDC	FBDD	FBDE	FBDF	FBE0	FBE1
ﮭ	ﯓ	ﯔ	ﯕ	ﯖ	ﯗ	ﯘ	ﯙ	ﯚ	ﯛ	ﯜ	ﯝ	ﯞ	ﯟ	ﯠ	ﯡ
FBE2	FBE3	FBE4	FBE5	FBE6	FBE7	FBE8	FBE9	FBEA	FBEB	FBEC	FBED	FBEE	FBEF	FBF0	FBF1
ﯢ	ﯣ	ﯤ	ﯥ	ﯦ	ﯧ	ﯨ	ﯩ	ﯪ	ﯫ	ﯬ	ﯭ	ﯮ	ﯯ	ﯰ	ﯱ
FBF2	FBF3	FBF4	FBF5	FBF6	FBF7	FBF8	FBF9	FBFA	FBFB	FE89	FE8A	FE8B	FE8C	FE8D	FE8E
ﯲ	ﯳ	ﯴ	ﯵ	ﯶ	ﯷ	ﯸ	ﯹ	ﯺ	ﯻ	ﺉ	ﺊ	ﺋ	ﺌ	ﺍ	ﺎ
FE8F	FE90	FE91	FE92	FE95	FE96	FE97	FE98	FE9D	FE9E	FE9F	FEA0	FEA1	FEA2	FEA3	FEA4
ﺏ	ﺐ	ﺑ	ﺒ	ﺕ	ﺖ	ﺗ	ﺘ	ﺝ	ﺞ	ﺟ	ﺠ	ﺡ	ﺢ	ﺣ	ﺤ
FEA5	FEA6	FEA7	FEA8	FEA9	FEAA	FEAD	FEAE	FEAF	FEB0	FEB1	FEB2	FEB3	FEB4	FEB5	FEB6
ﺥ	ﺦ	ﺧ	ﺨ	ﺩ	ﺪ	ﺭ	ﺮ	ﺯ	ﺰ	ﺱ	ﺲ	ﺳ	ﺴ	ﺵ	ﺶ
FEB7	FEB8	FEC9	FECA	FECB	FECC	FECD	FECE	FECF	FED0	FED1	FED2	FED3	FED4	FED5	FED6
ﺷ	ﺸ	ﻉ	ﻊ	ﻋ	ﻌ	ﻍ	ﻎ	ﻏ	ﻐ	ﻑ	ﻒ	ﻓ	ﻔ	ﻕ	ﻖ
FED7	FED8	FED9	FEDA	FEDB	FEDC	FEDD	FEDE	FEDF	FEE0	FEE1	FEE2	FEE3	FEE4	FEE5	FEE6
ﻗ	ﻘ	ﻙ	ﻚ	ﻛ	ﻜ	ﻝ	ﻞ	ﻟ	ﻠ	ﻡ	ﻢ	ﻣ	ﻤ	ﻥ	ﻦ
FEE7	FEE8	FEE9	FEEA	FEED	FEEE	FEEF	FEF0	FEF1	FEF2	FEF3	FEF4	FEFB	FEFC		
ﻧ	ﻨ	ﻩ	ﻪ	ﻭ	ﻮ	ﻯ	ﻰ	ﻱ	ﻲ	ﻳ	ﻴ	ﻻ	ﻼ		

附 录 A
（资料性附录）
如克白体

如克白体是维吾尔文、哈萨克文、柯尔克孜文的正文体。“如克”意为便条、请柬、问候信，属拼音文字类型，书写行款自右至左，所有字符均呈各自不同的宽度。如克白体广泛流传于使用阿拉伯文和以阿拉伯字母为基础创制民族文字的国家和地区。如克白体使用范围广，字体美观，字母的齿牙利如刀刃，3 个点连成弯形，2 个点划为一条短线。有些字母的点可与字母连写，体现出完整性，且略向左斜。

附 录 B
（资料性附录）
字型宽度信息表

维吾尔文、哈萨克文、柯尔克孜文是不等宽字体，其每个字符都有各自特定的宽度，字型宽度信息表定义了本部分中190个点阵图形字符的有效宽度，参见表B.1。

表 B.1 字型宽度信息表

代码	字宽	代码	字宽	代码	字宽	代码	字宽	代码	字宽	代码	字宽
060C	3	0678	20	FBAD	10	FBF2	16	FEA5	11	FED7	7
061B	3	067E	16	FBD3	16	FBF3	17	FEA6	11	FED8	9
061F	8	0686	11	FBD4	19	FBF4	16	FEA7	10	FED9	16
0626	16	0698	11	FBD5	10	FBF5	17	FEA8	11	FEDA	19
0627	3	06AD	16	FBD6	12	FBF6	19	FEA9	7	FEDB	10
0628	16	06AF	19	FBD7	8	FBF7	20	FEAA	10	FEDC	12
062A	17	06BE	16	FBD8	10	FBF8	13	FEAD	9	FEDD	13
062C	11	06C5	8	FBD9	9	FBF9	19	FEAE	11	FEDE	16
062D	11	06C6	9	FBDA	10	FBFA	20	FEAF	10	FEDF	5
062E	11	06C7	8	FBDB	8	FBFB	13	FEB0	11	FEE0	7
062F	7	06C8	8	FBDC	10	FE89	16	FEB1	26	FEE1	9
0631	9	06C9	8	FBDD	9	FE8A	14	FEB2	27	FEE2	11
0632	10	06CB	8	FBDE	8	FE8B	7	FEB3	19	FEE3	8
0633	26	06D0	16	FBDF	10	FE8C	8	FEB4	20	FEE4	10
0634	26	06D5	7	FBE0	8	FE8D	3	FEB5	26	FEE5	14
0639	11	FB56	16	FBE1	10	FE8E	6	FEB6	27	FEE6	16
063A	11	FB57	17	FBE2	8	FE8F	16	FEB7	19	FEE7	7
0640	9	FB58	7	FBE3	10	FE90	17	FEB8	20	FEE8	8
0641	12	FB59	8	FBE4	16	FE91	7	FEC9	11	FEE9	7
0642	12	FB7A	11	FBE5	14	FE92	8	FECA	11	FEEA	7
0643	16	FB7B	11	FBE6	7	FE95	17	FECB	11	FEED	8
0644	13	FB7C	10	FBE7	8	FE96	18	FECC	9	FEEE	10
0645	9	FB7D	11	FBE8	7	FE97	7	FECD	11	FEEF	16
0646	14	FB8A	11	FBE9	8	FE98	8	FECE	11	FEF0	14
0648	8	FB8B	11	FBEA	10	FE9D	11	FECF	11	FEF1	16
0649	16	FB92	19	FBEB	11	FE9E	11	FED0	9	FEF2	14
064A	16	FB93	20	FBEC	12	FE9F	10	FED1	12	FEF3	7
066A	15	FB94	11	FBED	13	FEA0	11	FED2	14	FEF4	8
0674	5	FB95	12	FBEE	16	FEA1	11	FED3	6	FEFB	10
0675	8	FBAA	16	FBEF	17	FEA2	11	FED4	9	FEFC	12
0676	8	FBAB	15	FBF0	16	FEA3	10	FED5	12		
0677	10	FBAC	12	FBF1	17	FEA4	11	FED6	14		

附 录 C
（规范性附录）
32点阵字型数据

C.1 32点阵字型数据的表示

本部分中，图形字符的字型可由点阵数据来表示。每个字型的点阵数据为32×32（横行点数×纵列点数），共1 024个二进制位，128个字节。

C.2 32点阵字型数据的记录格式

32点阵字型数据的128个字节排列次序是以0字节开始至127字节结束，均用十六进制表示，每行四个字节，记录格式如下：

行数	列 数																
	0	1	2	3	4	5	6	7	……	24	25	26	27	28	29	30	31
0	0字节								……	3字节							
1 2 3 4 ⋮ ⋮ 30																	
31	124字节								……	127字节							

C.3 32点阵字型数据举例

0626	FEB6	FEDA	FEFC
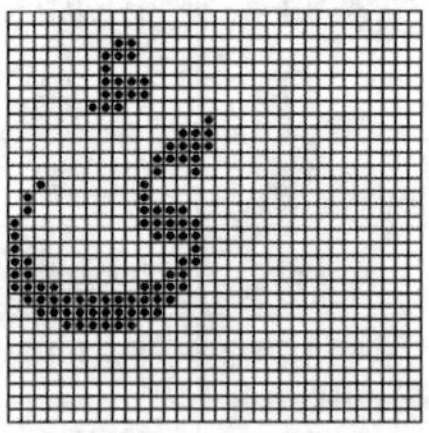	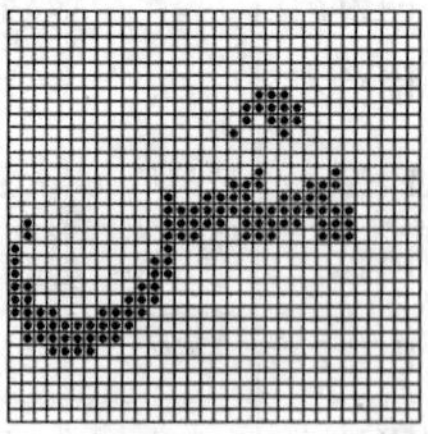	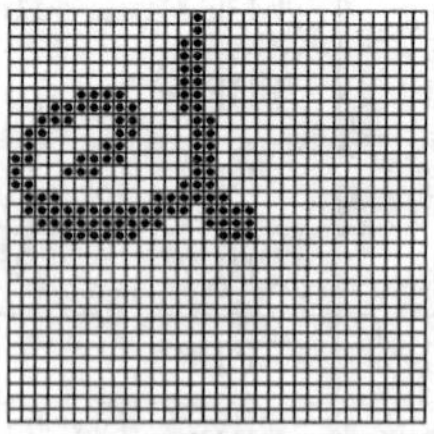	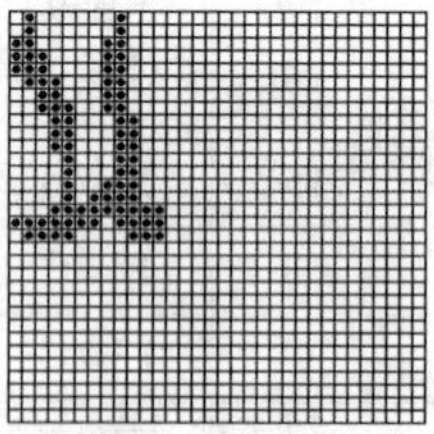
00 00 00 00	00 00 00 00	00 02 00 00	40 80 00 00
00 00 00 00	00 00 00 00	00 02 00 00	40 80 00 00
00 C0 00 00	00 00 00 00	00 06 00 00	C1 80 00 00
01 C0 00 00	00 00 00 00	00 06 00 00	E1 80 00 00
01 00 00 00	00 00 00 00	00 06 00 00	E1 80 00 00
01 E0 00 00	00 00 00 00	00 06 00 00	71 80 00 00
01 E0 00 00	00 00 1C 00	07 86 00 00	31 80 00 00
03 80 00 00	00 00 3E 00	1F C6 00 00	39 80 00 00
00 01 00 00	00 00 2E 00	38 C3 00 00	18 C0 00 00

00 07 00 00	00 00 44 00	60 C3 00 00	18 C0 00 00
00 0F 00 00	00 00 00 00	41 83 00 00	18 C0 00 00
00 1E 00 00	00 00 00 00	C7 83 00 00	08 C0 00 00
00 12 00 00	00 00 10 40	8E 03 00 00	08 C0 00 00
20 20 00 00	00 00 71 C0	C0 07 00 00	09 C0 00 00
40 20 00 00	00 09 E7 80	70 1F 80 00	0B C0 00 00
40 3C 00 00	00 0F FF E0	7F FD E0 00	1F F0 00 00
80 3E 00 00	40 0F BE E0	3F F1 E0 00	FE F0 00 00
80 1E 00 00	40 0E 38 E0	0F C0 E0 00	78 70 00 00
80 02 00 00	80 08 00 00	00 00 00 00	00 00 00 00
C0 06 00 00	80 18 00 00	00 00 00 00	00 00 00 00
C0 0C 00 00	80 18 00 00	00 00 00 00	00 00 00 00
F0 3C 00 00	C0 30 00 00	00 00 00 00	00 00 00 00
7F F8 00 00	C0 70 00 00	00 00 00 00	00 00 00 00
3F F0 00 00	F1 E0 00 00	00 00 00 00	00 00 00 00
0F C0 00 00	7F C0 00 00	00 00 00 00	00 00 00 00
00 00 00 00	7F 80 00 00	00 00 00 00	00 00 00 00
00 00 00 00	1E 00 00 00	00 00 00 00	00 00 00 00
00 00 00 00	00 00 00 00	00 00 00 00	00 00 00 00
00 00 00 00	00 00 00 00	00 00 00 00	00 00 00 00
00 00 00 00	00 00 00 00	00 00 00 00	00 00 00 00
00 00 00 00	00 00 00 00	00 00 00 00	00 00 00 00
00 00 00 00	00 00 00 00	00 00 00 00	00 00 00 00

ICS 35.040
L 71

中华人民共和国国家标准

GB 25892.6—2010

信息技术　维吾尔文、哈萨克文、柯尔克孜文编码字符集 32点阵字型　第6部分:如克黑体

**Information technology—
Uyghur, Kazak, Kirgiz coded character set—
32 dot matrix font—Part 6: Ruki bold**

2011-01-10 发布　　2011-11-01 实施

中华人民共和国国家质量监督检验检疫总局
中国国家标准化管理委员会　发布

前　言

本部分的全部技术内容为强制性。

GB 25892《信息技术　维吾尔文、哈萨克文、柯尔克孜文编码字符集　32点阵字型》分为如下部分：

——第1部分：正文白体；

——第2部分：正文黑体；

——第3部分：库非白体；

——第4部分：库非黑体；

——第5部分：如克白体；

——第6部分：如克黑体；

——第7部分：塔里克白体；

——第8部分：塔里克黑体；

……

本部分是GB 25892的第6部分。

本部分依据GB 21669—2008《信息技术　维吾尔文、哈萨克文、柯尔克孜文编码字符集》所规定的维吾尔文、哈萨克文、柯尔克孜文名义字符、变形显现字符和共用符号，以我国现行规范的维吾尔文、哈萨克文、柯尔克孜文字形为基础，并依据现行规范维吾尔文、哈萨克文、柯尔克孜文的正字法原则，设计和规定了信息系统用维吾尔文、哈萨克文、柯尔克孜文32点阵如克黑体(参见附录A)字型。

本部分的附录A和附录B是资料性附录，附录C是规范性附录。

本部分由全国信息技术标准化技术委员会(SAC/TC 28)提出并归口。

本部分起草单位：中国电子技术标准化研究所、新疆维吾尔自治区民族语言文字工作委员会、潍坊北大青鸟华光照排有限公司、新疆维吾尔自治区信息产业厅。

本部分起草人：买买提艾力、代红、亚森·伊明、熊涛、吕建春、高峡、佟加·庆夫、张德新、符玉、王利。

引　言

有关字型数据的授权转让使用事宜，字型标准数据的维护、更新及修订工作，统一由归口单位负责。

地　址：北京市东城区安定门东大街1号（北京市1101信箱）
邮　编：100007
电　话：64007689　84029173
传　真：64007681
E-mail：daihong@cesi.ac.cn

信息技术　维吾尔文、哈萨克文、柯尔克孜文编码字符集 32 点阵字型　第 6 部分：如克黑体

1　范围

GB 25892 的本部分规定了 GB 21669—2008 中维吾尔文、哈萨克文、柯尔克孜文字符的 32 点阵如克黑体字型。

本部分适用于维吾尔文、哈萨克文、柯尔克孜文信息系统，也适用于其他有关设备。

2　规范性引用文件

下列文件中的条款通过本部分的引用而成为本部分的条款。凡是注日期的引用文件，其随后所有的修改单(不包括勘误的内容)或修订版均不适用于本部分，然而，鼓励根据本部分达成协议的各方研究是否可使用这些文件的最新版本。凡是不注日期的引用文件，其最新版本适用于本部分。

GB 21669—2008　信息技术　维吾尔文、哈萨克文、柯尔克孜文编码字符集

GB 13000　信息技术　通用多八位编码字符集(UCS)(GB 13000—2010，ISO/IEC 10646:2003，IDT)

3　术语和定义

下列术语和定义适用于本部分。

3.1

字形　glyph

一种可辨认的抽象的图形符号，它不依赖于任何特定的设计。

3.2

字型　font

具有同一基本设计的字形图像的集合，如：如克黑体。

3.3

点阵字型　dot matrix font

以点的集合来表现图形字符的型(形)。

3.4

字型宽度　font width

点阵图形字符的有效宽度。

3.5

字序　character order

图形字符在集合中按一定规则排列的次序。

4　图形字符

4.1　字符数

本部分根据 GB 21669—2008 的规定，提供了维吾尔文、哈萨克文、柯尔克孜文图形字符 190 个，其中：

维吾尔文、哈萨克文、柯尔克孜文名义字符 42 个；

维吾尔文、哈萨克文、柯尔克孜文变形显现字符 143 个；

维吾尔文、哈萨克文、柯尔克孜文共用数字、标点符号、特殊符号 5 个。

4.2　字符字序

本部分提供的 190 个维吾尔文、哈萨克文、柯尔克孜文名义字符、变形显现字符和共用符号的字型按照 GB 13000 规定的次序排列。

5 标准数据的管理

为加强对信息交换用产品用维吾尔文、哈萨克文、柯尔克孜文字型与字模标准数据的管理，保证本部分在贯彻执行中数据的一致性和正确性，有关字型数据的授权转让使用事宜，字型标准数据的维护、更新及修订工作，统一由归口单位负责。

6 点阵字型的表示方法

6.1 栅格

栅格由若干条等距离的垂直线与水平线相交叉而形成。

本部分规定的是32点阵字型，其栅格是横向32格，纵向32格。每个方格的中心定为点的中心位置。栅格仅对构成点阵的各点进行定位，32点阵栅格图如图1所示。

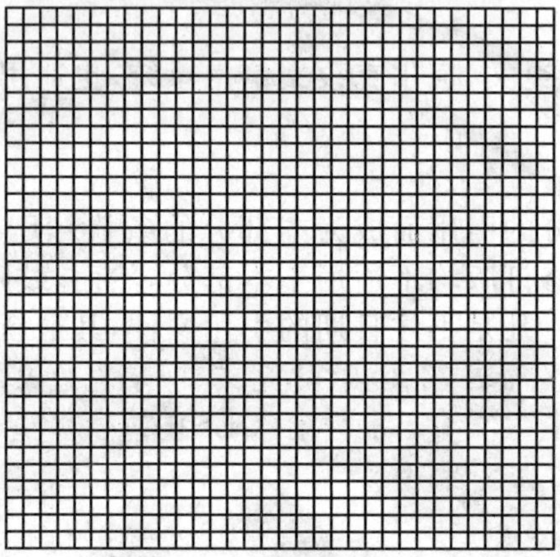

图1 32点阵栅格图

6.2 点

点是构成点阵字型的最小单位，以圆形表示，它是位于各方格内的黑色区域。

6.3 点阵字样

维吾尔文、哈萨克文、柯尔克孜文图形字符点阵字型的字样，由置于栅格内的若干个点的集合来表示。维吾尔文、哈萨克文、柯尔克孜文"ئ"的32点阵字样如图2所示。

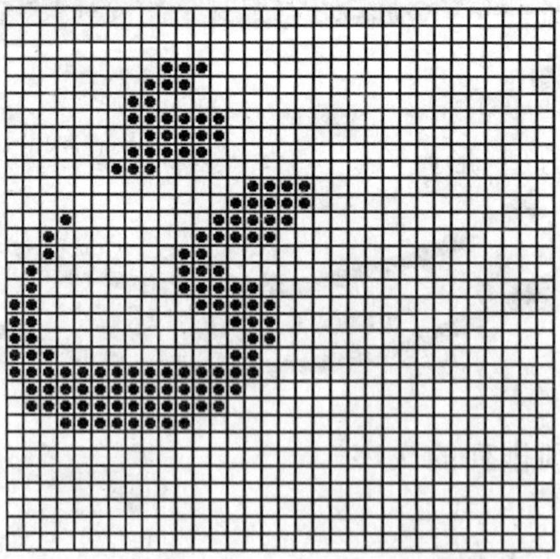

图2 32点阵字母"ئ"的字样

6.4 字型宽度信息

维吾尔文、哈萨克文、柯尔克孜文是不等宽字体，每个字符都有各自特定的宽度，其宽度由字型宽度信息表来表示，见附录B。

7 点阵字型

7.1 字型数据

维吾尔文、哈萨克文、柯尔克孜文32点阵字型数据的表示，见附录C。

7.2 点阵字型表

本部分提供的GB 21669—2008中190个维吾尔文、哈萨克文、柯尔克孜文图形字符的32点阵如克黑体字型见表1。

表1 维吾尔文、哈萨克文、柯尔克孜文字型表

060C	061B	061F	0626	0627	0628	062A	062C	062D	062E	062F	0631	0632	0633	0634	0639
،	؛	؟	ئ	ا	ب	ت	ج	ح	خ	د	ر	ز	س	ش	ع
063A	0640	0641	0642	0643	0644	0645	0646	0648	0649	064A	066A	0674	0675	0676	0677
غ	ـ	ف	ق	ك	ل	م	ن	و	ى	ي	٪	ٴ	ٵ	ٶ	ٷ
0678	067E	0686	0698	06AD	06AF	06BE	06C5	06C6	06C7	06C8	06C9	06CB	06D0	06D5	FB56
ٸ	پ	چ	ژ	ڭ	گ	ھ	ۅ	ۆ	ۇ	ۈ	ۉ	ۋ	ې	ە	ﭖ
FB57	FB58	FB59	FB7A	FB7B	FB7C	FB7D	FB8A	FB8B	FB92	FB93	FB94	FB95	FBAA	FBAB	FBAC
ﭗ	ﭘ	ﭙ	ﭺ	ﭻ	ﭼ	ﭽ	ﮊ	ﮋ	ﮒ	ﮓ	ﮔ	ﮕ	ﮪ	ﮫ	ﮬ
FBAD	FBD3	FBD4	FBD5	FBD6	FBD7	FBD8	FBD9	FBDA	FBDB	FBDC	FBDD	FBDE	FBDF	FBE0	FBE1
ﮭ	ﯓ	ﯔ	ﯕ	ﯖ	ﯗ	ﯘ	ﯙ	ﯚ	ﯛ	ﯜ	ﯝ	ﯞ	ﯟ	ﯠ	ﯡ
FBE2	FBE3	FBE4	FBE5	FBE6	FBE7	FBE8	FBE9	FBEA	FBEB	FBEC	FBED	FBEE	FBEF	FBF0	FBF1
ﯢ	ﯣ	ﯤ	ﯥ	ﯦ	ﯧ	ﯨ	ﯩ	ﯪ	ﯫ	ﯬ	ﯭ	ﯮ	ﯯ	ﯰ	ﯱ
FBF2	FBF3	FBF4	FBF5	FBF6	FBF7	FBF8	FBF9	FBFA	FBFB	FE89	FE8A	FE8B	FE8C	FE8D	FE8E
ﯲ	ﯳ	ﯴ	ﯵ	ﯶ	ﯷ	ﯸ	ﯹ	ﯺ	ﯻ	ﺉ	ﺊ	ﺋ	ﺌ	ﺍ	ﺎ
FE8F	FE90	FE91	FE92	FE95	FE96	FE97	FE98	FE9D	FE9E	FE9F	FEA0	FEA1	FEA2	FEA3	FEA4
ﺏ	ﺐ	ﺑ	ﺒ	ﺕ	ﺖ	ﺗ	ﺘ	ﺝ	ﺞ	ﺟ	ﺠ	ﺡ	ﺢ	ﺣ	ﺤ
FEA5	FEA6	FEA7	FEA8	FEA9	FEAA	FEAD	FEAE	FEAF	FEB0	FEB1	FEB2	FEB3	FEB4	FEB5	FEB6
ﺥ	ﺦ	ﺧ	ﺨ	ﺩ	ﺪ	ﺭ	ﺮ	ﺯ	ﺰ	ﺱ	ﺲ	ﺳ	ﺴ	ﺵ	ﺶ
FEB7	FEB8	FEC9	FECA	FECB	FECC	FECD	FECE	FECF	FED0	FED1	FED2	FED3	FED4	FED5	FED6
ﺷ	ﺸ	ﻉ	ﻊ	ﻋ	ﻌ	ﻍ	ﻎ	ﻏ	ﻐ	ﻑ	ﻒ	ﻓ	ﻔ	ﻕ	ﻖ
FED7	FED8	FED9	FEDA	FEDB	FEDC	FEDD	FEDE	FEDF	FEE0	FEE1	FEE2	FEE3	FEE4	FEE5	FEE6
ﻗ	ﻘ	ﻙ	ﻚ	ﻛ	ﻜ	ﻝ	ﻞ	ﻟ	ﻠ	ﻡ	ﻢ	ﻣ	ﻤ	ﻥ	ﻦ
FEE7	FEE8	FEE9	FEEA	FEED	FEEE	FEEF	FEF0	FEF1	FEF2	FEF3	FEF4	FEFB	FEFC		
ﻧ	ﻨ	ﻩ	ﻪ	ﻭ	ﻮ	ﻯ	ﻰ	ﻱ	ﻲ	ﻳ	ﻴ	ﻻ	ﻼ		

附 录 A
（资料性附录）
如克黑体

如克黑体是维吾尔文、哈萨克文、柯尔克孜文的正文体，属拼音文字类型，书写行款自右至左，所有字符均呈各自不同的宽度。“如克”意为便条、请柬、问候信。如克黑体广泛流传于使用阿拉伯文和以阿拉伯字母为基础创制民族文字的国家和地区。如克黑体使用范围广，字体美观，字母的齿牙利如刀刃，3个点连成弯形，2个点划为一条短线。有些字母的点可与字母连写，体现出完整性，且略向左斜。如克黑体的风格与白体一致，只是笔画的粗细、文字线条的轻重上有所不同。

附 录 B
（资料性附录）
字型宽度信息表

维吾尔文、哈萨克文、柯尔克孜文是不等宽字体，其每个字符都有各自特定的宽度，字型宽度信息表定义了本部分中 190 个点阵图形字符的有效宽度，参见表 B.1。

表 B.1 字型宽度信息表

代码	字宽	代码	字宽	代码	字宽	代码	字宽	代码	字宽	代码	字宽
060C	4	0678	26	FBAD	12	FBF2	16	FEA5	15	FED7	7
061B	4	067E	18	FBD3	17	FBF3	17	FEA6	15	FED8	10
061F	9	0686	15	FBD4	19	FBF4	16	FEA7	17	FED9	17
0626	18	0698	12	FBD5	10	FBF5	17	FEA8	18	FEDA	19
0627	3	06AD	17	FBD6	12	FBF6	23	FEA9	7	FEDB	11
0628	18	06AF	17	FBD7	8	FBF7	24	FEAA	12	FEDC	12
062A	18	06BE	17	FBD8	10	FBF8	15	FEAD	9	FEDD	15
062C	15	06C5	9	FBD9	8	FBF9	23	FEAE	13	FEDE	18
062D	15	06C6	8	FBDA	10	FBFA	24	FEAF	10	FEDF	5
062E	15	06C7	8	FBDB	8	FBFB	15	FEB0	13	FEE0	8
062F	7	06C8	8	FBDC	10	FE89	18	FEB1	25	FEE1	10
0631	9	06C9	8	FBDD	12	FE8A	18	FEB2	27	FEE2	13
0632	10	06CB	9	FBDE	9	FE8B	8	FEB3	22	FEE3	9
0633	25	06D0	18	FBDF	10	FE8C	10	FEB4	24	FEE4	12
0634	25	06D5	9	FBE0	9	FE8D	3	FEB5	25	FEE5	14
0639	15	FB56	18	FBE1	11	FE8E	5	FEB6	27	FEE6	17
063A	15	FB57	19	FBE2	8	FE8F	18	FEB7	22	FEE7	9
0640	9	FB58	8	FBE3	10	FE90	19	FEB8	24	FEE8	10
0641	14	FB59	9	FBE4	18	FE91	8	FEC9	15	FEE9	9
0642	14	FB7A	15	FBE5	18	FE92	9	FECA	16	FEEA	9
0643	17	FB7B	15	FBE6	8	FE95	18	FECB	11	FEED	8
0644	15	FB7C	17	FBE7	9	FE96	19	FECC	10	FEEE	10
0645	10	FB7D	18	FBE8	8	FE97	8	FECD	15	FEEF	18
0646	14	FB8A	12	FBE9	9	FE98	9	FECE	16	FEF0	18
0648	8	FB8B	13	FBEA	13	FE9D	15	FECF	11	FEF1	18
0649	18	FB92	17	FBEB	12	FE9E	15	FED0	10	FEF2	18
064A	18	FB93	19	FBEC	15	FE9F	17	FED1	14	FEF3	8
066A	17	FB94	10	FBED	16	FEA0	18	FED2	16	FEF4	9
0674	7	FB95	12	FBEE	16	FEA1	15	FED3	7	FEFB	12
0675	12	FBAA	16	FBEF	17	FEA2	15	FED4	10	FEFC	16
0676	10	FBAB	16	FBF0	16	FEA3	17	FED5	14		
0677	12	FBAC	14	FBF1	17	FEA4	18	FED6	16		

附 录 C
(规范性附录)
32 点阵字型数据

C.1 32 点阵字型数据的表示

本部分中,图形字符的字型可由点阵数据来表示。每个字型的点阵数据为 32×32(横行点数×纵列点数),共 1 024 个二进制位,128 个字节。

C.2 32 点阵字型数据的记录格式

32 点阵字型数据的 128 个字节排列次序是以 0 字节开始至 127 字节结束,均用十六进制表示,每行四个字节,记录格式如下:

<table>
<tr><td rowspan="2">行数</td><td colspan="17">列　数</td></tr>
<tr><td>0</td><td>1</td><td>2</td><td>3</td><td>4</td><td>5</td><td>6</td><td>7</td><td>……</td><td>24</td><td>25</td><td>26</td><td>27</td><td>28</td><td>29</td><td>30</td><td>31</td></tr>
<tr><td>0</td><td colspan="8">0 字节</td><td>……</td><td colspan="8">3 字节</td></tr>
<tr><td>1
2
3
4
⋮
30</td><td colspan="8"></td><td></td><td colspan="8"></td></tr>
<tr><td>31</td><td colspan="8">124 字节</td><td>……</td><td colspan="8">127 字节</td></tr>
</table>

C.3 32 点阵字型数据举例

0626	FEB6	FEDA	FEFC
		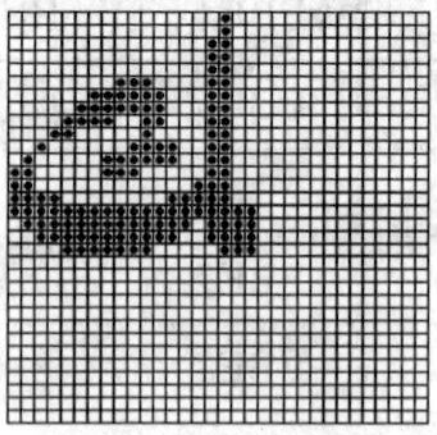	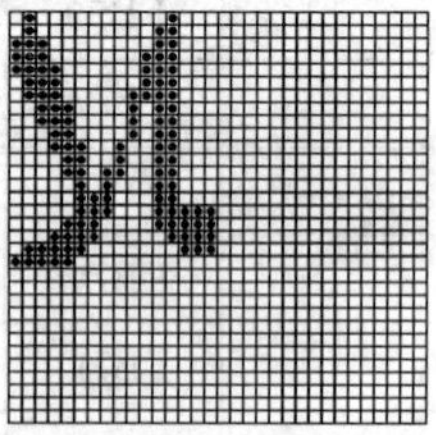
00 00 00 00	00 00 00 00	00 00 80 00	40 08 00 00
00 00 00 00	00 00 00 00	00 00 80 00	40 18 00 00
00 00 00 00	00 00 00 00	00 01 80 00	E0 18 00 00
00 70 00 00	00 00 00 00	00 01 80 00	E0 38 00 00
00 E0 00 00	00 00 00 00	00 01 80 00	F0 38 00 00
01 80 00 00	00 00 00 00	00 E1 80 00	70 38 00 00
01 F8 00 00	00 00 38 00	03 F1 80 00	70 78 00 00
00 F8 00 00	00 00 7C 00	07 F1 80 00	38 58 00 00
01 F0 00 00	00 00 FE 00	0F 31 80 00	38 58 00 00

03 80 00 00	00 01 9C 00	18 21 80 00	18 58 00 00
00 03 C0 00	00 01 08 00	20 79 80 00	1C 98 00 00
00 07 C0 00	00 00 00 00	41 F9 80 00	0C 98 00 00
10 0F 80 00	00 00 40 80	C1 C1 80 00	0D 98 00 00
20 1F 00 00	00 21 C3 80	C0 03 80 00	05 18 00 00
20 30 00 00	00 E7 8F 00	F0 0F 80 00	07 18 00 00
40 38 00 00	10 7F FF E0	FF FF E0 00	07 1F 00 00
40 3E 00 00	20 7F FF E0	7F FD E0 00	0E 1F 00 00
C0 1F 00 00	60 3D F9 E0	3F F9 E0 00	1E 0F 00 00
C0 07 00 00	40 31 E1 E0	0F E0 E0 00	7C 07 00 00
C0 03 00 00	C0 20 00 00	00 00 00 00	F8 00 00 00
E0 06 00 00	C0 60 00 00	00 00 00 00	00 00 00 00
FF FE 00 00	E0 E0 00 00	00 00 00 00	00 00 00 00
7F FC 00 00	FF C0 00 00	00 00 00 00	00 00 00 00
7F F8 00 00	FF C0 00 00	00 00 00 00	00 00 00 00
1F E0 00 00	7F 80 00 00	00 00 00 00	00 00 00 00
00 00 00 00	3E 00 00 00	00 00 00 00	00 00 00 00
00 00 00 00	00 00 00 00	00 00 00 00	00 00 00 00
00 00 00 00	00 00 00 00	00 00 00 00	00 00 00 00
00 00 00 00	00 00 00 00	00 00 00 00	00 00 00 00
00 00 00 00	00 00 00 00	00 00 00 00	00 00 00 00
00 00 00 00	00 00 00 00	00 00 00 00	00 00 00 00
00 00 00 00	00 00 00 00	00 00 00 00	00 00 00 00

ICS 35.040
L 71

中华人民共和国国家标准

GB 25892.7—2010

信息技术 维吾尔文、哈萨克文、柯尔克孜文编码字符集 32点阵字型 第7部分：塔里克白体

Information technology—Uyghur, Kazak, Kirgiz coded character set—32 dot matrix font—Part 7: Teilik lean

2011-01-10 发布 2011-11-01 实施

中华人民共和国国家质量监督检验检疫总局
中国国家标准化管理委员会 发布

前　言

本部分的全部技术内容为强制性。

GB 25892《信息技术　维吾尔文、哈萨克文、柯尔克孜文编码字符集　32点阵字型》分为如下部分：

——第1部分：正文白体；

——第2部分：正文黑体；

——第3部分：库非白体；

——第4部分：库非黑体；

——第5部分：如克白体；

——第6部分：如克黑体；

——第7部分：塔里克白体；

——第8部分：塔里克黑体；

……

本部分是GB 25892的第7部分。

本部分依据GB 21669—2008《信息技术　维吾尔文、哈萨克文、柯尔克孜文编码字符集》所规定的维吾尔文、哈萨克文、柯尔克孜文名义字符、变形显现字符和共用符号，以我国现行规范的维吾尔文、哈萨克文、柯尔克孜文字形为基础，并依据现行规范维吾尔文、哈萨克文、柯尔克孜文的正字法原则，设计和规定了信息系统用维吾尔文、哈萨克文、柯尔克孜文32点阵塔里克白体（参见附录A）字型。

本部分的附录A和附录B是资料性附录，附录C是规范性附录。

本部分由全国信息技术标准化技术委员会（SAC/TC 28）提出并归口。

本部分起草单位：中国电子技术标准化研究所、新疆维吾尔自治区民族语言文字工作委员会、潍坊北大青鸟华光照排有限公司、新疆维吾尔自治区信息产业厅。

本部分起草人：佟加·庆夫、熊涛、买买提艾力、代红、亚森·伊明、吕建春、高峡、王玉娇、陈辰、王啸。

引　言

有关字型数据的授权转让使用事宜，字型标准数据的维护、更新及修订工作，统一由归口单位负责。

地　址：北京市东城区安定门东大街1号（北京市1101信箱）
邮　编：100007
电　话：64007689　84029173
传　真：64007681
E-mail：daihong@cesi.ac.cn

信息技术　维吾尔文、哈萨克文、柯尔克孜文编码字符集 32点阵字型　第7部分:塔里克白体

1　范围

GB 25892 的本部分规定了 GB 21669—2008 中维吾尔文、哈萨克文、柯尔克孜文字符的 32 点阵塔里克白体字型。

本部分适用于维吾尔文、哈萨克文、柯尔克孜文信息系统,也适用于其他有关设备。

2　规范性引用文件

下列文件中的条款通过本部分的引用而成为本部分的条款。凡是注日期的引用文件,其随后所有的修改单(不包括勘误的内容)或修订版均不适用于本部分,然而,鼓励根据本部分达成协议的各方研究是否可使用这些文件的最新版本。凡是不注日期的引用文件,其最新版本适用于本部分。

GB 21669—2008　信息技术　维吾尔文、哈萨克文、柯尔克孜文编码字符集

GB 13000　信息技术　通用多八位编码字符集(UCS)(GB 13000—2010,ISO/IEC 10646:2003,IDT)

3　术语和定义

下列术语和定义适用于本部分。

3.1

字形　glyph

一种可辨认的抽象的图形符号,它不依赖于任何特定的设计。

3.2

字型　font

具有同一基本设计的字形图像的集合,如:塔里克白体。

3.3

点阵字型　dot matrix font

以点的集合来表现图形字符的型(形)。

3.4

字型宽度　font width

点阵图形字符的有效宽度。

3.5

字序　character order

图形字符在集合中按一定规则排列的次序。

4　图形字符

4.1　字符数

本部分根据 GB 21669—2008 的规定,提供了维吾尔文、哈萨克文、柯尔克孜文图形字符 190 个,其中:

维吾尔文、哈萨克文、柯尔克孜文名义字符 42 个;

维吾尔文、哈萨克文、柯尔克孜文变形显现字符 143 个;

维吾尔文、哈萨克文、柯尔克孜文共用数字、标点符号、特殊符号 5 个。

4.2　字符字序

本部分提供的 190 个维吾尔文、哈萨克文、柯尔克孜文名义字符、变形显现字符和共用符号的字型按照 GB 13000 规定的次序排列。

5 标准数据的管理

为加强对信息交换用产品用维吾尔文、哈萨克文、柯尔克孜文字型与字模标准数据的管理，保证本部分在贯彻执行中数据的一致性和正确性，有关字型数据的授权转让使用事宜，字型标准数据的维护、更新及修订工作，统一由归口单位负责。

6 点阵字型的表示方法

6.1 栅格

栅格由若干条等距离的垂直线与水平线相交叉而形成。

本部分规定的是 32 点阵字型，其栅格是横向 32 格，纵向 32 格。每个方格的中心定为点的中心位置。

栅格仅对构成点阵的各点进行定位，32 点阵栅格图如图 1 所示。

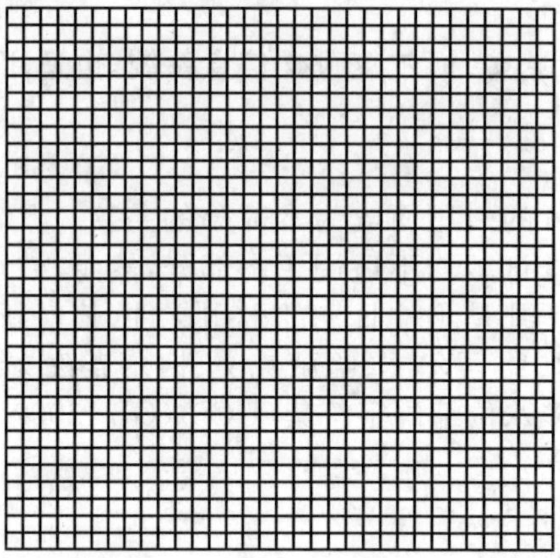

图 1 32 点阵栅格图

6.2 点

点是构成点阵字型的最小单位，以圆形表示，它是位于各方格内的黑色区域。

6.3 点阵字样

维吾尔文、哈萨克文、柯尔克孜文图形字符点阵字型的字样，由置于栅格内的若干个点的集合来表示。维吾尔文、哈萨克文、柯尔克孜文“ۆ”的 32 点阵字样如图 2 所示。

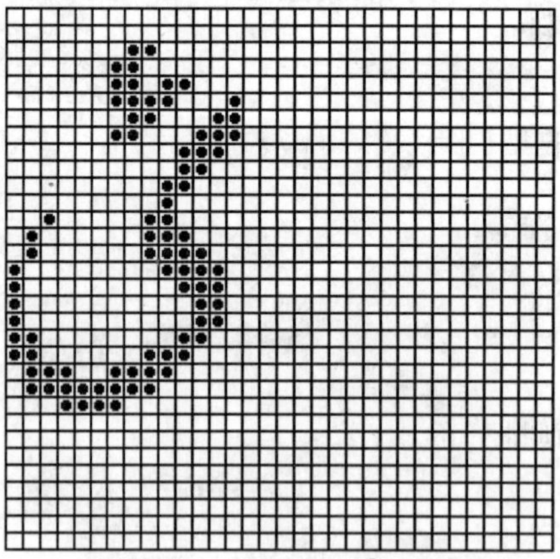

图 2 32 点阵字母“ۆ”的字样

6.4 字型宽度信息

维吾尔文、哈萨克文、柯尔克孜文是不等宽字体，每个字符都有各自特定的宽度，其宽度由字型宽度信息表来表示，见附录 B。

7 点阵字型

7.1 字型数据

维吾尔文、哈萨克文、柯尔克孜文 32 点阵字型数据的表示，见附录 C。

7.2 点阵字型表

本部分提供的 GB 21669—2008 中 190 个维吾尔文、哈萨克文、柯尔克孜文图形字符的 32 点阵塔里克白体字型见表 1。

表 1 维吾尔文、哈萨克文、柯尔克孜文字型表

060C	061B	061F	0626	0627	0628	062A	062C	062D	062E	062F	0631	0632	0633	0634	0639
،	؛	؟	ئ	ا	ب	ت	ج	ح	خ	د	ر	ز	س	ش	ع
063A	0640	0641	0642	0643	0644	0645	0646	0648	0649	064A	066A	0674	0675	0676	0677
غ	ـ	ف	ق	ك	ل	م	ن	و	ى	ي	٪	ٴ	ٵ	ٶ	ٷ
0678	067E	0686	0698	06AD	06AF	06BE	06C5	06C6	06C7	06C8	06C9	06CB	06D0	06D5	FB56
ٸ	پ	چ	ژ	ڭ	گ	ھ	ۅ	ۆ	ۇ	ۈ	ۉ	ۋ	ې	ە	ﭖ
FB57	FB58	FB59	FB7A	FB7B	FB7C	FB7D	FB8A	FB8B	FB92	FB93	FB94	FB95	FBAA	FBAB	FBAC
ﭗ	ﭘ	ﭙ	ﭺ	ﭻ	ﭼ	ﭽ	ﮊ	ﮋ	ﮒ	ﮓ	ﮔ	ﮕ	ﮪ	ﮫ	ﮬ
FBAD	FBD3	FBD4	FBD5	FBD6	FBD7	FBD8	FBD9	FBDA	FBDB	FBDC	FBDD	FBDE	FBDF	FBE0	FBE1
ﮭ	ﯓ	ﯔ	ﯕ	ﯖ	ﯗ	ﯘ	ﯙ	ﯚ	ﯛ	ﯜ	ﯝ	ﯞ	ﯟ	ﯠ	ﯡ
FBE2	FBE3	FBE4	FBE5	FBE6	FBE7	FBE8	FBE9	FBEA	FBEB	FBEC	FBED	FBEE	FBEF	FBF0	FBF1
ﯢ	ﯣ	ﯤ	ﯥ	ﯦ	ﯧ	ﯨ	ﯩ	ﯪ	ﯫ	ﯬ	ﯭ	ﯮ	ﯯ	ﯰ	ﯱ
FBF2	FBF3	FBF4	FBF5	FBF6	FBF7	FBF8	FBF9	FBFA	FBFB	FE89	FE8A	FE8B	FE8C	FE8D	FE8E
ﯲ	ﯳ	ﯴ	ﯵ	ﯶ	ﯷ	ﯸ	ﯹ	ﯺ	ﯻ	ﺉ	ﺊ	ﺋ	ﺌ	ﺍ	ﺎ
FE8F	FE90	FE91	FE92	FE95	FE96	FE97	FE98	FE9D	FE9E	FE9F	FEA0	FEA1	FEA2	FEA3	FEA4
ﺏ	ﺐ	ﺑ	ﺒ	ﺕ	ﺖ	ﺗ	ﺘ	ﺝ	ﺞ	ﺟ	ﺠ	ﺡ	ﺢ	ﺣ	ﺤ
FEA5	FEA6	FEA7	FEA8	FEA9	FEAA	FEAD	FEAE	FEAF	FEB0	FEB1	FEB2	FEB3	FEB4	FEB5	FEB6
ﺥ	ﺦ	ﺧ	ﺨ	ﺩ	ﺪ	ﺭ	ﺮ	ﺯ	ﺰ	ﺱ	ﺲ	ﺳ	ﺴ	ﺵ	ﺶ
FEB7	FEB8	FEC9	FECA	FECB	FECC	FECD	FECE	FECF	FED0	FED1	FED2	FED3	FED4	FED5	FED6
ﺷ	ﺸ	ﻉ	ﻊ	ﻋ	ﻌ	ﻍ	ﻎ	ﻏ	ﻐ	ﻑ	ﻒ	ﻓ	ﻔ	ﻕ	ﻖ
FED7	FED8	FED9	FEDA	FEDB	FEDC	FEDD	FEDE	FEDF	FEE0	FEE1	FEE2	FEE3	FEE4	FEE5	FEE6
ﻗ	ﻘ	ﻙ	ﻚ	ﻛ	ﻜ	ﻝ	ﻞ	ﻟ	ﻠ	ﻡ	ﻢ	ﻣ	ﻤ	ﻥ	ﻦ
FEE7	FEE8	FEE9	FEEA	FEED	FEEE	FEEF	FEF0	FEF1	FEF2	FEF3	FEF4	FEFB	FEFC		
ﻧ	ﻨ	ﻩ	ﻪ	ﻭ	ﻮ	ﻯ	ﻰ	ﻱ	ﻲ	ﻳ	ﻴ	ﻻ	ﻼ		

附 录 A
（资料性附录）
塔里克白体

塔里克白体是维吾尔文、哈萨克文、柯尔克孜文的一种手写体，属拼音文字类型，书写行款自右至左，所有字符均呈各自不同的宽度。“塔里克”意为吊起、停住、按语、附录。塔里克体也称为拍日斯书体（波斯体），祖先留下的古典手抄本的绝大多数是用这种字体写成的。现行维吾尔文、哈萨克文、柯尔克孜文正文白体、黑体的书写与塔里克体有很大区别。塔里克体自由、欢快、紧凑、字体美如绣品、易读写、容量大，字母之间没有穿插的现象，竖画细，横画粗，点呈斜四方形。

附 录 B
（资料性附录）
字型宽度信息表

维吾尔文、哈萨克文、柯尔克孜文是不等宽字体，其每个字符都有各自特定的宽度，字型宽度信息表定义了本部分中190个点阵图形字符的有效宽度，参见表B.1。

表 B.1 字型宽度信息表

代码	字宽	代码	字宽	代码	字宽	代码	字宽	代码	字宽	代码	字宽
060C	3	0678	20	FBAD	8	FBF2	16	FEA5	13	FED7	7
061B	3	067E	20	FBD3	16	FBF3	16	FEA6	13	FED8	7
061F	7	0686	13	FBD4	19	FBF4	16	FEA7	10	FED9	16
0626	14	0698	9	FBD5	12	FBF5	16	FEA8	10	FEDA	18
0627	3	06AD	16	FBD6	10	FBF6	18	FEA9	7	FEDB	10
0628	20	06AF	22	FBD7	8	FBF7	18	FEAA	10	FEDC	10
062A	20	06BE	13	FBD8	10	FBF8	13	FEAD	6	FEDD	13
062C	13	06C5	8	FBD9	8	FBF9	18	FEAE	11	FEDE	16
062D	13	06C6	8	FBDA	10	FBFA	18	FEAF	8	FEDF	5
062E	13	06C7	8	FBDB	8	FBFB	13	FEB0	11	FEE0	8
062F	7	06C8	8	FBDC	10	FE89	14	FEB1	28	FEE1	7
0631	6	06C9	8	FBDD	12	FE8A	13	FEB2	24	FEE2	8
0632	7	06CB	9	FBDE	9	FE8B	8	FEB3	17	FEE3	7
0633	28	06D0	14	FBDF	10	FE8C	7	FEB4	15	FEE4	7
0634	28	06D5	6	FBE0	8	FE8D	3	FEB5	28	FEE5	14
0639	13	FB56	20	FBE1	10	FE8E	7	FEB6	26	FEE6	16
063A	13	FB57	22	FBE2	8	FE8F	20	FEB7	17	FEE7	7
0640	10	FB58	7	FBE3	10	FE90	22	FEB8	15	FEE8	5
0641	16	FB59	7	FBE4	14	FE91	7	FEC9	13	FEE9	6
0642	14	FB7A	13	FBE5	13	FE92	7	FECA	13	FEEA	7
0643	16	FB7B	13	FBE6	7	FE95	20	FECB	7	FEED	8
0644	13	FB7C	10	FBE7	7	FE96	22	FECC	8	FEEE	10
0645	7	FB7D	10	FBE8	7	FE97	8	FECD	13	FEEF	14
0646	14	FB8A	9	FBE9	7	FE98	7	FECE	13	FEF0	13
0648	8	FB8B	12	FBEA	13	FE9D	13	FECF	7	FEF1	14
0649	14	FB92	19	FBEB	11	FE9E	13	FED0	9	FEF2	13
064A	14	FB93	19	FBEC	13	FE9F	10	FED1	16	FEF3	7
066A	11	FB94	10	FBED	12	FEA0	10	FED2	18	FEF4	7
0674	5	FB95	10	FBEE	16	FEA1	13	FED3	6	FEFB	7
0675	9	FBAA	13	FBEF	16	FEA2	13	FED4	8	FEFC	9
0676	9	FBAB	10	FBF0	16	FEA3	10	FED5	14		
0677	12	FBAC	9	FBF1	16	FEA4	10	FED6	15		

附 录 C
（规范性附录）
32 点阵字型数据

C.1 32 点阵字型数据的表示

本部分中，图形字符的字型可由点阵数据来表示。每个字型的点阵数据为 32×32（横行点数×纵列点数），共 1 024 个二进制位，128 个字节。

C.2 32 点阵字型数据的记录格式

32 点阵字型数据的 128 个字节排列次序是以 0 字节开始至 127 字节结束，均用十六进制表示，每行四个字节，记录格式如下：

<table>
<tr><td rowspan="2">行数</td><td colspan="17">列 数</td></tr>
<tr><td>0</td><td>1</td><td>2</td><td>3</td><td>4</td><td>5</td><td>6</td><td>7</td><td>……</td><td>24</td><td>25</td><td>26</td><td>27</td><td>28</td><td>29</td><td>30</td><td>31</td></tr>
<tr><td>0</td><td colspan="8">0 字节</td><td>……</td><td colspan="8">3 字节</td></tr>
<tr><td>1
2
3
4
⋮
30</td><td colspan="8"></td><td></td><td colspan="8"></td></tr>
<tr><td>31</td><td colspan="8">124 字节</td><td>……</td><td colspan="8">127 字节</td></tr>
</table>

C.3 32 点阵字型数据举例

0626

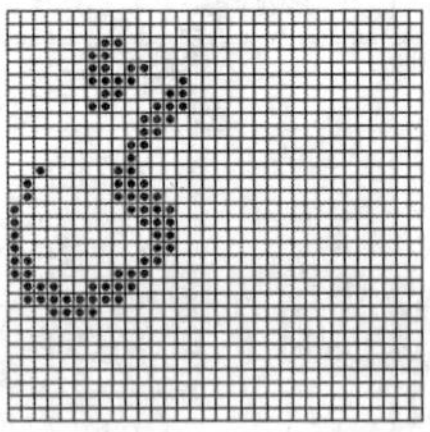

FEB6

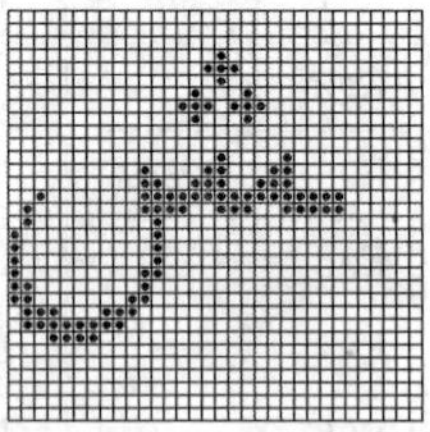

FEDA

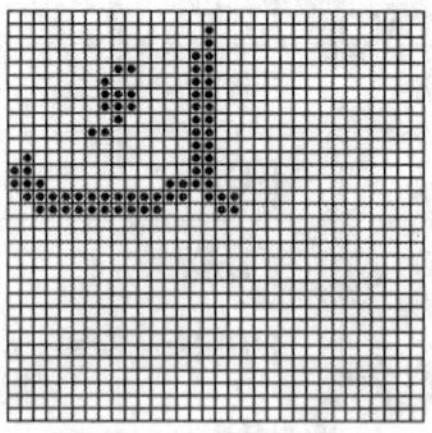

FEFC

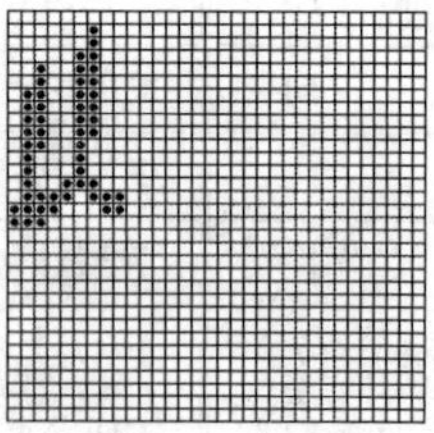

00 00 00 00	00 00 00 00	00 00 00 00	00 00 00 00
00 00 00 00	00 00 00 00	00 01 00 00	02 00 00 00
01 80 00 00	00 00 00 00	00 01 00 00	02 00 00 00
03 00 00 00	00 00 80 00	00 03 00 00	06 00 00 00
03 60 00 00	00 01 C0 00	00 C3 00 00	26 00 00 00
03 C4 00 00	00 00 80 00	01 03 00 00	26 00 00 00
01 8C 00 00	00 02 20 00	01 C3 00 00	66 00 00 00
03 1C 00 00	00 07 70 00	01 C3 00 00	66 00 00 00
00 38 00 00	00 02 20 00	00 83 00 00	66 00 00 00

00	30	00	00	00	00	00	00	03	03	00	00	66	00	00	00
00	60	00	00	00	00	00	00	00	03	00	00	64	00	00	00
00	40	00	00	00	00	84	00	40	03	00	00	44	00	00	00
20	C0	00	00	00	21	8C	00	C0	03	00	00	44	00	00	00
40	E0	00	00	00	33	9C	00	E0	0F	00	00	4E	00	00	00
40	F0	00	00	20	3F	FF	C0	7F	FD	C0	00	7B	80	00	00
80	78	00	00	40	3C	E7	C0	3F	F0	C0	00	F1	80	00	00
80	38	00	00	40	10	00	00	00	00	00	00	E0	00	00	00
80	18	00	00	80	10	00	00	00	00	00	00	00	00	00	00
80	18	00	00	80	10	00	00	00	00	00	00	00	00	00	00
C0	30	00	00	80	10	00	00	00	00	00	00	00	00	00	00
C0	E0	00	00	80	30	00	00	00	00	00	00	00	00	00	00
73	C0	00	00	C0	20	00	00	00	00	00	00	00	00	00	00
7F	80	00	00	C0	60	00	00	00	00	00	00	00	00	00	00
1E	00	00	00	71	C0	00	00	00	00	00	00	00	00	00	00
00	00	00	00	7F	80	00	00	00	00	00	00	00	00	00	00
00	00	00	00	1E	00	00	00	00	00	00	00	00	00	00	00
00	00	00	00	00	00	00	00	00	00	00	00	00	00	00	00
00	00	00	00	00	00	00	00	00	00	00	00	00	00	00	00
00	00	00	00	00	00	00	00	00	00	00	00	00	00	00	00
00	00	00	00	00	00	00	00	00	00	00	00	00	00	00	00
00	00	00	00	00	00	00	00	00	00	00	00	00	00	00	00
00	00	00	00	00	00	00	00	00	00	00	00	00	00	00	00

ICS 35.040
L 71

中华人民共和国国家标准

GB 25892.8—2010

信息技术　维吾尔文、哈萨克文、柯尔克孜文编码字符集 32点阵字型　第8部分：塔里克黑体

Information technology—Uyghur, Kazak, Kirgiz coded character set—32 dot matrix font—Part 8: Teilik bold

2011-01-10 发布　　2011-12-01 实施

中华人民共和国国家质量监督检验检疫总局
中国国家标准化管理委员会　发布

前　言

本部分的全部技术内容为强制性。

GB 25892《信息技术　维吾尔文、哈萨克文、柯尔克孜文编码字符集　32点阵字型》分为如下部分：

——第1部分：正文白体；

——第2部分：正文黑体；

——第3部分：库非白体；

——第4部分：库非黑体；

——第5部分：如克白体；

——第6部分：如克黑体；

——第7部分：塔里克白体；

——第8部分：塔里克黑体；

……

本部分是GB 25892的第8部分。

本部分依据GB 21669—2008《信息技术　维吾尔文、哈萨克文、柯尔克孜文编码字符集》所规定的维吾尔文、哈萨克文、柯尔克孜文名义字符、变形显现字符和共用符号，以我国现行规范的维吾尔文、哈萨克文、柯尔克孜文字形为基础，并依据现行规范维吾尔文、哈萨克文、柯尔克孜文的正字法原则，设计和规定了信息系统用维吾尔文、哈萨克文、柯尔克孜文32点阵塔里克黑体（参见附录A）字型。

本部分的附录A和附录B是资料性附录，附录C是规范性附录。

本部分由全国信息技术标准化技术委员会（SAC/TC 28）提出并归口。

本部分起草单位：中国电子技术标准化研究所、新疆维吾尔自治区民族语言文字工作委员会、潍坊北大青鸟华光照排有限公司、新疆维吾尔自治区信息产业厅。

本部分起草人：佟加·庆夫、熊涛、买买提艾力、代红、亚森·伊明、吕建春、高峡、王玉娇、陈辰、王啸。

引　言

有关字型数据的授权转让使用事宜，字型标准数据的维护、更新及修订工作，统一由归口单位负责。

地　址：北京市东城区安定门东大街1号(北京市1101信箱)
邮　编：100007
电　话：64007689　84029173
传　真：64007681
E-mail：daihong@cesi.ac.cn

信息技术　维吾尔文、哈萨克文、柯尔克孜文编码字符集 32点阵字型　第8部分:塔里克黑体

1　范围

GB 25892的本部分规定了GB 21669—2008中维吾尔文、哈萨克文、柯尔克孜文字符的32点阵塔里克黑体字型。

本部分适用于维吾尔文、哈萨克文、柯尔克孜文信息系统,也适用于其他有关设备。

2　规范性引用文件

下列文件中的条款通过本部分的引用而成为本部分的条款。凡是注日期的引用文件,其随后所有的修改单(不包括勘误的内容)或修订版均不适用于本部分,然而,鼓励根据本部分达成协议的各方研究是否可使用这些文件的最新版本。凡是不注日期的引用文件,其最新版本适用于本部分。

GB 21669—2008　信息技术　维吾尔文、哈萨克文、柯尔克孜文编码字符集

GB 13000　信息技术　通用多八位编码字符集(UCS)(GB 13000—2010,ISO/IEC 10646:2003,IDT)

3　术语和定义

下列术语和定义适用于本部分。

3.1

字形　glyph

一种可辨认的抽象的图形符号,它不依赖于任何特定的设计。

3.2

字型　font

具有同一基本设计的字形图像的集合,如:塔里克黑体。

3.3

点阵字型　dot matrix font

以点的集合来表现图形字符的型(形)。

3.4

字型宽度　font width

点阵图形字符的有效宽度。

3.5

字序　character order

图形字符在集合中按一定规则排列的次序。

4　图形字符

4.1　字符数

本部分根据GB 21669—2008的规定,提供了维吾尔文、哈萨克文、柯尔克孜文图形字符190个,其中:

维吾尔文、哈萨克文、柯尔克孜文名义字符42个;

维吾尔文、哈萨克文、柯尔克孜文变形显现字符143个;

维吾尔文、哈萨克文、柯尔克孜文共用数字、标点符号、特殊符号5个。

4.2　字符字序

本部分提供的190个维吾尔文、哈萨克文、柯尔克孜文名义字符、变形显现字符和共用符号的字型按照GB 13000规定的次序排列。

5 标准数据的管理

为加强对信息交换用产品用维吾尔文、哈萨克文、柯尔克孜文字型与字模标准数据的管理，保证本部分在贯彻执行中数据的一致性和正确性，有关字型数据的授权转让使用事宜，字型标准数据的维护、更新及修订工作，统一由归口单位负责。

6 点阵字型的表示方法

6.1 栅格

栅格由若干条等距离的垂直线与水平线相交叉而形成。

本部分规定的是32点阵字型，其栅格是横向32格，纵向32格。每个方格的中心定为点的中心位置。

栅格仅对构成点阵的各点进行定位，32点阵栅格图如图1所示。

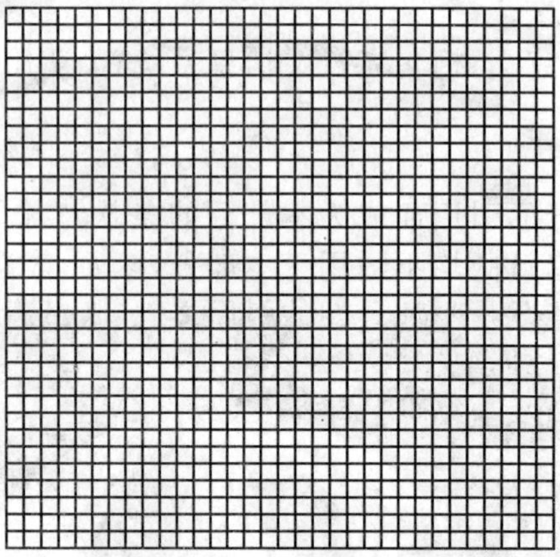

图1 32点阵栅格图

6.2 点

点是构成点阵字型的最小单位，以圆形表示，它是位于各方格内的黑色区域。

6.3 点阵字样

维吾尔文、哈萨克文、柯尔克孜文图形字符点阵字型的字样，由置于栅格内的若干个点的集合来表示。维吾尔文、哈萨克文、柯尔克孜文“ۆ”的32点阵字样如图2所示。

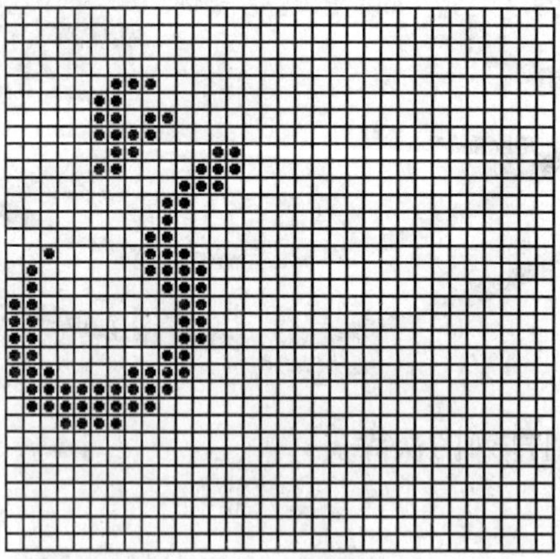

图2 32点阵字母“ۆ”的字样

6.4 字型宽度信息

维吾尔文、哈萨克文、柯尔克孜文是不等宽字体，每个字符都有各自特定的宽度，其宽度由字型宽度信息表来表示，见附录B。

7 点阵字型

7.1 字型数据

维吾尔文、哈萨克文、柯尔克孜文32点阵字型数据的表示，见附录C。

7.2 点阵字型表

本部分提供的 GB 21669—2008 中 190 个维吾尔文、哈萨克文、柯尔克孜文图形字符的 32 点阵塔里克黑体字型见表 1。

表 1 维吾尔文、哈萨克文、柯尔克孜文字型表

060C	061B	061F	0626	0627	0628	062A	062C	062D	062E	062F	0631	0632	0633	0634	0639
،	؛	؟	ئ	ا	ب	ت	ج	ح	خ	د	ر	ز	س	ش	ع
063A	0640	0641	0642	0643	0644	0645	0646	0648	0649	064A	066A	0674	0675	0676	0677
غ	ـ	ف	ق	ك	ل	م	ن	و	ى	ي	٪	ٴ	ٵ	ٶ	ٷ
0678	067E	0686	0698	06AD	06AF	06BE	06C5	06C6	06C7	06C8	06C9	06CB	06D0	06D5	FB56
ٸ	پ	چ	ژ	ڭ	گ	ھ	ۅ	ۆ	ۇ	ۈ	ۉ	ۋ	ې	ە	ﭖ
FB57	FB58	FB59	FB7A	FB7B	FB7C	FB7D	FB8A	FB8B	FB92	FB93	FB94	FB95	FBAA	FBAB	FBAC
ﭗ	ﭘ	ﭙ	ﭺ	ﭻ	ﭼ	ﭽ	ﮊ	ﮋ	ﮒ	ﮓ	ﮔ	ﮕ	ﮪ	ﮫ	ﮬ
FBAD	FBD3	FBD4	FBD5	FBD6	FBD7	FBD8	FBD9	FBDA	FBDB	FBDC	FBDD	FBDE	FBDF	FBE0	FBE1
ﮭ	ﯓ	ﯔ	ﯕ	ﯖ	ﯗ	ﯘ	ﯙ	ﯚ	ﯛ	ﯜ	ﯝ	ﯞ	ﯟ	ﯠ	ﯡ
FBE2	FBE3	FBE4	FBE5	FBE6	FBE7	FBE8	FBE9	FBEA	FBEB	FBEC	FBED	FBEE	FBEF	FBF0	FBF1
ﯢ	ﯣ	ﯤ	ﯥ	ﯦ	ﯧ	ﯨ	ﯩ	ﯪ	ﯫ	ﯬ	ﯭ	ﯮ	ﯯ	ﯰ	ﯱ
FBF2	FBF3	FBF4	FBF5	FBF6	FBF7	FBF8	FBF9	FBFA	FBFB	FE89	FE8A	FE8B	FE8C	FE8D	FE8E
ﯲ	ﯳ	ﯴ	ﯵ	ﯶ	ﯷ	ﯸ	ﯹ	ﯺ	ﯻ	ﺉ	ﺊ	ﺋ	ﺌ	ﺍ	ﺎ
FE8F	FE90	FE91	FE92	FE95	FE96	FE97	FE98	FE9D	FE9E	FE9F	FEA0	FEA1	FEA2	FEA3	FEA4
ﺏ	ﺐ	ﺑ	ﺒ	ﺕ	ﺖ	ﺗ	ﺘ	ﺝ	ﺞ	ﺟ	ﺠ	ﺡ	ﺢ	ﺣ	ﺤ
FEA5	FEA6	FEA7	FEA8	FEA9	FEAA	FEAD	FEAE	FEAF	FEB0	FEB1	FEB2	FEB3	FEB4	FEB5	FEB6
ﺥ	ﺦ	ﺧ	ﺨ	ﺩ	ﺪ	ﺭ	ﺮ	ﺯ	ﺰ	ﺱ	ﺲ	ﺳ	ﺴ	ﺵ	ﺶ
FEB7	FEB8	FEC9	FECA	FECB	FECC	FECD	FECE	FECF	FED0	FED1	FED2	FED3	FED4	FED5	FED6
ﺷ	ﺸ	ﻉ	ﻊ	ﻋ	ﻌ	ﻍ	ﻎ	ﻏ	ﻐ	ﻑ	ﻒ	ﻓ	ﻔ	ﻕ	ﻖ
FED7	FED8	FED9	FEDA	FEDB	FEDC	FEDD	FEDE	FEDF	FEE0	FEE1	FEE2	FEE3	FEE4	FEE5	FEE6
ﻗ	ﻘ	ﻙ	ﻚ	ﻛ	ﻜ	ﻝ	ﻞ	ﻟ	ﻠ	ﻡ	ﻢ	ﻣ	ﻤ	ﻥ	ﻦ
FEE7	FEE8	FEE9	FEEA	FEED	FEEE	FEEF	FEF0	FEF1	FEF2	FEF3	FEF4	FEFB	FEFC		
ﻧ	ﻨ	ﻩ	ﻪ	ﻭ	ﻮ	ﻯ	ﻰ	ﻱ	ﻲ	ﻳ	ﻴ	ﻻ	ﻼ		

附 录 A
(资料性附录)
塔里克黑体

塔里克黑体是维吾尔文、哈萨克文、柯尔克孜文的一种手写体，属拼音文字类型，书写行款自右至左，所有字符均呈各自不同的宽度。“塔里克”意为吊起、停住、按语、附录。塔里克也称为拍日斯书体(波斯体)，祖先留下的古典手抄本的绝大多数是用这种字体写成的。现行维吾尔文、哈萨克文、柯尔克孜文正文白体、黑体的书写与塔依里克体有很大区别。塔里克体自由、欢快、紧凑，字体美如绣品，易读写、容量大，字母之间没有穿插的现象，竖画细，横画粗。点呈斜四方形，越看越想看。塔里克黑体与白体风格一致，只是笔画的粗细、文字线条的轻重上有所不同。

附 录 B
（资料性附录）
字型宽度信息表

维吾尔文、哈萨克文、柯尔克孜文是不等宽字体，其每个字符都有各自特定的宽度，字型宽度信息表定义了本部分中190个点阵图形字符的有效宽度，参见表B.1。

表 B.1 字型宽度信息表

代码	字宽	代码	字宽	代码	字宽	代码	字宽	代码	字宽	代码	字宽
060C	4	0678	19	FBAD	10	FBF2	15	FEA5	12	FED7	7
061B	4	067E	17	FBD3	16	FBF3	16	FEA6	12	FED8	8
061F	7	0686	12	FBD4	18	FBF4	15	FEA7	10	FED9	16
0626	14	0698	8	FBD5	12	FBF5	16	FEA8	10	FEDA	18
0627	3	06AD	16	FBD6	10	FBF6	18	FEA9	7	FEDB	12
0628	17	06AF	21	FBD7	8	FBF7	18	FEAA	11	FEDC	10
062A	17	06BE	13	FBD8	10	FBF8	12	FEAD	5	FEDD	13
062C	12	06C5	8	FBD9	8	FBF9	17	FEAE	12	FEDE	15
062D	12	06C6	8	FBDA	10	FBFA	17	FEAF	6	FEDF	5
062E	12	06C7	8	FBDB	8	FBFB	12	FEB0	12	FEE0	7
062F	7	06C8	8	FBDC	10	FE89	14	FEB1	26	FEE1	8
0631	6	06C9	8	FBDD	12	FE8A	12	FEB2	27	FEE2	8
0632	7	06CB	9	FBDE	9	FE8B	7	FEB3	17	FEE3	7
0633	26	06D0	14	FBDF	10	FE8C	8	FEB4	19	FEE4	8
0634	26	06D5	6	FBE0	8	FE8D	3	FEB5	26	FEE5	12
0639	12	FB56	17	FBE1	10	FE8E	6	FEB6	27	FEE6	15
063A	12	FB57	19	FBE2	8	FE8F	17	FEB7	17	FEE7	7
0640	9	FB58	7	FBE3	10	FE90	19	FEB8	19	FEE8	8
0641	15	FB59	8	FBE4	14	FE91	7	FEC9	12	FEE9	6
0642	13	FB7A	12	FBE5	12	FE92	8	FECA	12	FEEA	7
0643	16	FB7B	12	FBE6	7	FE95	17	FECB	8	FEED	8
0644	13	FB7C	10	FBE7	8	FE96	19	FECC	8	FEEE	10
0645	8	FB7D	10	FBE8	7	FE97	7	FECD	12	FEEF	14
0646	12	FB8A	9	FBE9	8	FE98	8	FECE	12	FEF0	12
0648	8	FB8B	12	FBEA	10	FE9D	12	FECF	8	FEF1	14
0649	14	FB92	21	FBEB	11	FE9E	12	FED0	8	FEF2	12
064A	14	FB93	20	FBEC	14	FE9F	10	FED1	15	FEF3	7
066A	12	FB94	11	FBED	14	FEA0	10	FED2	17	FEF4	8
0674	5	FB95	11	FBEE	16	FEA1	12	FED3	7	FEFB	7
0675	9	FBAA	13	FBEF	16	FEA2	12	FED4	9	FEFC	9
0676	9	FBAB	13	FBF0	15	FEA3	10	FED5	13		
0677	12	FBAC	10	FBF1	17	FEA4	10	FED6	15		

附　录　C
（规范性附录）
32 点阵字型数据

C.1　32 点阵字型数据的表示

本部分中，图形字符的字型可由点阵数据来表示。每个字型的点阵数据为 32×32（横行点数×纵列点数），共 1 024 个二进制位，128 个字节。

C.2　32 点阵字型数据的记录格式

32 点阵字型数据的 128 个字节排列次序是以 0 字节开始至 127 字节结束，均用十六进制表示，每行四个字节，记录格式如下：

行数	列数																
	0	1	2	3	4	5	6	7	……	24	25	26	27	28	29	30	31
0	0 字节								……	3 字节							
1 2 3 4 ⋮ 30																	
31	124 字节								……	127 字节							

C.3　32 点阵字型数据举例

0626　　FEB6　　FEDA　　FEFC

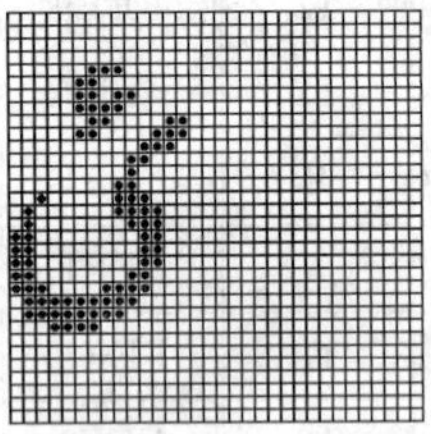
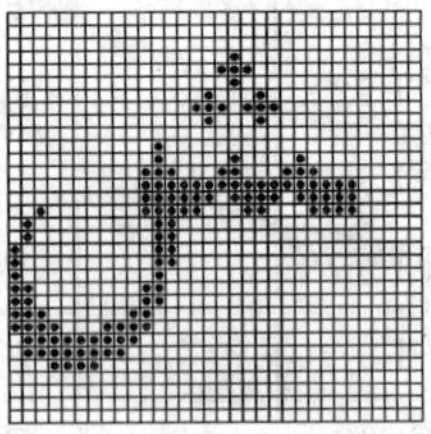
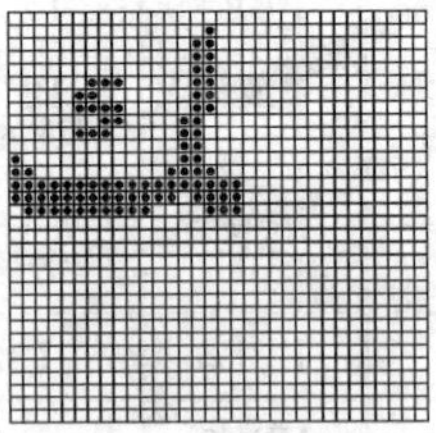
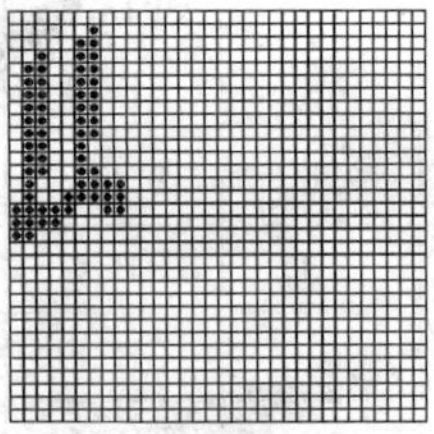

0626	FEB6	FEDA	FEFC
00 00 00 00	00 00 00 00	00 00 00 00	00 00 00 00
00 00 00 00	00 00 00 00	00 01 00 00	02 00 00 00
00 00 00 00	00 00 00 00	00 03 00 00	06 00 00 00
00 00 00 00	00 00 40 00	00 03 00 00	26 00 00 00
03 80 00 00	00 00 E0 00	00 03 00 00	66 00 00 00
06 00 00 00	00 00 40 00	03 83 00 00	66 00 00 00
06 C0 00 00	00 01 10 00	06 03 00 00	66 00 00 00
07 80 00 00	00 03 B8 00	07 83 00 00	66 00 00 00
03 0C 00 00	00 01 10 00	01 86 00 00	66 00 00 00

06 1C 00 00	00 00 00 00	07 06 00 00	66 00 00 00
00 38 00 00	00 10 00 00	00 06 00 00	64 00 00 00
00 60 00 00	00 10 42 00	80 06 00 00	64 00 00 00
00 40 00 00	00 38 C7 00	C0 0F 00 00	66 00 00 00
00 C0 00 00	00 3F FF E0	FF FF C0 00	47 80 00 00
20 E0 00 00	00 3F 7B E0	FF FB C0 00	4F 80 00 00
40 F0 00 00	20 3E 31 E0	7F E1 C0 00	F9 80 00 00
40 70 00 00	40 18 00 00	00 00 00 00	F0 00 00 00
C0 30 00 00	40 18 00 00	00 00 00 00	C0 00 00 00
C0 30 00 00	80 18 00 00	00 00 00 00	00 00 00 00
C0 30 00 00	80 18 00 00	00 00 00 00	00 00 00 00
C0 60 00 00	80 10 00 00	00 00 00 00	00 00 00 00
E1 E0 00 00	C0 30 00 00	00 00 00 00	00 00 00 00
7F C0 00 00	C0 30 00 00	00 00 00 00	00 00 00 00
7F 80 00 00	E0 60 00 00	00 00 00 00	00 00 00 00
1E 00 00 00	F1 E0 00 00	00 00 00 00	00 00 00 00
00 00 00 00	7F C0 00 00	00 00 00 00	00 00 00 00
00 00 00 00	7F 80 00 00	00 00 00 00	00 00 00 00
00 00 00 00	1E 00 00 00	00 00 00 00	00 00 00 00
00 00 00 00	00 00 00 00	00 00 00 00	00 00 00 00
00 00 00 00	00 00 00 00	00 00 00 00	00 00 00 00
00 00 00 00	00 00 00 00	00 00 00 00	00 00 00 00
00 00 00 00	00 00 00 00	00 00 00 00	00 00 00 00

ICS 35.040
L 71

中华人民共和国国家标准

GB 25893.1—2010

信息技术　通用多八位编码字符集　蒙古文名义字符与变形显现字符　16 点阵字型　第 1 部分:白体

Information technology—Universal multi-octet coded character set—Mongolian nominal characters and presentation forms—16 Dot matrix font—Part 1:Bai Ti

2011-01-10 发布　　2011-11-01 实施

中华人民共和国国家质量监督检验检疫总局
中国国家标准化管理委员会　发布

前　言

本部分的全部技术内容为强制性。

GB 25893《信息技术　通用多八位编码字符集　蒙古文名义字符与变形显现字符　16 点阵字型》分为如下部分：

——第 1 部分：白体；

——第 2 部分：新闻体。

本部分是 GB 25893 的第 1 部分。

本部分是依据 GB/T 26226《信息技术　蒙古文变形显现字符集和控制字符使用规则》所规定的蒙古文名义字符与变形显现字符，以我国蒙古语地区规范的白体字型为基础，设计和规定了信息处理用蒙古文 16 点阵白体(参见附录 A)字型。

本部分的附录 A、附录 B、附录 C 是资料性附录，附录 D 是规范性附录。

本部分由全国信息技术标准化技术委员会(SAC/TC 28)提出并归口。

本部分起草单位：中国电子技术标准化研究所、内蒙古大学、北京北大方正电子有限公司、内蒙古自治区蒙古语文工作委员会。

本部分起草人：唐英敏、何正安、确精扎布、贺喜格都仁、张国荣、代红。

引　言

有关字型数据的授权转让使用事宜，字型标准数据的维护、更新及修订工作，统一由归口单位负责。

信息技术　通用多八位编码字符集 蒙古文名义字符与变形显现字符 16点阵字型　第1部分:白体

1　范围

GB 25893的本部分规定了GB/T 26226中的蒙古文名义字符与变形显现字符的16点阵白体字型。

本部分适用于蒙古文信息处理用的点阵式显示设备和印刷设备,也可用于其他相关设备。

2　规范性引用文件

下列文件中的条款通过本部分的引用而成为本部分的条款。凡是注日期的引用文件,其随后所有的修改单(不包括勘误的内容)或修订版均不适用于本部分,然而,鼓励根据本部分达成协议的各方研究是否可使用这些文件的最新版本。凡是不注日期的引用文件,其最新版本适用于本部分。

GB 13000　信息技术　通用多八位编码字符集(UCS)(GB 13000—2010,ISO/IEC 10646:2003,IDT)

GB/T 26226　信息技术　蒙古文变形显现字符集和控制字符使用规则

3　术语和定义

下列术语和定义适用于本部分。

3.1

字形　glyph

一种可辨认的抽象的图形符号,它不依赖于任何特定的设计。

3.2

字型　font

具有同一基本设计的字形图像的集合,如:白体。

3.3

点阵字型　dot matrix font

以点的集合来表现图形字符的(型)形。

3.4

字序　character order

图形字符在集合中按一定规则排列的次序。

3.5

字高　font height

点阵图形字符的有效高度,以点数计算。

4　蒙古文图形字符

4.1　字符数

本部分依据GB/T 26226的规定,提供了502个蒙古文图形字符,其中:

a)　名义字符156个;

b)　单个变形显现字符152个;

c)　强制性合体字194个。

蒙古文图形字符的代码和序号数据的信息参见附录 B。

4.2 字符字序

本部分提供了 502 个蒙古文图形字符的点阵字型，其排列顺序按照 GB/T 26226 规定的次序排列。

5 标准数据的管理

为加强对信息技术产品用蒙古文字字型与字模标准数据的管理，保证本部分在贯彻执行中数据的一致性和正确性。有关字型数据的授权转让的使用事宜，字型标准数据的维护、更新及修订工作，统一由归口单位负责。

6 点阵字型的表示方法

6.1 栅格

栅格由若干条等距离的垂直线与水平线相交叉而形成。

本部分规定 16 点阵(指字框)字型，其栅格是横向 16 格，纵向 16 格。每个方格的中心定为点的中心位置。

栅格仅对构成点阵的各点进行定位，16 点阵栅格图如图 1 所示。

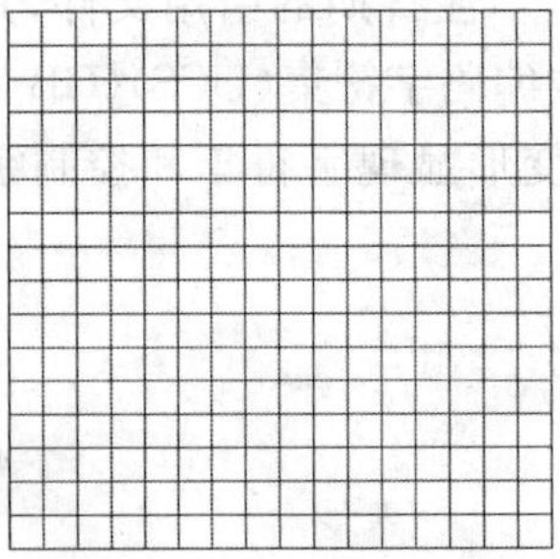

图 1 16 点阵栅格图

6.2 点

点是构成点阵字型的最小单位，以圆形或方形表示，它是位于各方格内的黑色区域。

6.3 点阵字样

蒙古文图形字符点阵字型的字样，由置于栅格内的若干个点的集合来表示。蒙古文“”的 16 点阵白体字样如图 2 所示。

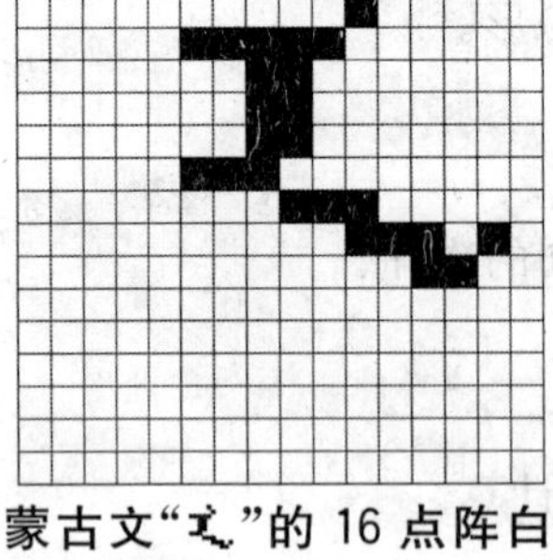

图 2 蒙古文“”的 16 点阵白体字样

6.4 点阵字高数据

本部分提供的 502 个蒙古文 16 点阵白体字型字高数据参见附录 C。

7 蒙古文点阵字型

7.1 点阵字型数据

本部分提供的 502 个蒙古文 16 点阵白体字型数据的表示见附录 D。

7.2　点阵字型

本部分依据 GB/T 26226 的规定，提供的 502 个蒙古文图形字符的 16 点阵白体字型如下：

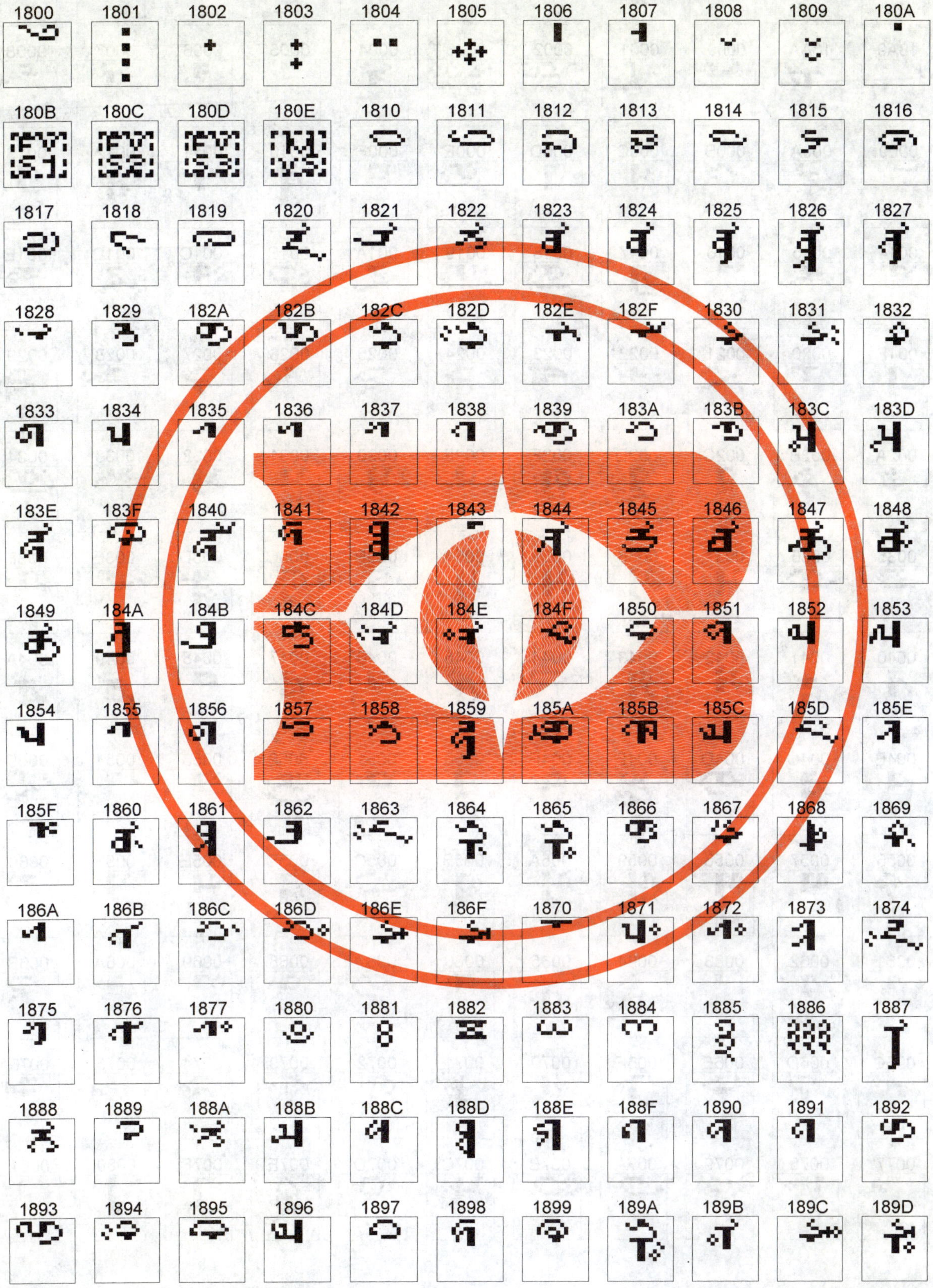

189E 189F 18A0 18A1 18A2 18A3 18A4 18A5 18A6 18A7 18A8
18A9 18AA 0000 0001 0002 0003 0004 0005 0006 0007 0008
0009 000A 000B 000C 000D 000E 000F 0010 0011 0012 0013
0014 0015 0016 0017 0018 0019 001A 001B 001C 001D 001E
001F 0020 0021 0022 0023 0024 0025 0026 0027 0028 0029
002A 002B 002C 002D 002E 002F 0030 0031 0032 0033 0034
0035 0036 0037 0038 0039 003A 003B 003C 003D 003E 003F
0040 0041 0042 0043 0044 0045 0046 0047 0048 0049 004A
004B 004C 004D 004E 004F 0050 0051 0052 0053 0054 0055
0056 0057 0058 0059 005A 005B 005C 005D 005E 005F 0060
0061 0062 0063 0064 0065 0066 0067 0068 0069 006A 006B
006C 006D 006E 006F 0070 0071 0072 0073 0074 0075 0076
0077 0078 0079 007A 007B 007C 007D 007E 007F 0080 0081

0082 0083 0084 0085 0086 0087 0088 0089 008A 008B 008C
008D 008E 008F 0090 0091 0092 0093 0094 0095 0096 0097
0100 0101 0102 0103 0104 0105 0106 0107 0108 0109 010A
010B 010C 010D 010E 010F 0110 0111 0112 0113 0114 0115
0116 0117 0118 0119 011A 011B 011C 011D 011E 011F 0120
0121 0122 0123 0124 0125 0126 0127 0128 0129 012A 012B
012C 012D 012E 012F 0130 0131 0132 0133 0134 0135 0136
0137 0138 0139 013A 013B 013C 013D 013E 013F 0140 0141
0142 0143 0144 0145 0146 0147 0148 0149 014A 014B 014C
014D 014E 014F 0150 0151 0152 0153 0154 0155 0156 0157
0158 0159 015A 015B 015C 015D 015E 015F 0160 0161 0162
0163 0164 0165 0166 0167 0168 0169 016A 016B 016C 016D
016E 016F 0170 0171 0172 0173 0174 0175 0176 0177 0178

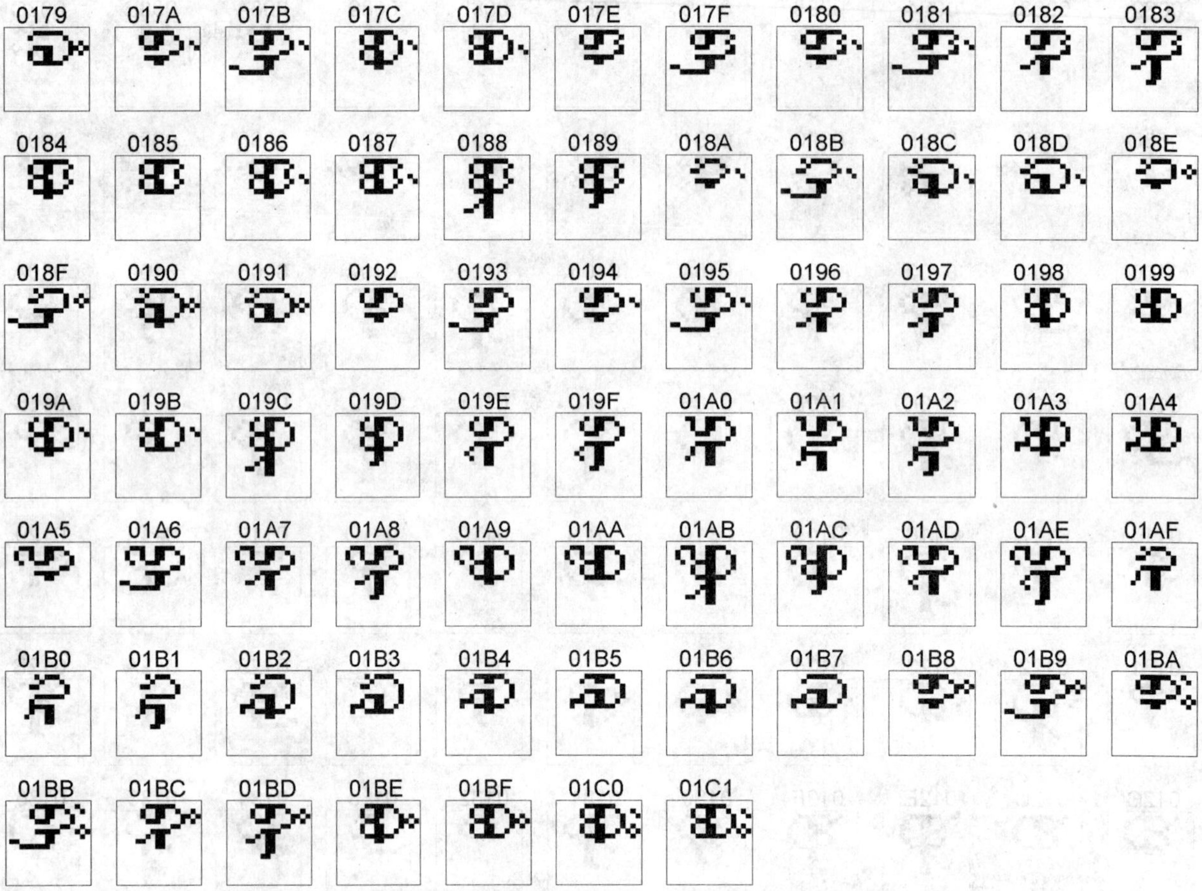
0179 017A 017B 017C 017D 017E 017F 0180 0181 0182 0183
0184 0185 0186 0187 0188 0189 018A 018B 018C 018D 018E
018F 0190 0191 0192 0193 0194 0195 0196 0197 0198 0199
019A 019B 019C 019D 019E 019F 01A0 01A1 01A2 01A3 01A4
01A5 01A6 01A7 01A8 01A9 01AA 01AB 01AC 01AD 01AE 01AF
01B0 01B1 01B2 01B3 01B4 01B5 01B6 01B7 01B8 01B9 01BA
01BB 01BC 01BD 01BE 01BF 01C0 01C1

附 录 A
（资料性附录）
白 体

白体源自于木刻及铅印版本的各类蒙古文书籍，是蒙古文信息处理使用的蒙古文字体之一，是经过反复修改完善、使用时间最长、使用范围最广的字体。

附 录 B
（资料性附录）
蒙古文图形字符代码和序号的数据

本部分提供了502个蒙古文图形字符，其中156个名义字符在GB 13000中有代码，346个变形显现字符在GB 13000中没有代码，但在GB/T 26226中为变形显现字符规定了序号。本部分提供的502个蒙古文图形字符的代码和序号数据信息如下：

a） 156个蒙古文名义字符的代码：在1800～18AF范围内；

b） 152个蒙古文单个变形显现字符：在0000～009F范围内；

c） 194个蒙古文强制性合体字的序号：在0100～01CF范围内。

附 录 C
（资料性附录）
蒙古文16点阵白体字型字高数据

蒙古文是不等高字体，其每个字符都有各自特定的高度。本部分提供了502个蒙古文16点阵白体字型字高数据，其中名义字符点阵字型字高数据见表C.1，单个变形显现字符点阵字型字高数据见表C.2，强制性合体字点阵字型字高数据见表C.3。

表C.1 蒙古文名义字符点阵字型字高数据

代码	高度	代码	高度	代码	高度	代码	高度	代码	高度	代码	高度
1800	4	1821	6	183B	5	1855	4	186F	6	1891	6
1801	16	1822	7	183C	8	1856	6	1870	2	1892	6
1802	16	1823	8	183D	8	1857	4	1871	6	1893	6
1803	16	1824	9	183E	10	1858	6	1872	5	1894	5
1804	16	1825	11	183F	6	1859	10	1873	8	1895	5
1805	16	1826	13	1840	10	185A	6	1874	8	1896	6
1806	5	1827	11	1841	6	185B	6	1875	6	1897	5
1807	5	1828	4	1842	10	185C	6	1876	6	1898	7
1808	16	1829	6	1843	2	185D	6	1877	4	1899	6
1809	16	182A	6	1844	9	185E	6	1880	8	189A	11
180A	2	182B	6	1845	8	185F	4	1881	9	189B	8
180B	14	182C	7	1846	8	1860	8	1882	7	189C	6
180C	14	182D	7	1847	10	1861	9	1883	6	189D	9
180D	14	182E	5	1848	8	1862	6	1884	6	189E	6
180E	14	182F	4	1849	10	1863	6	1885	13	189F	7
1810	6	1830	6	184A	9	1864	10	1886	11	18A0	6
1811	6	1831	6	184B	7	1865	10	1887	13	18A1	11
1812	9	1832	6	184C	7	1866	6	1888	8	18A2	6
1813	8	1833	6	184D	6	1867	6	1889	5	18A3	5
1814	6	1834	6	184E	6	1868	8	188A	7	18A4	6
1815	8	1835	4	184F	6	1869	7	188B	7	18A5	6
1816	7	1836	4	1850	5	186A	5	188C	6	18A6	3
1817	8	1837	4	1851	6	186B	7	188D	10	18A7	7
1818	8	1838	5	1852	6	186C	5	188E	8	18A8	9
1819	6	1839	6	1853	7	186D	5	188F	6	18A9	4
1820	10	183A	5	1854	6	186E	6	1890	6	18AA	7

表 C.2 蒙古文单个变形显现字符点阵字型字高数据

序号	高度	序号	高度	序号	高度	序号	高度	序号	高度	序号	高度
0000	9	001A	7	0034	6	004E	9	0068	4	0082	2
0001	11	001B	5	0035	5	004F	5	0069	4	0083	11
0002	9	001C	4	0036	5	0050	7	006A	4	0084	4
0003	9	001D	7	0037	7	0051	4	006B	7	0085	4
0004	6	001E	4	0038	8	0052	8	006C	4	0086	6
0005	2	001F	6	0039	7	0053	4	006D	8	0087	6
0006	4	0020	4	003A	8	0054	4	006E	5	0088	4
0007	5	0021	6	003B	7	0055	7	006F	11	0089	7
0008	6	0022	4	003C	9	0056	7	0070	5	008A	5
0009	2	0023	5	003D	9	0057	5	0071	9	008B	5
000A	8	0024	5	003E	4	0058	7	0072	6	008C	6
000B	4	0025	8	003F	5	0059	6	0073	5	008D	6
000C	5	0026	5	0040	7	005A	7	0074	5	008E	5
000D	7	0027	7	0041	10	005B	8	0075	5	008F	8
000E	6	0028	5	0042	6	005C	5	0076	5	0090	8
000F	4	0029	8	0043	8	005D	8	0077	4	0091	7
0010	11	002A	6	0044	4	005E	5	0078	5	0092	6
0011	7	002B	8	0045	9	005F	7	0079	4	0093	5
0012	9	002C	7	0046	5	0060	2	007A	5	0094	5
0013	7	002D	11	0047	7	0061	4	007B	5	0095	5
0014	3	002E	8	0048	4	0062	6	007C	5	0096	7
0015	6	002F	5	0049	8	0063	3	007D	5	0097	4
0016	2	0030	7	004A	9	0064	9	007E	12		
0017	8	0031	5	004B	5	0065	9	007F	9		
0018	6	0032	7	004C	7	0066	5	0080	10		
0019	6	0033	6	004D	6	0067	6	0081	3		

表 C.3 蒙古文强制性合体字点阵字型字高数据

序号	高度	序号	高度	序号	高度	序号	高度	序号	高度	序号	高度
0100	7	0121	9	0142	12	0163	7	0184	8	01A5	7
0101	9	0122	12	0143	10	0164	8	0185	7	01A6	9
0102	9	0123	8	0144	9	0165	7	0186	8	01A7	9
0103	11	0124	7	0145	10	0166	8	0187	7	01A8	11
0104	8	0125	10	0146	10	0167	7	0188	12	01A9	8
0105	7	0126	9	0147	11	0168	7	0189	10	01AA	7
0106	12	0127	9	0148	12	0169	9	018A	6	01AB	12
0107	10	0128	7	0149	8	016A	10	018B	8	01AC	10
0108	10	0129	9	014A	7	016B	9	018C	8	01AD	10
0109	11	012A	9	014B	8	016C	10	018D	7	01AE	12
010A	7	012B	11	014C	7	016D	9	018E	6	01AF	9
010B	9	012C	8	014D	8	016E	5	018F	8	01B0	10
010C	9	012D	7	014E	10	016F	7	0190	8	01B1	11
010D	11	012E	12	014F	11	0170	7	0191	7	01B2	9
010E	8	012F	10	0150	12	0171	9	0192	7	01B3	8
010F	7	0130	10	0151	13	0172	8	0193	9	01B4	8
0110	12	0131	11	0152	10	0173	7	0194	7	01B5	7
0111	10	0132	6	0153	9	0174	5	0195	9	01B6	8
0112	10	0133	8	0154	10	0175	7	0196	9	01B7	7
0113	11	0134	8	0155	9	0176	7	0197	10	01B8	7
0114	5	0135	10	0156	10	0177	9	0198	8	01B9	9
0115	7	0136	9	0157	9	0178	8	0199	7	01BA	7
0116	7	0137	8	0158	9	0179	7	019A	8	01BB	9
0117	9	0138	13	0159	10	017A	7	019B	7	01BC	9
0118	12	0139	11	015A	11	017B	9	019C	12	01BD	11
0119	8	013A	9	015B	8	017C	8	019D	10	01BE	8
011A	7	013B	10	015C	7	017D	7	019E	10	01BF	7
011B	10	013C	6	015D	8	017E	7	019F	11	01C0	8
011C	8	013D	8	015E	9	017F	9	01A0	10	01C1	7
011D	9	013E	8	015F	10	0180	7	01A1	11		
011E	5	013F	10	0160	8	0181	9	01A2	12		
011F	7	0140	8	0161	7	0182	9	01A3	8		
0120	7	0141	7	0162	5	0183	11	01A4	7		

附　录　D
（规范性附录）
蒙古文 16 点阵白体字型数据

D.1　16 点阵字型数据的表示

本部分中，蒙古文的字型可由其点阵数据来表示。每个字型的点阵数据为 16×16（横行点数×纵列点数），共 256 个二进制位，32 个字节。

D.2　蒙古文点阵字型数据的记录格式

蒙古文 16 点阵字型数据的 32 个字节排列次序是以 0 字节开始至 31 个字节结束，均用十六进制表示，其记录格式如下：

行数	列数															
	0	1	2	3	4	5	6	7	8	9	10	11	12	13	14	15
0	0 字节								1 字节							
1 2 3 4 ⋮																
15	30 字节								31 字节							

D.3　蒙古文 16 点阵白体字型数据举例

1820（名义字符）

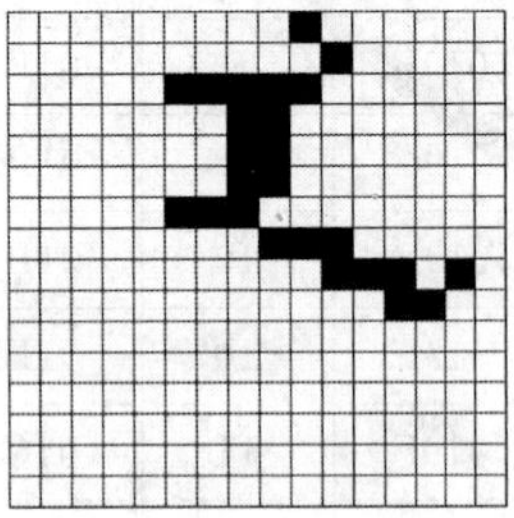

00　40
00　20
07　C0
01　80
01　80
01　80
07　00
00　E0

0010（变形显现字符）

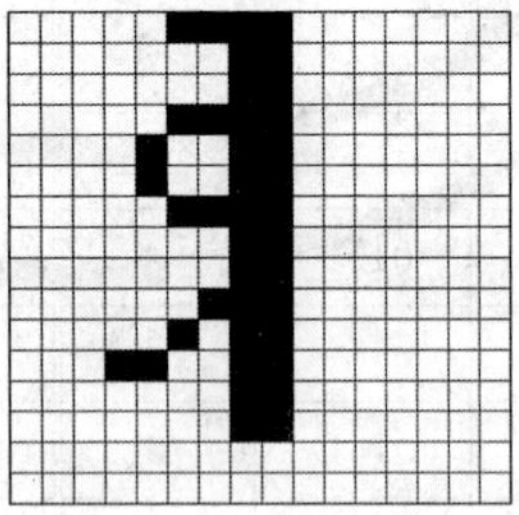

07　80
01　80
01　80
07　80
09　80
09　80
07　80
01　80

00 3A	01 80
00 0C	03 80
00 00	05 80
00 00	19 80
00 00	01 80
00 00	01 80
00 00	00 00
00 00	00 00

ICS 35.040
L 71

中华人民共和国国家标准

GB 25893.2—2010

信息技术 通用多八位编码字符集 蒙古文名义字符与变形显现字符 16点阵字型 第2部分:新闻体

Information technology—Universal multi-octet coded character set—Mongolian nominal characters and presentation forms—16 Dot matrix font—Part 2:Xinwen Ti

2011-01-10 发布　　2011-12-01 实施

中华人民共和国国家质量监督检验检疫总局
中国国家标准化管理委员会　发布

前　言

本部分的全部技术内容为强制性。

GB 25893《信息技术　通用多八位编码字符集　蒙古文名义字符与变形显现字符　16点阵字型》分为如下部分：

——第1部分：白体；

——第2部分：新闻体。

本部分是GB 25893的第2部分。

本部分是依据GB/T 26226《信息技术　蒙古文变形显现字符集和控制字符使用规则》所规定的蒙古文名义字符与变形显现字符，以我国蒙古语地区规范的新闻体字型为基础，设计和规定了信息处理用蒙古文16点阵新闻体（参见附录A）字型。

本部分的附录A、附录B、附录C是资料性附录，附录D是规范性附录。

本部分由全国信息技术标准化技术委员会（SAC/TC 28）提出并归口。

本部分起草单位：中国电子技术标准化研究所、内蒙古大学、北京北大方正电子有限公司、内蒙古自治区蒙古语文工作委员会。

本部分起草人：何正安、确精扎布、吕肖庆、贺喜格都仁、张国荣、代红。

引　言

有关字型数据的授权转让使用事宜，字型标准数据的维护、更新及修订工作，统一由归口单位负责。

信息技术　通用多八位编码字符集 蒙古文名义字符与变形显现字符 16 点阵字型　第 2 部分：新闻体

1　范围

GB 25893 的本部分规定了 GB/T 26226 中的蒙古文名义字符与变形显现字符的 16 点阵新闻体字型。

本部分适用于蒙古文信息处理用的点阵式显示设备和印刷设备，也可用于其他相关设备。

2　规范性引用文件

下列文件中的条款通过本部分的引用而成为本部分的条款。凡是注日期的引用文件，其随后所有的修改单(不包括勘误的内容)或修订版均不适用于本部分，然而，鼓励根据本部分达成协议的各方研究是否可使用这些文件的最新版本。凡是不注日期的引用文件，其最新版本适用于本部分。

GB 13000　信息技术　通用多八位编码字符集(UCS)(GB 13000—2010，ISO/IEC 10646:2003，IDT)

GB/T 26226　信息技术　蒙古文变形显现字符集和控制字符使用规则

3　术语和定义

下列术语和定义适用于本部分。

3.1

字形　glyph

一种可辨认的抽象的图形符号，它不依赖于任何特定的设计。

3.2

字型　font

具有同一基本设计的字形图像的集合，如：新闻体。

3.3

点阵字型　dot matrix font

以点的集合来表现图形字符的(型)形。

3.4

字序　character order

图形字符在集合中按一定规则排列的次序。

3.5

字高　font height

点阵图形字符的有效高度，以点数计算。

4　蒙古文图形字符

4.1　字符数

本部分依据 GB/T 26226 的规定，提供了 502 个蒙古文图形字符，其中：

a)　名义字符 156 个；

b)　单个变形显现字符 152 个；

c)　强制性合体字 194 个。

蒙古文图形字符的代码和序号数据的信息参见附录 B。

4.2 字符字序

本部分提供了 502 个蒙古文图形字符的点阵字型，其排列顺序按照 GB/T 26226 规定的次序排列。

5 标准数据的管理

为加强对信息技术产品用蒙古文字字型与字模标准数据的管理，保证本部分在贯彻执行中数据的一致性和正确性。有关字型数据的授权转让的使用事宜，字型标准数据的维护、更新及修订工作，统一由归口单位负责。

6 点阵字型的表示方法

6.1 栅格

栅格由若干条等距离的垂直线与水平线相交叉而形成。

本部分规定 16 点阵(指字框)字型，其栅格是横向 16 格，纵向 16 格。每个方格的中心定为点的中心位置。

栅格仅对构成点阵的各点进行定位，16 点阵栅格图如图 1 所示。

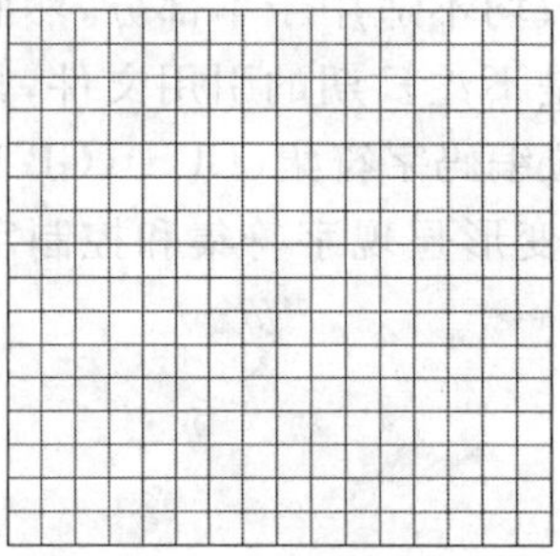

图 1 16 点阵栅格图

6.2 点

点是构成点阵字型的最小单位，以圆形或方形表示，它是位于各方格内的黑色区域。

6.3 点阵字样

蒙古文图形字符点阵字型的字样，由置于栅格内的若干个点的集合来表示。蒙古文“ᠠ”的 16 点阵新闻体字样如图 2 所示。

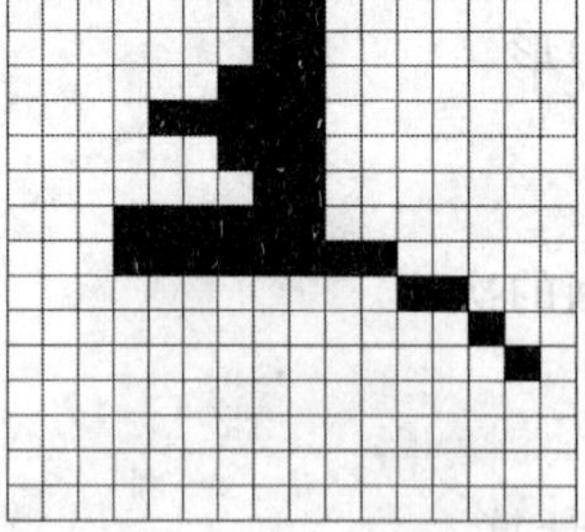

图 2 蒙古文“ᠠ”的 16 点阵新闻体字样

6.4 点阵字高数据

本部分提供的 502 个蒙古文 16 点阵新闻体字型字高数据参见附录 C。

7 蒙古文点阵字型

7.1 点阵字型数据

本部分提供的 502 个蒙古文 16 点阵新闻体字型数据的表示见附录 D。

7.2 点阵字型

本部分依据 GB/T 26226 的规定，提供的 502 个蒙古文图形字符的 16 点阵新闻体字型如下：

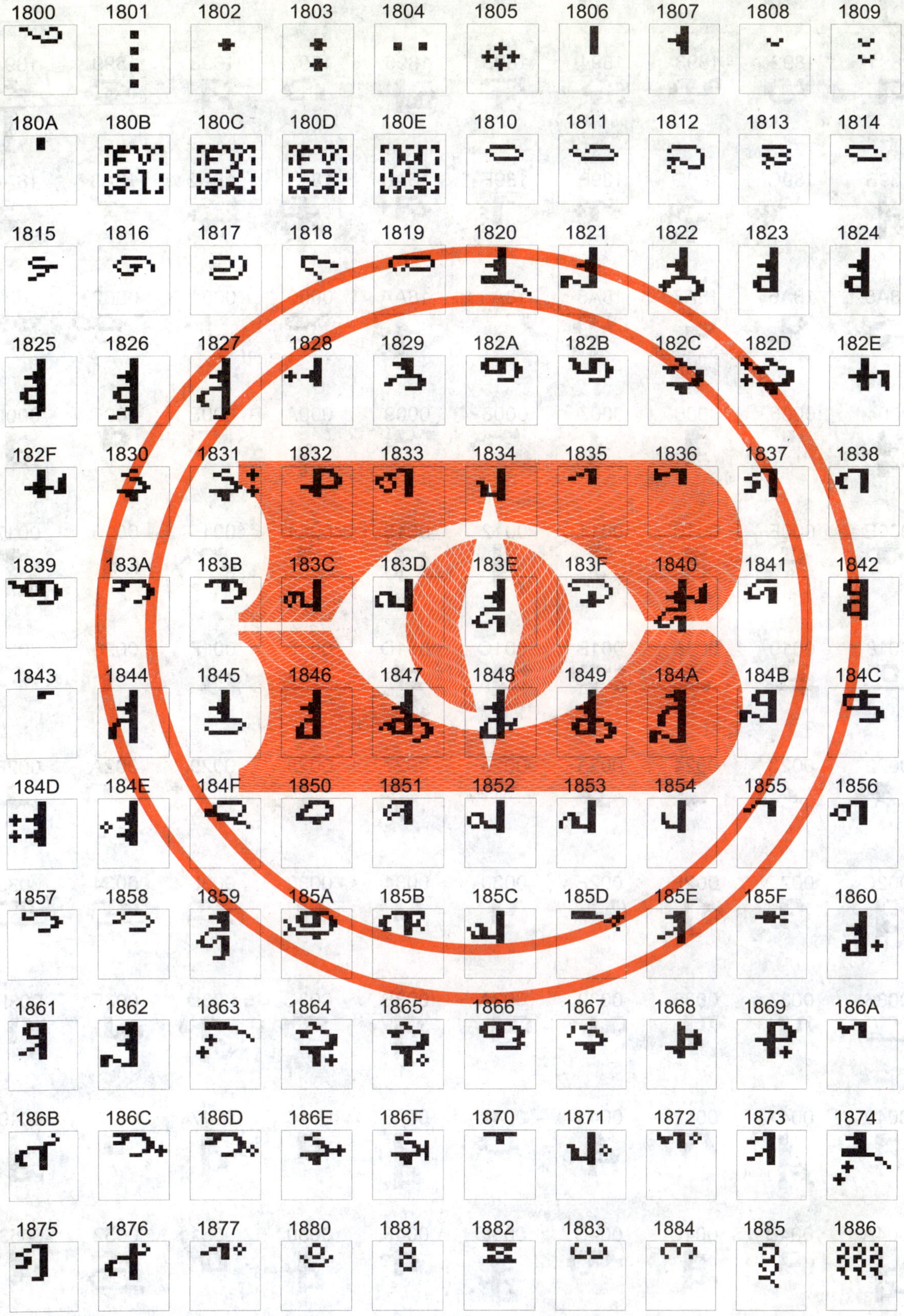

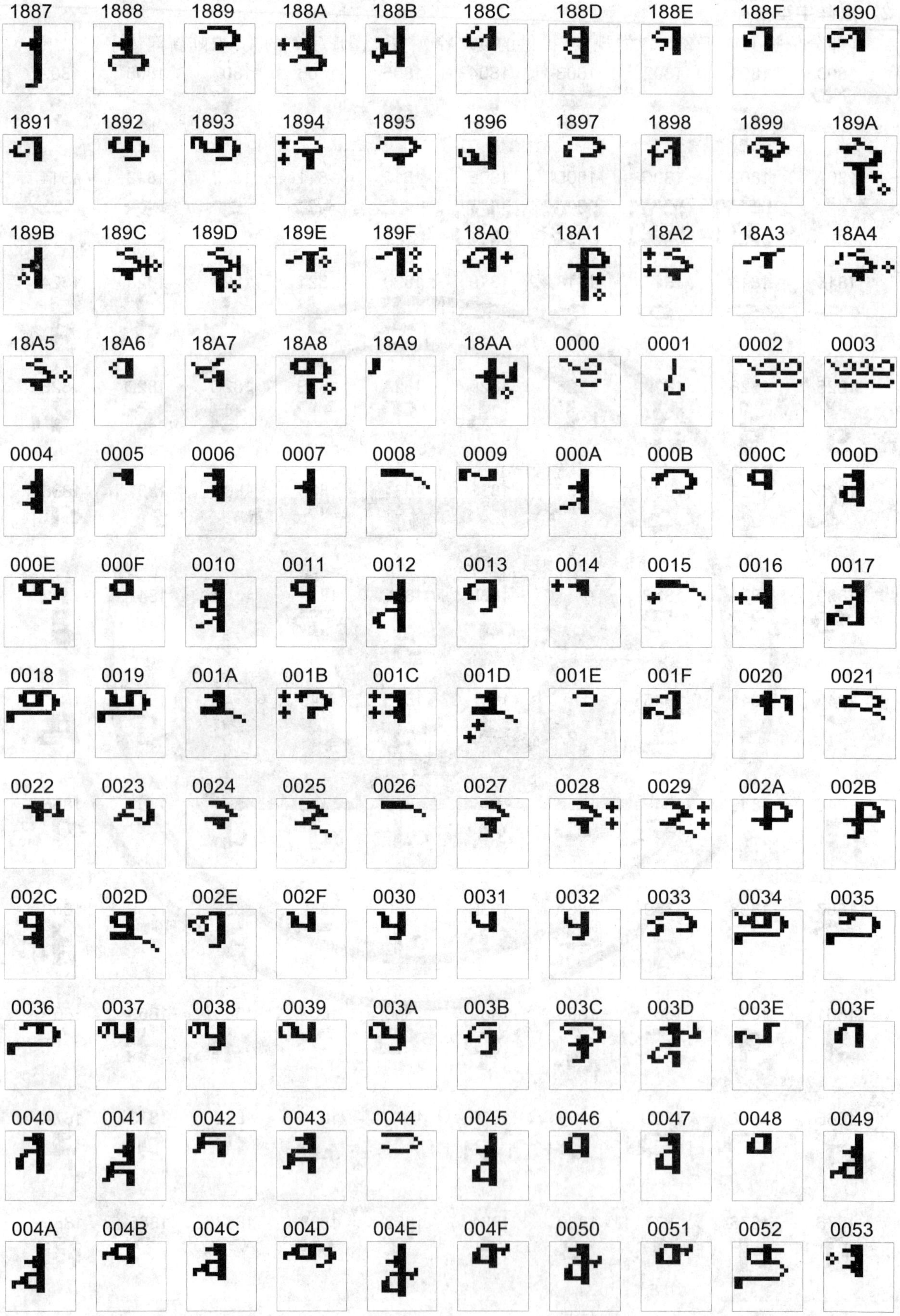
1887 1888 1889 188A 188B 188C 188D 188E 188F 1890
1891 1892 1893 1894 1895 1896 1897 1898 1899 189A
189B 189C 189D 189E 189F 18A0 18A1 18A2 18A3 18A4
18A5 18A6 18A7 18A8 18A9 18AA 0000 0001 0002 0003
0004 0005 0006 0007 0008 0009 000A 000B 000C 000D
000E 000F 0010 0011 0012 0013 0014 0015 0016 0017
0018 0019 001A 001B 001C 001D 001E 001F 0020 0021
0022 0023 0024 0025 0026 0027 0028 0029 002A 002B
002C 002D 002E 002F 0030 0031 0032 0033 0034 0035
0036 0037 0038 0039 003A 003B 003C 003D 003E 003F
0040 0041 0042 0043 0044 0045 0046 0047 0048 0049
004A 004B 004C 004D 004E 004F 0050 0051 0052 0053

0054	0055	0056	0057	0058	0059	005A	005B	005C	005D
005E	005F	0060	0061	0062	0063	0064	0065	0066	0067
0068	0069	006A	006B	006C	006D	006E	006F	0070	0071
0072	0073	0074	0075	0076	0077	0078	0079	007A	007B
007C	007D	007E	007F	0080	0081	0082	0083	0084	0085
0086	0087	0088	0089	008A	008B	008C	008D	008E	008F
0090	0091	0092	0093	0094	0095	0096	0097	0100	0101
0102	0103	0104	0105	0106	0107	0108	0109	010A	010B
010C	010D	010E	010F	0110	0111	0112	0113	0114	0115
0116	0117	0118	0119	011A	011B	011C	011D	011E	011F
0120	0121	0122	0123	0124	0125	0126	0127	0128	0129
012A	012B	012C	012D	012E	012F	0130	0131	0132	0133

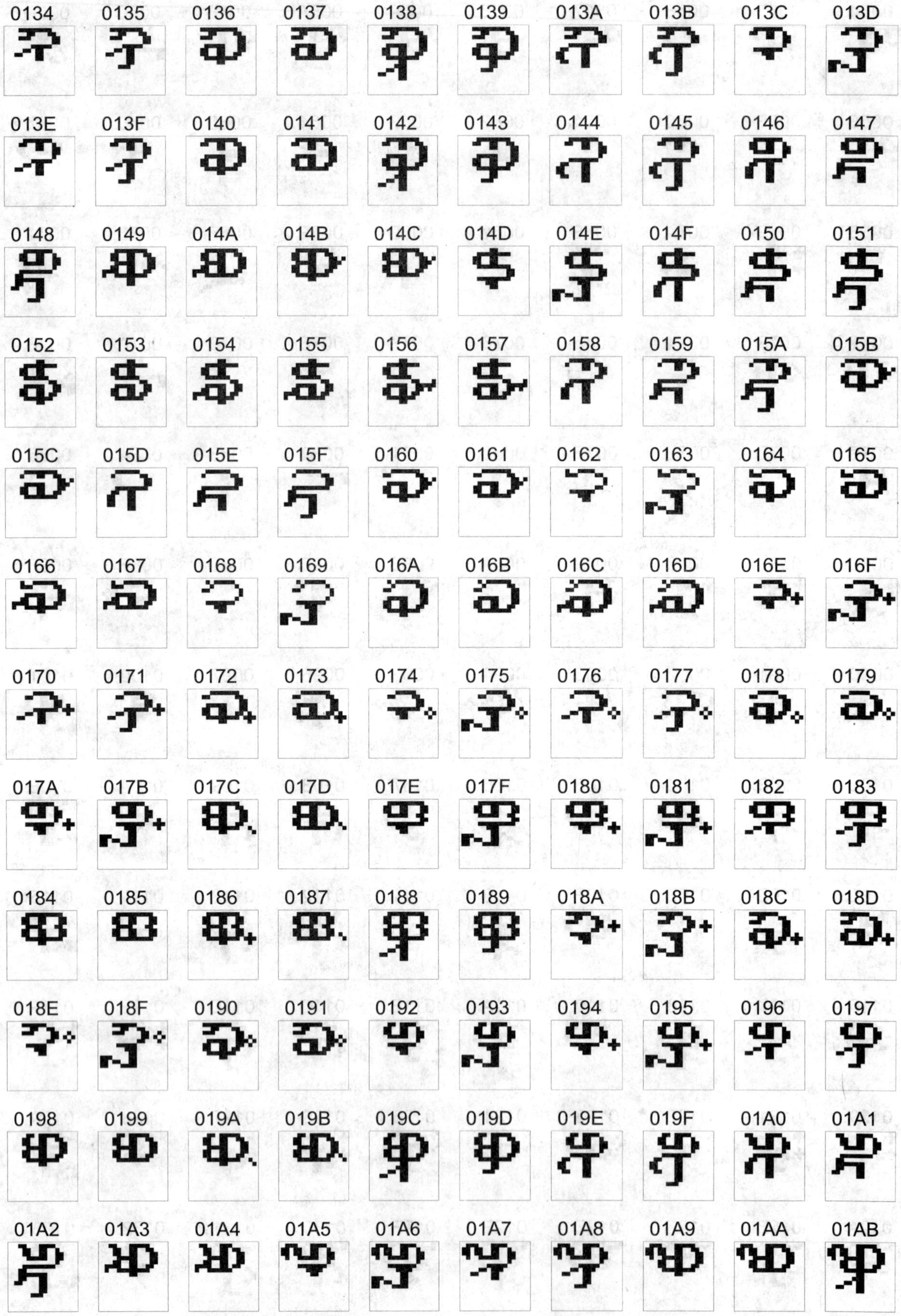
0134 0135 0136 0137 0138 0139 013A 013B 013C 013D
013E 013F 0140 0141 0142 0143 0144 0145 0146 0147
0148 0149 014A 014B 014C 014D 014E 014F 0150 0151
0152 0153 0154 0155 0156 0157 0158 0159 015A 015B
015C 015D 015E 015F 0160 0161 0162 0163 0164 0165
0166 0167 0168 0169 016A 016B 016C 016D 016E 016F
0170 0171 0172 0173 0174 0175 0176 0177 0178 0179
017A 017B 017C 017D 017E 017F 0180 0181 0182 0183
0184 0185 0186 0187 0188 0189 018A 018B 018C 018D
018E 018F 0190 0191 0192 0193 0194 0195 0196 0197
0198 0199 019A 019B 019C 019D 019E 019F 01A0 01A1
01A2 01A3 01A4 01A5 01A6 01A7 01A8 01A9 01AA 01AB

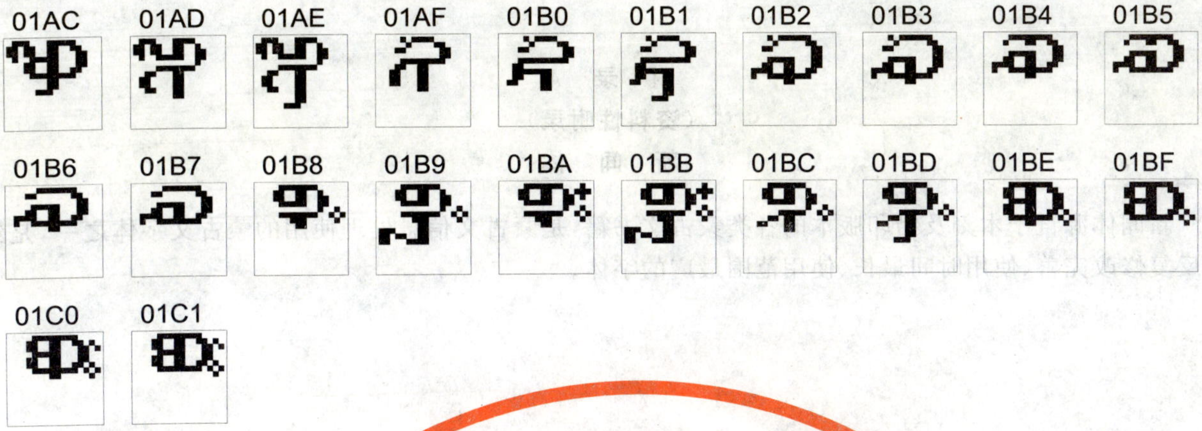
01AC
01AD
01AE
01AF
01B0
01B1
01B2
01B3
01B4
01B5
01B6
01B7
01B8
01B9
01BA
01BB
01BC
01BD
01BE
01BF
01C0
01C1

附 录 A
（资料性附录）
新 闻 体

新闻体源自于木刻及铅印版本的各类蒙古文书籍，是蒙古文信息处理使用的蒙古文字体之一，是经过反复修改完善、使用时间最长、使用范围最广的字体。

附 录 B
(资料性附录)
蒙古文图形字符代码和序号的数据

本部分提供了502个蒙古文图形字符,其中156个名义字符在GB 13000中有代码,346个变形显现字符在GB 13000中没有代码,但在GB/T 26226中为变形显现字符规定了序号。本部分提供的502个蒙古文图形字符的代码和序号数据信息如下:

a) 156个蒙古文名义字符的代码:在1800～18AF范围内;

b) 152个蒙古文单个变形显现字符:在0000～009F范围内;

c) 194个蒙古文强制性合体字的序号:在0100～01CF范围内。

附 录 C
（资料性附录）
蒙古文16点阵新闻体字型字高数据

蒙古文是不等高字体，其每个字符都有各自特定的高度。本部分提供了502个蒙古文16点阵新闻体字型字高数据，其中名义字符点阵字型字高数据见表C.1，单个变形显现字符点阵字型字高数据见表C.2，强制性合体字点阵字型字高数据见表C.3。

表 C.1 蒙古文名义字符点阵字型字高数据

代码	高度	代码	高度	代码	高度	代码	高度	代码	高度	代码	高度
1800	4	1821	10	183B	6	1855	4	186F	8	1891	6
1801	16	1822	13	183C	8	1856	6	1870	3	1892	6
1802	16	1823	11	183D	8	1857	5	1871	8	1893	6
1803	16	1824	12	183E	13	1858	5	1872	4	1894	8
1804	16	1825	14	183F	7	1859	12	1873	8	1895	7
1805	16	1826	16	1840	13	185A	7	1874	9	1896	8
1806	7	1827	15	1841	6	185B	6	1875	9	1897	5
1807	7	1828	7	1842	10	185C	8	1876	9	1898	7
1808	16	1829	8	1843	2	185D	5	1877	4	1899	6
1809	16	182A	6	1844	13	185E	8	1880	8	189A	14
180A	3	182B	6	1845	11	185F	3	1881	9	189B	10
180B	14	182C	9	1846	12	1860	11	1882	7	189C	8
180C	14	182D	9	1847	13	1861	9	1883	6	189D	11
180D	14	182E	8	1848	12	1862	11	1884	6	189E	6
180E	14	182F	7	1849	13	1863	5	1885	13	189F	7
1810	6	1830	8	184A	13	1864	11	1886	11	18A0	6
1811	6	1831	8	184B	8	1865	11	1887	15	18A1	13
1812	9	1832	7	184C	8	1866	7	1888	11	18A2	8
1813	8	1833	7	184D	11	1867	8	1889	6	18A3	5
1814	6	1834	8	184E	11	1868	9	188A	11	18A4	8
1815	8	1835	4	184F	7	1869	9	188B	10	18A5	8
1816	7	1836	4	1850	6	186A	4	188C	6	18A6	5
1817	8	1837	7	1851	6	186B	9	188D	9	18A7	7
1818	8	1838	6	1852	8	186C	6	188E	7	18A8	10
1819	6	1839	6	1853	8	186D	6	188F	6	18A9	4
1820	12	183A	6	1854	8	186E	8	1890	6	18AA	10

表 C.2 蒙古文单个变形显现字符点阵字型字高数据

序号	高度	序号	高度	序号	高度	序号	高度	序号	高度	序号	高度
0000	9	001A	8	0034	8	004E	13	0068	4	0082	4
0001	11	001B	7	0035	8	004F	6	0069	8	0083	12
0002	9	001C	8	0036	8	0050	10	006A	8	0084	4
0003	9	001D	8	0037	5	0051	5	006B	10	0085	5
0004	11	001E	4	0038	7	0052	11	006C	8	0086	10
0005	4	001F	7	0039	5	0053	8	006D	10	0087	8
0006	8	0020	6	003A	7	0054	8	006E	7	0088	7
0007	9	0021	7	003B	8	0055	8	006F	12	0089	7
0008	5	0022	5	003C	10	0056	8	0070	7	008A	8
0009	3	0023	6	003D	11	0057	5	0071	12	008B	5
000A	11	0024	7	003E	5	0058	7	0072	7	008C	8
000B	6	0025	9	003F	6	0059	5	0073	7	008D	7
000C	5	0026	4	0040	10	005A	7	0074	7	008E	7
000D	9	0027	9	0041	13	005B	8	0075	6	008F	10
000E	6	0028	8	0042	6	005C	8	0076	7	0090	9
000F	4	0029	9	0043	10	005D	10	0077	5	0091	9
0010	13	002A	7	0044	5	005E	5	0078	5	0092	8
0011	7	002B	9	0045	13	005F	7	0079	4	0093	5
0012	13	002C	9	0046	6	0060	4	007A	7	0094	7
0013	8	002D	10	0047	10	0061	4	007B	9	0095	7
0014	4	002E	9	0048	5	0062	6	007C	5	0096	9
0015	5	002F	5	0049	11	0063	3	007D	5	0097	7
0016	7	0030	7	004A	12	0064	8	007E	14		
0017	11	0031	5	004B	5	0065	12	007F	7		
0018	8	0032	7	004C	9	0066	5	0080	10		
0019	8	0033	6	004D	6	0067	6	0081	2		

表 C.3　蒙古文强制性合体字点阵字型字高数据

序号	高度	序号	高度	序号	高度	序号	高度	序号	高度	序号	高度
0100	8	0121	10	0142	13	0163	11	0184	8	01A5	8
0101	11	0122	12	0143	11	0164	8	0185	7	01A6	11
0102	9	0123	8	0144	11	0165	7	0186	8	01A7	9
0103	11	0124	7	0145	13	0166	8	0187	7	01A8	11
0104	8	0125	10	0146	11	0167	7	0188	12	01A9	8
0105	7	0126	10	0147	11	0168	8	0189	10	01AA	7
0106	12	0127	12	0148	13	0169	11	018A	8	01AB	12
0107	10	0128	8	0149	9	016A	9	018B	11	01AC	10
0108	11	0129	11	014A	7	016B	8	018C	9	01AD	11
0109	13	012A	9	014B	8	016C	9	018D	8	01AE	13
010A	8	012B	11	014C	7	016D	8	018E	8	01AF	10
010B	11	012C	8	014D	10	016E	7	018F	11	01B0	10
010C	9	012D	7	014E	13	016F	10	0190	9	01B1	12
010D	11	012E	12	014F	13	0170	8	0191	8	01B2	9
010E	8	012F	10	0150	13	0171	10	0192	8	01B3	9
010F	7	0130	11	0151	15	0172	8	0193	11	01B4	8
0110	12	0131	13	0152	11	0173	8	0194	8	01B5	7
0111	10	0132	8	0153	10	0174	7	0195	11	01B6	8
0112	11	0133	11	0154	11	0175	10	0196	9	01B7	7
0113	13	0134	8	0155	10	0176	8	0197	11	01B8	8
0114	7	0135	10	0156	11	0177	10	0198	8	01B9	11
0115	10	0136	9	0157	10	0178	8	0199	7	01BA	8
0116	8	0137	8	0158	11	0179	7	019A	8	01BB	11
0117	10	0138	13	0159	11	017A	8	019B	7	01BC	9
0118	12	0139	11	015A	13	017B	11	019C	12	01BD	11
0119	8	013A	10	015B	8	017C	8	019D	10	01BE	8
011A	7	013B	12	015C	7	017D	7	019E	11	01BF	8
011B	10	013C	8	015D	10	017E	8	019F	13	01C0	8
011C	10	013D	11	015E	10	017F	11	01A0	11	01C1	8
011D	12	013E	9	015F	12	0180	8	01A1	11		
011E	7	013F	11	0160	8	0181	11	01A2	13		
011F	11	0140	9	0161	7	0182	8	01A3	8		
0120	8	0141	8	0162	8	0183	11	01A4	7		

附 录 D
（规范性附录）
蒙古文 16 点阵新闻体字型数据

D.1 16 点阵字型数据的表示

本部分中，蒙古文的字型可由其点阵数据来表示。每个字型的点阵数据为 16×16（横行点数×纵列点数），共 256 个二进制位，32 个字节。

D.2 蒙古文点阵字型数据的记录格式

蒙古文 16 点阵字型数据的 32 个字节排列次序是以 0 字节开始至 31 个字节结束，均用十六进制表示，其记录格式如下：

行数	列数															
	0	1	2	3	4	5	6	7	8	9	10	11	12	13	14	15
0	0 字节								1 字节							
1 2 3 4 ⋮																
15	30 字节								31 字节							

D.3 16 点阵新闻体字型数据举例

1820（名义字符）

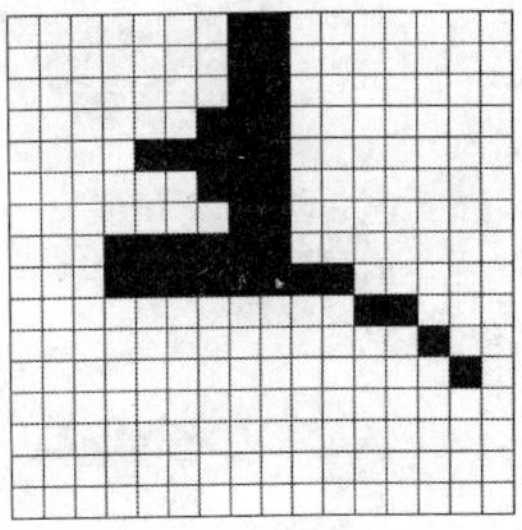

01 80
01 80
01 80
03 80
0F 80
03 80
0F 80

0010（变形显现字符）

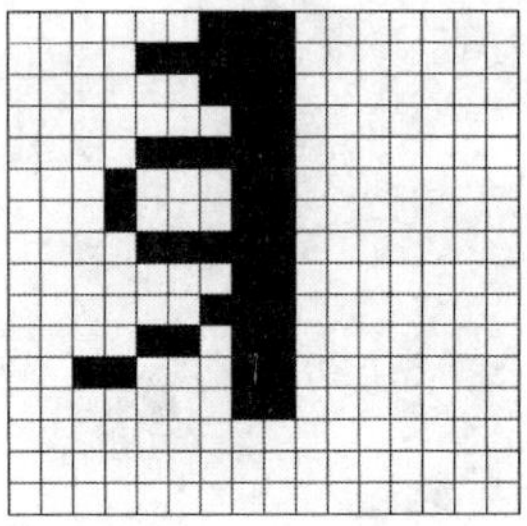

00 02
00 00
00 00
00 00
00 00
11 80
11 80

03 80	0F 80
01 80	01 80
0F 80	03 80
03 80	0D 80
01 80	31 80
1F 80	01 80
1F E0	00 00
00 18	00 00
00 04	00 00

ICS 01.080.01
A 22

中华人民共和国国家标准

GB/T 25894—2010

疏散平面图　设计原则与要求

Escape and evacuation plan—Design principles and requirements

(ISO 23601:2009, Safety identification—
Escape and evacuation plan sign, MOD)

2011-01-10 发布　　2011-07-01 实施

中华人民共和国国家质量监督检验检疫总局
中国国家标准化管理委员会　发布

前　言

本标准按照 GB/T 1.1—2009 给出的规则起草。

本标准使用重新起草法修改采用 ISO 23601:2009《安全识别　逃生与疏散平面图标志》。

本标准与 ISO 23601:2009 相比，做了如下结构调整：

——删除了术语 3.2 和 3.3，术语编号重新做了调整；

——将第 5 章由列项形式改为条的形式，其中 5.1 对应原文第一段，5.2 对应列项 a)，以此类推；

——将第 6 章由列项形式改为条的形式，其中 6.1 对应原文列项 a)，以此类推。

本标准与 ISO 23601:2009 的技术性差异及其原因如下：

——关于规范性引用文件，本标准做了具有技术性差异的调整，以便于标准在我国的应用。调整的情况集中反映在第 2 章"规范性引用文件"中，具体调整如下：

- 用修改采用国际标准的 GB/T 2893.1—2004、GB/T 2893.3 和 GB/T 26443 分别代替 ISO 3864-1:2002、ISO 3864-3 和 ISO 17398；
- 用与国际标准在技术内容上对应但没有采标关系的 GB/T 15565(所有部分)代替 ISO 17724。

——在第 6 章中增加中文的使用规定(见 6.1 和 6.2)，以便适应我国的需要；

——修改了 7.1 中关于图名文字的使用规定，以便适应我国的需要。

本标准与 ISO 23601:2009 相比，作了以下编辑性修改：

——修改了表 1，将表 1 中大写字母在图名中字高的示例修改为中文在图名中字高的示例。

本标准由全国图形符号标准化技术委员会(SAC/TC 59)提出并归口。

本标准起草单位：中国标准化研究院、国家旅游局、中国民用航空总局航空安全技术中心。

本标准主要起草人：陈永权、白殿一、汪黎明、邹传瑜、张亮、刘家伟。

引 言

用于在公共设施内传递疏散路线信息的系统亟需标准化，以便依赖尽可能少的文字就可以使疏散路线信息获得理解。同时，随着我国贸易、旅游和人员流动的不断增长，也迫切需要一种传递安全信息的通用方式。

本标准可降低公共设施使用的风险，并能够减少在紧急情况下可能出现的混乱。本标准通过安全标志、颜色和具体的设计要求确立了一种通用方法，即：以图形的形式表示观察者与通往紧急出口的预定疏散路线的相对位置，以及与疏散路线相接近或毗邻的消防安全设备或应急设备的相对位置。

疏散平面图是设施的应急导向系统（见 GB/T 23809）不可或缺的重要组成部分。

疏散平面图　设计原则与要求

1　范围

本标准规定了包含消防、逃生、疏散以及设施内人员营救等相关信息的疏散平面图的设计原则与要求。

本标准适用于室内疏散使用的疏散平面图，这些疏散平面图在紧急情况下也可供消防员使用。疏散平面图以标志形式设置在公共场所和工作区域中。本标准不适用于室外安全服务使用的平面图，也不适用于专业人员使用的专业技术详图。

2　规范性引用文件

下列文件对于本文件的应用是必不可少的。凡是注日期的引用文件，仅注日期的版本适用于本文件。凡是不注日期的引用文件，其最新版本(包括所有的修改单)适用于本文件。

GB/T 2893.1—2004　图形符号　安全色和安全标志　第1部分：工作场所和公共区域中安全标志的设计原则(ISO 3864-1:2002,MOD)

GB/T 15565(所有部分)　图形符号　术语

GB/T 2893.3　图形符号　安全色和安全标志　第3部分：安全标志用图形符号设计原则(GB/T 2893.3—2010,ISO 3864-3:2006,MOD)

GB/T 26443　安全色和安全标志　安全标志的分类、性能和耐久性(GB/T 26443—2010,ISO 17398:2004,MOD)

ISO 7010　图形符号　安全色和安全标志　用于工作场所和公共区域的安全标志(Graphical symbols—Safety colours and safety signs—Safety signs used in workplaces and public areas)

3　术语和定义

GB/T 15565 界定的以及下列术语和定义适用于本文件。

3.1

应急安全通告　emergency safety notice

供设施使用者在发生紧急情况时遵守的指示。

3.2

疏散详图　escape plan detail

以楼层平面图为基础，对总平面图中所标示区域的详细图示。

3.3

消防安全通告　fire safety notice

供设施使用者在发生火灾时遵守的指示。

3.4

总平面图　overview plan

用于将疏散详图与整个设施或场所联系起来的简化图示。

4 总则

在应用本文件之前，消防安全管理程序已经确定了一些将在疏散平面图上应显示的必要元素。疏散平面图应反映出对以下信息的研究：

a) 消防安全手册和规程；

b) 当前场所和设施的平面图，图中包含经实地验证过的设施关键特征；

c) 所有疏散路线的标识；

d) 疏散规划文件，文件中包含人群的预期移动、所有给出的指示以及指示的给出方式；

e) 所有消防设备及报警装置的位置；

f) 应急设备及疏散辅助装备的位置；

g) 在紧急情况下或发生火灾时所需采取的行动；

h) 避难场所和集合点的位置。

疏散平面图的作用是帮助人们根据规划好的疏散路线确定自己的位置。疏散平面图是对设施应急导向系统(参见 GB/T 23809)的补充和完善。

5 设计要求

5.1 疏散平面图应依照设施的疏散预案进行设计，并应满足场所内人员的特定需求。

5.2 疏散平面图上应标出观察者的确切位置。

5.3 疏散平面图应为彩色图。

5.4 疏散平面图的比例尺取决于设施的大小、图示的详细程度以及疏散平面图的预期设置位置。所使用的比例尺不应小于以下数据：

a) 大型设施为 1∶250；

b) 中小型设施为 1∶100；

c) 单个房间内显示的平面图为 1∶350。

楼梯或走廊等细节元素可使用较大的比例尺绘制，以便增加醒目度或便于容纳安全标志。同一设施的一系列疏散平面图宜使用相同的比例尺。对于设施的某些特定区域，如停车场等，可使用不同的比例尺以便识别空白空间的范围。

5.5 在成套的疏散平面图中，所有相同区域的图示都应一致。

5.6 为了获得足够的清晰度和醒目度，疏散平面图上的垂直照度在正常照明条件下不应低于 50 lx。在正常照明发生故障时能够提供应急照明的条件下，由普通材料或磷光材料构成的疏散平面图上的垂直照度不应低于 5 lx。如果在正常照明发生故障时没有应急照明，或者在提供了符合 GB/T 23809 规定的磷光应急导向系统的条件下，可使用含有磷光材料的疏散平面图。在所有上述情况中，磷光材料都不应低于 GB/T 26443 规定的 C 级。

5.7 为了识别疏散平面图上的安全色，照明灯的显色指数 R_a 应不小于 40。光源不应使显色指数大幅降低。当疏散平面图由磷光材料制成时，应使用白色荧光灯作为激励光源。不应使用低压钠灯。

5.8 疏散平面图的底色应使用白色安全色或符合 GB/T 2893.1—2004 表 4 规定的磷光白色。

5.9 疏散平面图的最小尺寸应为 297 mm×420 mm(A3)，当疏散平面图设置在单个房间内时其尺寸可缩小到 210 mm×297 mm(A4)。疏散平面图尺寸的容许偏差为 5%。

5.10 疏散平面图的内容应是最新的。

5.11 疏散平面图上显示的方位应与观察者相关，以便使位于图上左侧的位置实际也位于观察者的左侧，位于图上右侧的位置实际也位于观察者的右侧。

5.12 在疏散平面图上表示安全条件和消防设备时应使用安全标志，所使用的安全标志应与设施内安全条件或消防设备的安装位置上使用的安全标志相同，且应符合 ISO 7010 的规定。

5.13 疏散平面图应包含图例。

5.14 疏散平面图应具有图名，图名中应包含中文“疏散平面图”字样。

5.15 疏散平面图应显示出集合点的位置，并使其成为疏散详图或总平面图的一部分。

6 疏散平面图各元素的尺寸

6.1 在预期的观察距离上，疏散平面图上显示的信息应清晰易读。中文最小字高应为 3 mm，英文字母最小字高应为 2 mm。所选字体宜使文字在预期观察距离上具有最佳的清晰度。

6.2 图名区域的最小高度至少应为疏散平面图最小外部尺寸的 7%，图名文字的总行高(含行间距)至少应为图名区域高度的 60%。当图名仅使用中文时，图名区域及其文字的最小高度示例见表 1。

6.3 疏散平面图上显示的安全标志的最小高度应为 7 mm。

6.4 表示设施结构墙体的图线，其最小线宽应为 1.6 mm；表示设施内部分隔墙的图线，其最小线宽应为 0.6 mm。若在疏散平面图中表示出详细元素(如：楼梯、货架、窗口等)，图线最小线宽应为 0.15 mm。

在表示较长的疏散走廊时，宜在图中表示出建筑特征或设备，以使观察者对走廊的大小或距离有一定的判断。

表 1 图名区域及其文字的最小高度示例

疏散平面图的尺寸 mm×mm	疏散平面图的高度 mm	图名区域的高度 mm	中文字高 mm
297×420(A3)	297	21	13
420×594(A2)	420	30	18
594×841(A1)	594	42	26
841×1 189(A0)	841	59	36
注：中文字高指图名仅使用单行中文表示时的字高。			

7 内容和表示

7.1 图名

每个疏散平面图都应有图名。

图名的文字宜使用中文或同时使用中文和英文，在少数民族自治区域可增加当地通用的民族文字。图名中的英文既可以用大写字母也可以用小写字母。

7.2 总平面图

除非小型设施的疏散详图本身就是该设施的概览图，否则每个疏散平面图中都应包含一个总平面图。

总平面图应包含：

a) 集合点的位置；

b) 整个设施或场所的平面图，图中突出显示疏散详图所包含的特定部分；

c) 周围区域(如:道路、停车场、其他建筑物等)的简化图示。

总平面图的大小不应超出疏散平面图面积的10%。

7.3 疏散详图

疏散详图是疏散平面图中的主体部分。

疏散详图应包含:

a) 设施相关部分的楼层平面图,该平面图需要修改,以便
  - 删除不必要的细节;
  - 突出显示重要元素;
  - 提高清晰度并易于理解;
  - 根据观察者的位置调整平面图的方向。

b) 所有横向的及纵向的紧急出口和疏散路线。如果从特定的"您在此"位置处开始给出方向指示,则此类方向信息应使用符合GB/T 2893.3类型D的箭头表示(见图1)。

图1 表示人移动方向的箭头(GB/T 2893.3,箭头类型D)

c) 观察者的位置["您在此"(You are here)]。

d) 楼梯的位置。

e) 供残障人士使用的所有特殊疏散设备。

f) 紧急消防设备及应急救援设备,如:消防报警器、灭火器、消防水带、急救设备等的位置和类型。由于使用了比例尺,有时不可能在疏散平面图上显示出安全标志的确切位置,这时可通过引出线将安全标志分别显示在离正确位置最近的可用空白处(见图A.1)。

g) 作为建筑特征的电梯位置。

7.4 安全通告

疏散平面图应始终伴有消防安全通告和应急安全通告。安全通告可位于疏散平面图内或位于疏散平面图旁。

7.5 图例

疏散平面图上应显示图例,图例应给出疏散平面图上使用的安全标志、图形符号及颜色的含义。图例的示例见附录A。

7.6 其他信息

疏散平面图上还应包含以下信息:

a) 图的设计者;

b) 设施名称;

c) 楼层名称;

d) 图的设计日期和修订编号；

e) 图编号。

7.7 颜色的使用

7.7.1 疏散路线

方向箭头应使用符合 GB/T 2893.1—2004 规定的绿色安全色。疏散路线应使用与箭头有足够对比度的淡绿色突出显示。

注：在使用磷光材料时，可通过将疏散路线半色调或增加阴影线等绘图方法，使疏散路线的方向箭头在黑暗环境中依然清晰可见。

7.7.2 安全标志

安全标志应使用符合 GB/T 2893.1—2004 规定的安全色。

7.7.3 观察者的位置

观察者的位置应使用 GB/T 2893.1—2004 规定的蓝色安全色。

7.7.4 背景色

背景色应使用符合 GB/T 2893.1—2004 规定的白色或磷光白色。

7.7.5 设施结构要素的轮廓线

设施结构要素轮廓线的颜色应为黑色。

7.7.6 图名

图名区域应使用符合 GB/T 2893.1—2004 规定的绿色安全色，图名文字应使用符合 GB/T 2893.1—2004 规定的对比色。

7.7.7 文字

文字通常的颜色应为黑色。为了突出显示某些文字，可使用其他颜色。

8 材料

疏散平面图应使用具有足够耐久性的材料和油墨制作，在预期使用期限内应能够抵抗使用场所的环境影响(例如，具有耐光性和耐潮湿性等)。在需要时，应使用 GB/T 26443 中规定的方法来测定材料的耐久性。

9 安装位置

疏散平面图的安装位置在其使用环境中应足够醒目，并应确保疏散平面图对预期观察者的无障碍性和可读性。

疏散平面图应固定安装，预期的安装位置如下：

a) 设施使用者可以获悉疏散途径的位置。

b) 疏散路线上的关键位置点，这些关键位置点可能为：

- 每层楼的主入口处；

- 靠近电梯和楼梯的位置；
- 每个房间内，如宾馆的房间；
- 人员聚集地点，如食堂、办公中心、会议室等；
- 主要的汇合点和交叉点。

10 检查和修订

应定期检查疏散平面图，以确保其清晰、醒目、易于理解和信息的及时更新。

当设施本身或其消防安全规程及应急安全规程有更改时，应及时对疏散平面图进行复审，并在必要时对疏散平面图进行修订。

附　录　A
（资料性附录）
疏散平面图示例

图 A.1～图 A.4 所示是疏散平面图的设计示例。

这些示例仅供参考,它们没有按实际比例绘制。

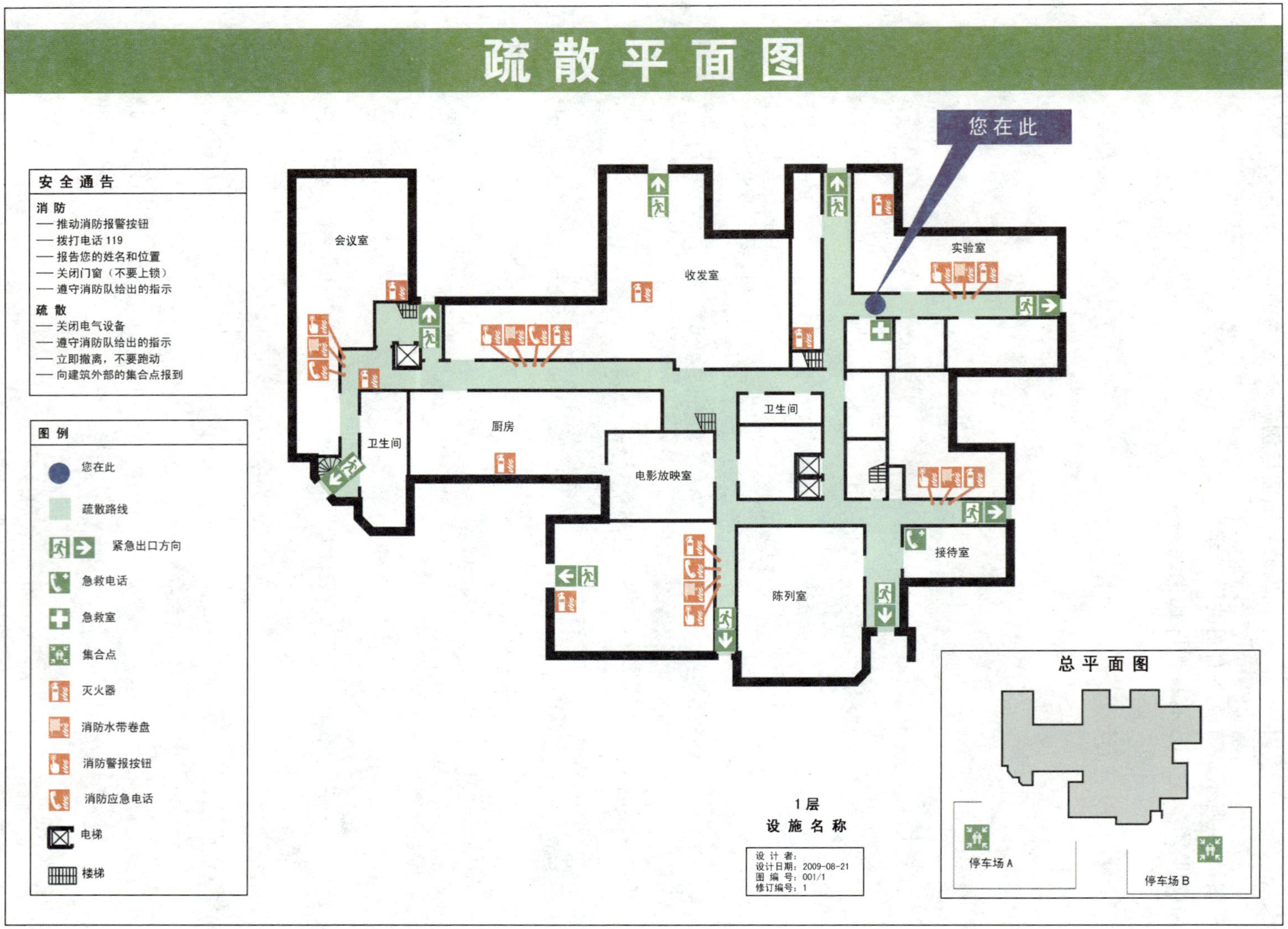

图 A.1 不带有方向箭头的疏散平面图示例——整个楼层

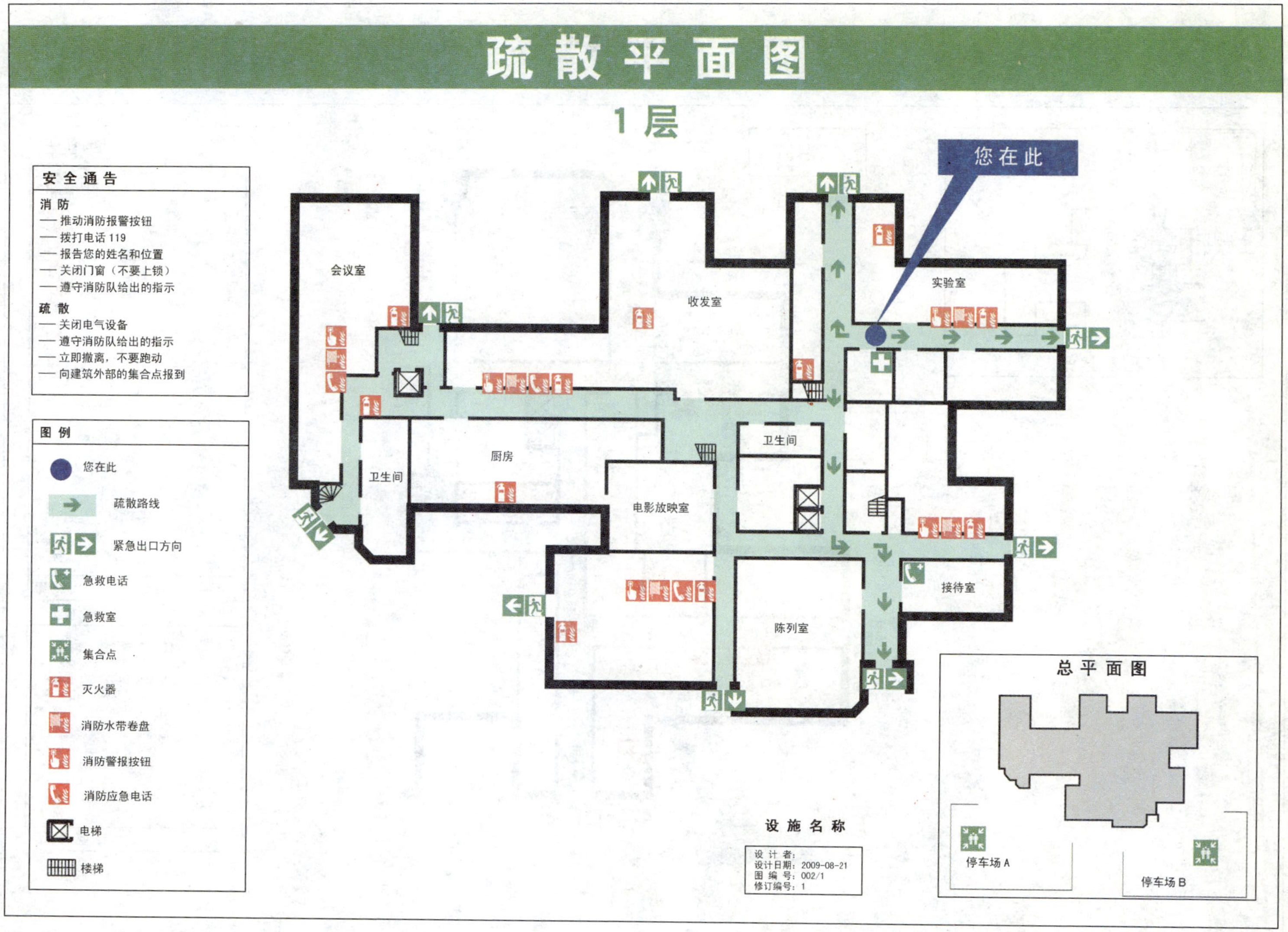

图 A.2 带有方向箭头的疏散平面图示例——整个楼层

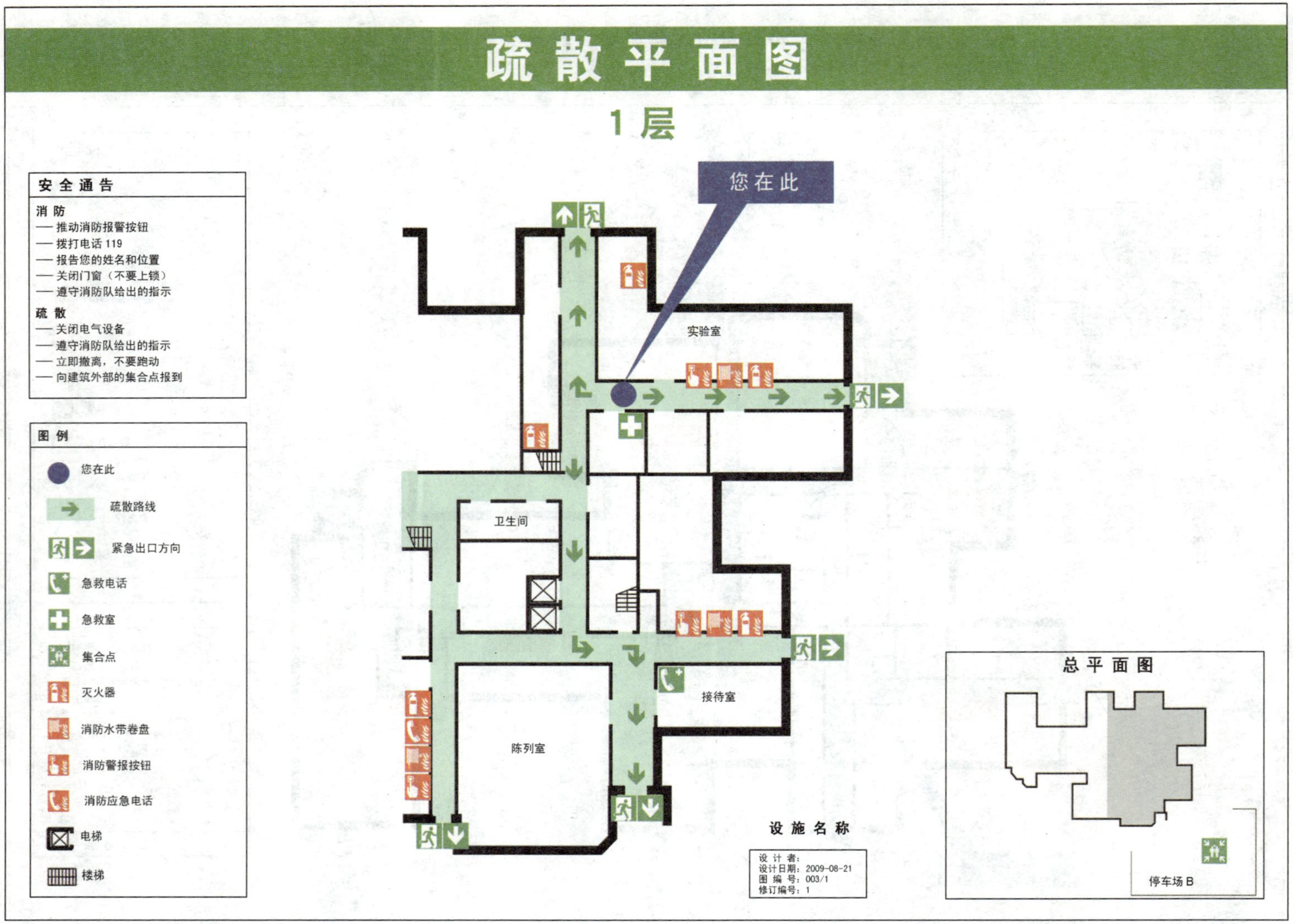

图 A.3 疏散平面图示例——部分楼层

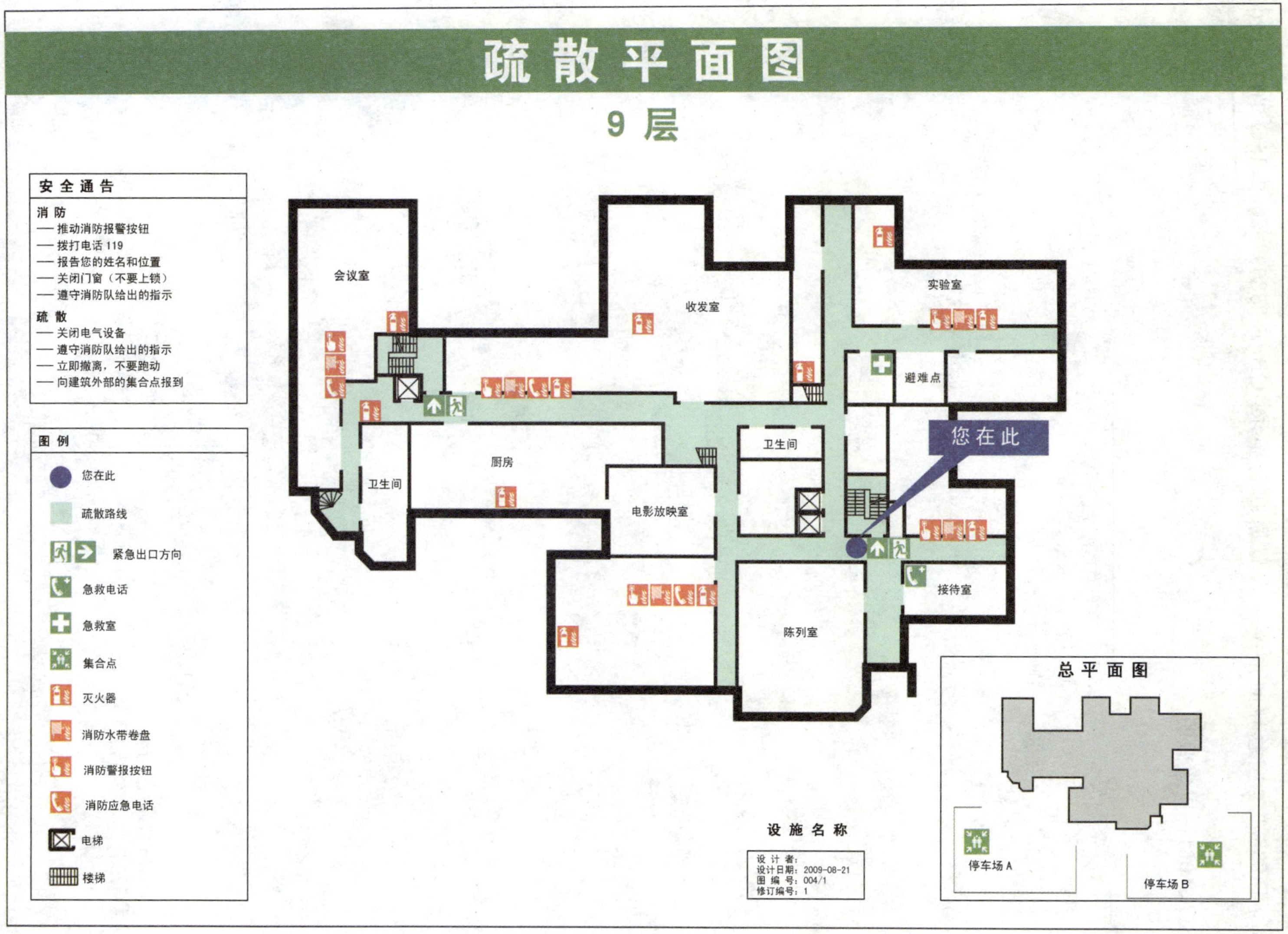

图 A.4 疏散平面图示例——带有楼梯的整个楼层

参 考 文 献

[1] GB/T 148 印刷、书写和绘图纸幅面尺寸(GB/T 148—1997,neq ISO 216:1975)

[2] GB/T 23809 应急导向系统 设置原则与要求(GB/T 23809—2009,ISO 16069:2004,MOD)

[3] ISO 30061 应急照明

ICS 01.080.01
A 22

中华人民共和国国家标准

GB/T 25895.1—2010

水域安全标志和沙滩安全旗 第1部分：工作场所和公共区域用水域安全标志

Water safety signs and beach safety flags—
Part 1:Specifications for water safety signs used in workplaces and public areas

(ISO 20712-1:2008,MOD)

2011-01-10 发布　　2011-07-01 实施

中华人民共和国国家质量监督检验检疫总局
中国国家标准化管理委员会　发布

前　言

GB/T 25895《水域安全标志和沙滩安全旗》分为3个部分：

——第1部分：工作场所和公共区域用水域安全标志；

——第2部分：沙滩安全旗颜色、形状、含义及性能的规范；

——第3部分：使用原则与要求。

本部分为GB/T 25895的第1部分。

本部分按照GB/T 1.1—2009给出的规则起草。

本部分使用重新起草法修改采用ISO 20712-1:2008《水域安全标志和沙滩安全旗　第1部分：工作场所和公共区域用水域安全标志》。

本部分与ISO 20712-1:2008相比，作了如下结构调整：

——将国际标准第1章中的部分内容移到了第5章中；

——删除了国际标准中的术语3.2、3.3和3.4，术语编号重新作了调整；

——将国际标准中第4章的三条内容改为一条，将表1的内容经修改移到标准正文之后作为标志的英文索引，其他表的编号顺延；

——删除了国际标准第5章第三段的内容，该段内容已经在规范性引用文件中进行了规定，并将第5章的内容分条叙述；

——将国际标准表3至表6的表结构按照国家标准的格式调整，删除了“图像内容”、“危害”、“理解安全标志含义后将导致的行为”及“要阻止的行为”等栏目的内容；将栏目“应用领域”、“应用形式”及“附加信息”的内容整合后作为本部分的5.3。

本部分与ISO 20712-1:2008的技术性差异及其原因如下：

——关于规范性引用文件，本部分作了具有技术性差异的调整，以便于标准在我国的应用。调整的情况集中反映在第2章“规范性引用文件”中，具体调整如下：

- 用修改采用国际标准的GB/T 2893.1和GB/T 2893.3分别代替ISO 3864-1和ISO 3864-3；
- 用与国际标准在技术内容上对应但没有采标关系的GB/T 15565(所有部分)代替ISO 17724；
- 删除规范性引用文件ISO 9186-1。

——根据现行国家标准中的图形符号修改了标志4-01、4-02、4-04、4-07、4-10、4-11、4-12、4-18、4-19、5-02、5-03、5-09、5-13、5-14、5-15、5-18、5-20、5-21、5-22及5-24；

——新增标志4-21和5-26。

本部分与ISO 20712-1:2008相比，作了下列编辑性修改：

——删除已经包含在规范性引用文件GB/T 15565中的术语3.2、3.3和3.4；

——为满足不同形状表观尺寸的要求，将原国际标准中安全标志统一的70 mm大小更改为：正方形边长45 mm，圆形直径50 mm，三角形边长63 mm；

——增加按标志含义检索的中文索引。

本部分由全国图形符号标准化技术委员会(SAC/TC 59)提出并归口。

本部分起草单位：中国标准化研究院、国家旅游局、国家海洋环境监测中心、中国人民大学艺术学院、交通部公路科学研究院。

本部分主要起草人：陈永权、白殿一、汪黎明、张微微、张亮、邹传瑜、安姚舜、姜明、周磊。

引　言

传递有关水上活动安全的信息系统亟需标准化，以便依赖尽可能少的文字就可以使其获得理解。随着我国贸易、旅游和人员流动的不断增长，迫切需要一种通用的传递安全信息的方式，而标准化的缺失会导致信息传递的混乱甚至发生事故。

使用标准化的水域安全标志并不能代替正确的工作方法、指示、事故预防训练和(或)措施等。对任何一个提供安全信息的系统来说，教育都是不可或缺的组成部分。

水域安全标志和沙滩安全旗 第1部分:工作场所和公共区域用水域安全标志

重要提示:虽然GB/T 25895的本部分印刷版本中的颜色符合(根据目测检验在容许的偏差内)GB/T 2893.1的要求,但本部分的印刷版本不用于配色。有关配色的要求,参照GB/T 2893.1中对安全色的色度属性和光度属性的规定及安全色在颜色体系中的参考值。

1 范围

GB/T 25895的本部分规定了与水环境相关的安全标志。

本部分适合水环境的拥有者、经营者、水域安全标志及相关设施的生产商使用。

本部分不适用于水上交通中使用的信号。

2 规范性引用文件

下列文件对于本文件的应用是必不可少的。凡是注日期的引用文件,仅注日期的版本适用于本文件。凡是不注日期的引用文件,其最新版本(包括所有的修改单)适用于本文件。

GB/T 2893.1 图形符号 安全色和安全标志 第1部分:工作场所和公共区域中安全标志的设计原则(GB/T 2893.1—2004,ISO 3864-1:2002,MOD)

GB/T 2893.3 图形符号 安全色和安全标志 第3部分:安全标志用图形符号设计原则(GB/T 2893.3—2010,ISO 3864-3:2006,MOD)

GB/T 15565(所有部分) 图形符号 术语

3 术语和定义

GB/T 15565界定的以及下列术语和定义适用于本文件。

3.1

水环境 aquatic environment

水体及与水体相邻的一定区域,如沿海或内陆的沙滩及航道、游泳池及其附属设施、泥浆池、农业或工业用储液池等。

4 水域安全标志的分类

水域安全标志按功能分类如下:

——E 疏散方式和应急设施标志(安全条件标志);

——M 指令标志;

——P 禁止标志;

——W 警告标志。

为了便于查找标准化的水域安全标志,表1根据水域安全标志的分类给出了本部分中规定的工作场所和公共区域用水域安全标志的概览。

5 标准化的水域安全标志

5.1 水域安全标志在使用时应按照表 2 至表 5 所示图形进行精确复制，并按等比例放大或缩小。根据水域安全标志的分类，表 2 至表 5 中水域安全标志的内容分别如下：

——E 疏散方式和应急设施标志(安全条件标志)，见表 2；

——M 指令标志，见表 3；

——P 禁止标志，见表 4；

——W 警告标志，见表 5。

表中的水域安全标志均包含衬边，衬边的尺寸及颜色符合 GB/T 2893.1 的规定。

注：为使不同形状标志在标准中的表观尺寸相同，表 2 至表 5 中正方形标志的边长为 45 mm，圆形标志的直径为 50 mm，三角形标志的边长为 63 mm，上述尺寸均不包括标志衬边的尺寸。

5.2 表中的水域安全标志给出了所需使用的形状、颜色以及标志所包含的图形符号。当水域安全标志中图形符号的含义与图形符号的方向无关时，可以改变图形符号的方向。表中水域安全标志的形状和颜色符合 GB/T 2893.1 的规定，图形符号的设计符合 GB/T 2893.3 的要求。

5.3 表中的水域安全标志通常以安全标志牌、安全指南或安全提示的形式在与水环境相关的工作场所和公共区域中使用；表中的水域安全标志应与文字辅助标志组合使用，以增强标志的易理解性。

表 1 水域安全标志概览

安全标志、编号及含义	分类			
	E	M	P	W
	疏散方式和应急设施标志(安全条件标志)	指令标志	禁止标志	警告标志
安全标志				
编号 含义	2-01 公共水上救援设备	3-01 必须穿着漂浮装备	4-01 禁止跑动	5-01 当心薄冰层
安全标志				
编号 含义	2-02 海啸避灾区	3-02 必须监护水中儿童	4-02 禁止游泳	5-02 当心船台

表 1（续）

安全标志、编号及含义	分类			
	E	M	P	W
	疏散方式和应急设施标志(安全条件标志)	指令标志	禁止标志	警告标志
安全标志		—		
编号	2-03	—	4-03	5-03
含义	海啸避灾建筑	—	禁止使用呼吸管潜游	当心拖曳滑水
安全标志	—	—		
编号	—	—	4-04	5-04
含义	—	—	禁止潜水	当心冲浪者
安全标志	—	—		
编号	—	—	4-05	5-05
含义	—	—	禁止跳水	当心深水
安全标志	—	—		
编号	—	—	4-06	5-06
含义	—	—	禁止帆船驶入	当心浅水(跳水)

表 1（续）

安全标志、编号及含义	分类			
	E	M	P	W
	疏散方式和应急设施标志（安全条件标志）	指令标志	禁止标志	警告标志
安全标志	—	—		
编号 含义	— —	— —	4-07 禁止帆板驶入	5-07 当心水下物体
安全标志	—	—		
编号 含义	— —	— —	4-08 禁止人力船驶入	5-08 当心水下坡度陡降
安全标志	—	—		
编号 含义	— —	— —	4-09 禁止机动船驶入	5-09 当心岸边未设防护
安全标志	—	—		
编号 含义	— —	— —	4-10 禁止摩托艇驶入	5-10 当心崖边不牢固

表 1（续）

安全标志、编号及含义	分类			
	E	M	P	W
	疏散方式和应急设施标志（安全条件标志）	指令标志	禁止标志	警告标志
安全标志	—	—		
编号	—	—	4-11	5-11
含义	—	—	禁止拖曳滑水	当心崖壁落石
安全标志	—	—		
编号	—	—	4-12	5-12
含义	—	—	禁止冲浪	当心鲨鱼
安全标志	—	—		
编号	—	—	4-13	5-13
含义	—	—	禁止穿着户外用鞋	当心排污口
安全标志	—	—		
编号	—	—	4-14	5-14
含义	—	—	禁止跳落入水	当心海啸

表 1（续）

安全标志、编号及含义	分类			
	E	M	P	W
	疏散方式和应急设施标志（安全条件标志）	指令标志	禁止标志	警告标志
安全标志	—	—		
编号	—	—	4-15	5-15
含义	—	—	禁止推人入水	当心强水流
安全标志	—	—		
编号	—	—	4-16	5-16
含义	—	—	禁止趴板冲浪	当心船舶
安全标志	—	—		
编号	—	—	4-17	5-17
含义	—	—	禁止在红黄条形旗之间冲浪	当心沙地帆车
安全标志	—	—		
编号	—	—	4-18	5-18
含义	—	—	禁止冲浪风筝活动	当心潮水

表 1（续）

安全标志、编号及含义	分类			
	E	M	P	W
	疏散方式和应急设施标志（安全条件标志）	指令标志	禁止标志	警告标志
安全标志	—	—		
编号	—	—	4-19	5-19
含义	—	—	禁止牵引伞活动	当心流沙或深泥沼
安全标志	—	—		
编号	—	—	4-20	5-20
含义	—	—	禁止沙地帆车驶入	当心冲浪风筝
安全标志	—	—		
编号	—	—	4-21	5-21
含义	—	—	禁止垂钓	当心牵引伞
安全标志	—	—	—	
编号	—	—	—	5-22
含义	—	—	—	当心强风

表 1（续）

安全标志、编号及含义	分类			
	E	M	P	W
	疏散方式和应急设施标志（安全条件标志）	指令标志	禁止标志	警告标志
安全标志	—	—	—	
编号	—	—	—	5-23
含义	—	—	—	当心巨浪或强破碎浪
安全标志	—	—	—	
编号	—	—	—	5-24
含义	—	—	—	当心岸边陡坡
安全标志	—	—	—	
编号	—	—	—	5-25
含义	—	—	—	当心鳄鱼
安全标志				
编号				5-26
含义				当心海蜇（水母）

表 2 疏散方式和应急设施标志(安全条件标志)(E 类)

编号	图形标志	含 义	说 明
2-01		公共水上救援设备 Public rescue equipment	表示水中使用的救生设备(公共水上救援设备)的所在位置 使用公共水上救援设备可以降低受伤或溺水的危险 设置在水环境中 ISO 20712-1:2008(WSE001)
2-02		海啸避灾区 Tsunami evacuation area	表示发生海啸时用于避灾的安全地点或地势较高区域的所在位置 给出海啸避灾安全区所在位置的指示和导向,可以避免海啸危险区中的人员受伤或溺死 与适当方向箭头组合后设置在海啸危险区域中 相关标志为 2-03 和 5-14 ISO 20712-1:2008(WSE002)
2-03		海啸避灾建筑 Tsunami evacuation building	表示发生海啸时用于避灾的安全建筑的所在位置 给出海啸避灾安全建筑所在位置的指示和导向,可以避免海啸危险区中的人员受伤或溺死 与适当方向箭头组合后设置在海啸危险区域中 相关标志为 2-02 和 5-14 ISO 20712-1:2008(WSE003)

表 3　指令标志(M 类)

编号	图形标志	含　义	说　明
3-01		必须穿着漂浮装备 Wear personal flotation devices	表示必须穿戴个人漂浮装备(例如,救生衣) 个人漂浮装备是在紧急情况下避免溺水的必需装备 设置在水环境中 ISO 20712-1:2008(WSM001)
3-02		必须监护水中儿童 Keep children under supervision in the aquatic environment	表示在水环境中必须保持对儿童的监护 避免儿童因疏于监护而在池水或其他水体中溺水 设置在水上活动区或游泳池等需要对儿童进行时刻监护的场所 ISO 20712-1:2008(WSM002)

表 4　禁止标志(P 类)

编号	图形标志	含　义	说　明
4-01		禁止跑动 No running	表示禁止跑动 当跑进游泳池近旁的区域或其他区域时,会因跌倒或碰撞使自己或他人受伤 设置在禁止跑动的水上活动区域、游泳池等环境中 ISO 20712-1:2008(WSP001),修改

表 4（续）

编号	图形标志	含 义	说 明
4-02		禁止游泳 No swimming	表示禁止游泳 在危险的地点或环境中游泳时可能会导致受伤或溺死 设置在禁止游泳的水上活动区域中 ISO 20712-1:2008(WSP002),修改
4-03		禁止使用呼吸管潜游 No snorkelling	表示禁止使用水下呼吸管 水上运动者在不知情的情况下可能与使用水下呼吸管的潜游者及其设备发生碰撞,会导致人员受伤或溺死 设置在禁止使用呼吸管潜游的水上活动区域、游泳池等环境中 ISO 20712-1:2008(WSP003)
4-04		禁止潜水 No sub-aqua diving	表示禁止潜水 水上运动者在不知情的情况下可能与潜水者及其设备发生碰撞,会导致人员受伤或溺死 设置在禁止潜水的水上活动区域、游泳池等环境中 ISO 20712-1:2008(WSP004),修改

表 4（续）

编号	图形标志	含　义	说　明
4-05		禁止跳水 No diving	表示禁止头朝下跳入水中 在危险的地点或该水上活动区域中跳水会因碰撞而导致自己或他人受伤或溺水 设置在禁止跳水的水上活动区域、游泳池等环境中 相关标志为 5-06、5-07 ISO 20712-1:2008(WSP005)
4-06		禁止帆船驶入 No sailing	表示禁止行驶帆船 帆船驶入该水上活动区域，会因碰撞导致人员受伤或溺死 设置在禁止使用帆船的水上活动区域中 ISO 20712-1:2008(WSP006)
4-07		禁止帆板驶入 No windsurfing	表示禁止行驶帆板 帆板驶入该水上活动区域，会因碰撞导致人员受伤或溺死 设置在禁止使用帆板的水上活动区域中 ISO 20712-1:2008(WSP007)，修改

表 4（续）

编号	图形标志	含 义	说 明
4-08		禁止人力船驶入 No manually powered craft	表示禁止行驶人力驱动船（例如，摇橹船、划桨船、撑篙船或脚踏船等） 人力驱动船驶入该水上活动区域，会因碰撞导致人员受伤或溺死 设置在禁止使用人力船的水上活动区域中 ISO 20712-1:2008(WSP008)
4-09		禁止机动船驶入 No mechanically powered craft	表示禁止行驶机动船 机动船驶入该水上活动区域，会因碰撞导致人员受伤或溺死 设置在禁止使用机动船的水上活动区域中 ISO 20712-1:2008(WSP009)
4-10		禁止摩托艇驶入 No personal water craft	表示禁止行驶摩托艇 摩托艇驶入该水上活动区域，会因碰撞导致人员受伤或溺死 设置在禁止使用摩托艇的水上活动区域中 ISO 20712-1:2008(WSP010)，修改

表 4（续）

编号	图形标志	含　义	说　明
4-11		禁止拖曳滑水 No towed water activity	表示禁止拖曳滑水活动（例如，水橇、水上滑板等） 在该水上活动区域内进行拖曳滑水活动，会因碰撞导致人员受伤或溺死 设置在禁止拖曳滑水的水上活动区域中 相关标志为 5-03 ISO 20712-1：2008（WSP011），修改
4-12		禁止冲浪 No surf craft	表示禁止使用冲浪设备（例如，冲浪板、冲浪橇、冲浪皮艇等） 冲浪设备进入该水上活动区域内，会因碰撞导致人员受伤或溺死 设置在禁止冲浪的水上活动区域中 相关标志为 5-04 ISO 20712-1：2008（WSP012），修改
4-13		禁止穿着户外用鞋 No outdoor footwear	表示禁止穿着户外用鞋 在通常需要光脚的区域穿着户外用鞋，会因摔倒导致自己或他人受伤并可能引起污染 设置在禁止穿着户外用鞋的水上活动区域、游泳池等环境中 ISO 20712-1：2008（WSP013）

表 4（续）

编号	图形标志	含　义	说　明
4-14		禁止跳落入水 No jumping into water	表示禁止跳落到水中 在该水上活动区域跳落到水中，会导致自己或他人受伤或溺水 设置在禁止跳落入水的水上活动区域、游泳池等环境中 ISO 20712-1:2008(WSP014)
4-15		禁止推人入水 No pushing into water	表示禁止把人推落水中 在该水上活动区域把人推入水中，会导致他人受伤或溺水 设置在禁止推人入水的水上活动区域、游泳池等环境中 ISO 20712-1:2008(WSP015)
4-16		禁止趴板冲浪 No body boarding	表示禁止趴板冲浪 在该水上活动区域内使用趴板冲浪，会因碰撞导致他人受伤或溺水 设置在禁止趴板冲浪的水上活动区域中 ISO 20712-1:2008(WSP016)

表 4（续）

编号	图形标志	含 义	说 明
4-17		禁止在红黄条形旗之间冲浪 No surfing between the red-and-yellow flag	表示在指定的游泳区域内禁止使用冲浪艇 如果冲浪艇进入指定的游泳区域，会因碰撞导致人员受伤或溺死 设置在游泳区与冲浪区可能有重叠的水上活动区域中 ISO 20712-1:2008(WSP017)
4-18		禁止冲浪风筝活动 No kite surfing	表示禁止进行冲浪风筝活动 在该水上活动区域内，冲浪风筝可能碰撞到人而导致人员受伤或溺死 设置在禁止使用冲浪风筝的水上活动区域中 相关标志为 4-19、5-20、5-21 ISO 20712-1:2008(WSP018)，修改
4-19		禁止牵引伞活动 No parasailing	表示禁止进行牵引伞活动 在该水上活动区域内，牵引伞的动力船可能撞击到人而导致他人受伤或溺死 设置在禁止使用牵引伞的水上活动区域中 相关标志为 4-18、5-20、5-21 ISO 20712-1:2008(WSP019)，修改

表 4（续）

编号	图形标志	含 义	说 明
4-20		禁止沙地帆车驶入 No sand yachting	表示禁止使用沙地帆车 在该沙滩上，沙地帆车可能碰撞到人而导致他人受伤或死亡 设置在禁止使用沙地帆车的水上活动区域中 相关标志为 5-17 ISO 20712-1:2008(WSP020)
4-21		禁止垂钓 No angling	表示禁止垂钓 在该水上活动区域内垂钓，可能导致他人受伤或溺死 设置在禁止钓鱼的水上活动区域中

表 5　警告标志(W 类)

编号	图形标志	含 义	说 明
5-01		当心薄冰层 Warning;Thin ice	警告在薄冰层上行走的危险 如果薄冰层破裂使人落入水中，会导致受伤或溺死 设置在冰层较薄的水上活动区域中 ISO 20712-1:2008(WSW001)

表 5（续）

编号	图形标志	含　义	说　明
5-02		当心船台 Warning;Slipway	警告来自船舶下水滑道的危险 与滑道附近的设备或船舶碰撞，会导致人员受伤或溺死 设置在设有船台的水上活动区域中 ISO 20712-1:2008(WSW002)，修改
5-03		当心拖曳滑水 Warning;Towed water activity area	警告来自拖曳滑水活动（例如，水橇、水上滑板等）的危险 在水上活动区中，如果与水橇、滑水板或牵引绳等碰撞，会导致人员受伤或溺死 设置在有拖曳滑水者的水上活动区域中 相关标志为 4-11 ISO 20712-1:2008(WSW003)，修改
5-04		当心冲浪者 Warning; Surf craft area	警告来自冲浪设备（例如，冲浪板、冲浪橇、冲浪皮艇等）的危险 在水上活动区中，如果与冲浪设备碰撞会导致人员受伤或溺死 设置在有冲浪者的水上活动区域中 相关标志为 4-12 ISO 20712-1:2008(WSW004)

表 5（续）

编号	图形标志	含 义	说 明
5-05		当心深水 Warning;Deep water	警告来自深水的危险 有人会因误入深水区而导致受伤或溺死 设置在水的深度较大的水上活动区域、游泳池等环境中 ISO 20712-1:2008(WSW005)
5-06		当心浅水(跳水) Warning; Shallow water(diving)	警告在浅水中跳水的危险 在浅水中头朝下跳水，会因头部与水底撞击而致人受伤或溺死 设置在水的深度较小的水上活动区域、游泳池等环境中 相关标志为 4-05、5-07 ISO 20712-1:2008(WSW006)
5-07		当心水下物体 Warning; Submerged object	警告来自在露天水域跳水的危险 在露天水域中跳水，会因身体与水下物体撞击而致人受伤或溺死 设置在水下有浸没物的水上活动区域中 相关标志为 4-05、5-06 ISO 20712-1:2008(WSW007)

表 5（续）

编号	图形标志	含　义	说　明
5-08		当心水下坡度陡降 Warning;Sudden drop in swimming or leisure pools	警告来自水下坡度突然下降的危险 当遇到未曾预料的水深改变时，会导致人员受伤或溺死 设置在水下存在陡坡的水上活动区域、游泳池等环境中 ISO 20712-1:2008(WSW008)
5-09		当心岸边未设防护 Warning; Unprotected edges	警告来自未设防护的水环境的危险(例如，临近码头的区域) 车辆可能从岸边意外驶入水中而导致人员受伤或溺死 设置在车辆可能意外落水的水环境中 相关标志为 5-10 ISO 20712-1:2008(WSW009)，修改
5-10		当心崖边不牢固 Warning; Unstable cliff edge	警告来自不牢固的悬崖或悬崖边缘的危险 当在不牢固的悬崖边行走时，崖壁可能塌陷而导致人员落崖受伤或死亡 设置于存在不牢固悬崖的水环境中 相关标志为 5-11 ISO 20712-1:2008(WSW010)

表5(续)

编号	图形标志	含义	说明
5-11		当心崖壁落石 Warning; Unstable cliff	警告来自不牢固悬崖落石的危险 来自不牢固悬崖的落石会导致人员受伤或死亡 设置于存在不牢固悬崖的环境中 相关标志为5-10 ISO 20712-1:2008(WSW011)
5-12		当心鲨鱼 Warning;Sharks	警告来自鲨鱼的危险 在某些水域栖息着鲨鱼(例如投食区),因此需要提醒人们当心鲨鱼以避免受伤或死亡 设置在鲨鱼通常栖息或可能攻击人的水域范围中 ISO 20712-1:2008(WSW012)
5-13		当心排污口 Warning;Sewage effluent outfall	警告来自排污口的危险 人们可能因接触污水而患病,或因被卷入排放的污水中而受伤或溺死 设置在有排污口的水上活动区域中 ISO 20712-1:2008(WSW013),修改

表 5（续）

编号	图形标志	含 义	说 明
5-14		当心海啸 Warning;Tsunami hazard zone	警告来自海啸的危险 当地发生地震时宜立即离开这一区域，否则会因海啸受伤或溺死 设置在海啸危险区域中 相关标志为 2-02、2-03、5-23 ISO 20712-1:2008(WSW014)，修改
5-15		当心强水流 Warning; Strong current	警告来自强水流的危险 卷入强水流中，会导致人员受伤或溺死 设置在水上活动区中有强水流的区域 ISO 20712-1:2008(WSW015)，修改
5-16		当心船舶 Warning;Boating area	警告来自船舶（例如，人力船、机动船或帆船）的危险 被船舶撞击，会导致人员受伤或溺死 设置在有船舶行驶的水上活动区域中 相关标志为 5-04 ISO 20712-1:2008(WSW016)

表 5（续）

编号	图形标志	含　义	说　明
5-17		当心沙地帆车 Warning; Sand yachting	警告来自沙地帆车的危险 被沙地帆车撞击，会导致人员受伤或死亡 设置在有沙地帆车使用者的水上活动区域中 相关标志为4-20 ISO 20712-1:2008(WSW017)
5-18		当心潮水 Warning; Incoming tides	警告来自即将上涨的潮水的危险 卷入上涨的潮水，会导致人员受伤或溺死 设置在水上活动区域中因潮水上涨可能切断退路的位置 ISO 20712-1:2008(WSW018)，修改
5-19		当心流沙或深泥沼 Warning;Quicksand or mud/deep mud or silt	警告来自流沙或泥沼的危险 如果陷入流沙或泥沼中将面临受伤或溺水的危险 设置在水上活动区域存在流沙或泥沼的位置 ISO 20712-1:2008(WSW019)

表 5（续）

编号	图形标志	含　义	说　明
5-20		当心冲浪风筝 Warning;Kite surfing	警告来自冲浪风筝的危险 被冲浪风筝碰撞，会导致人员受伤或溺死 设置在有冲浪风筝使用者的水上活动区域中 相关标志为 4-18、4-19、5-21 ISO 20712-1:2008(WSW020)，修改
5-21		当心牵引伞 Warning;Parasailing	警告来自牵引伞的危险 被牵引伞的动力船碰撞，会导致人员受伤或溺死 设置在有牵引伞使用者的水上活动区域中 相关标志为 4-18、4-19、5-20 ISO 20712-1:2008(WSW021)，修改
5-22		当心强风 Warning;Strong winds	警告来自强风的危险 被强风从岸上吹落水中，会导致人员受伤或溺死 设置在水上活动区域中有强风且使用一个安全旗不足以警示的位置 ISO 20712-1:2008(WSW022)，修改

表 5（续）

编号	图形标志	含　义	说　明
5-23		当心巨浪或强破碎浪 Warning;High surf or large breaking waves	警告来自巨浪或强破碎浪的危险 被卷入巨浪或强破碎浪，会导致人员受伤或溺死 设置在可能有巨浪或强破碎浪的水上活动区域中 相关标志为 5-14 ISO 20712-1:2008(WSW023)
5-24		当心岸边陡坡 Warning;Deep shelving beach	警告来自岸边陡坡的危险 如果意外遇到水下陡坡并失足跌倒，会导致人员受伤或溺死 设置在岸边存在陡坡的水上活动区域中 相关标志为 5-08 ISO 20712-1:2008(WSW024)，修改
5-25		当心鳄鱼 Warning;Crocodiles, alligators or caymans	警告来自鳄鱼的危险 被鳄鱼攻击，会导致人员受伤或死亡 设置在鳄鱼通常栖息并可能攻击人的水域中 ISO 20712-1:2008(WSW025)

表 5（续）

编号	图形标志	含 义	说 明
5-26		当心海蜇(水母) Warning; Jellyfishes	警告来自海蜇(水母)的危险 被海蜇(水母)蜇刺，会导致人员受伤或中毒死亡 设置在有海蜇出没的海滨浴场等水上活动区域中

索　引

中文索引

英文索引

ICS 01.080.01
A 22

中华人民共和国国家标准

GB/T 25895.2—2010

水域安全标志和沙滩安全旗 第2部分：沙滩安全旗颜色、形状、含义及性能的规范

**Water safety signs and beach safety flags—
Part 2: Specifications for beach safety flags—Colour, shape, meaning and performance**

(ISO 20712-2:2007, MOD)

2011-01-10 发布　　2011-07-01 实施

中华人民共和国国家质量监督检验检疫总局
中国国家标准化管理委员会　发布

前　言

GB/T 25895《水域安全标志和沙滩安全旗》分为 3 个部分：

——第 1 部分：工作场所和公共区域用水域安全标志；

——第 2 部分：沙滩安全旗颜色、形状、含义及性能的规范；

——第 3 部分：使用原则与要求。

本部分为 GB/T 25895 的第 2 部分。

本部分按照 GB/T 1.1—2009 给出的规则起草。

本部分使用重新起草法修改采用 ISO 20712-2:2007《水域安全标志和沙滩安全旗　第 2 部分：沙滩安全旗颜色、形状、含义及性能的规范》。

本部分与 ISO 20712-2:2007 相比，做了如下结构调整：

——删除了国际标准中的 4.1，第 4 章其他条的编号做相应调整。

本部分与 ISO 20712-2:2007 的技术性差异及其原因如下：

——关于规范性引用文件，本部分做了具有技术性差异的调整，以便于标准在我国的应用。调整的情况集中反映在第 2 章“规范性引用文件”中，具体调整如下：

- 用修改采用国际标准的 GB/T 3920、GB/T 4146.1、GB/T 4669、GB/T 7742.1 和 GB/T 8427 分别代替 ISO 105-X12、ISO 2076、EN 12127、ISO 13938-1 和 ISO 105-B02；
- 使用等效采用国际标准的 GB/T 5713、GB/T 5714 和 GB/T 8429 分别代替 ISO 105-E01、ISO 105-E02 和 ISO 105-B03；
- 用非等效采用国际标准的 GB/T 3923.1 和 GB/T 3979 分别代替 ISO 13934 和 CIE 15；
- 用与国际标准在技术内容上对应但没有采标关系的 GB/T 4668—1995 和 GB/T 15565(所有部分)分别代替 EN 1049-2:1993 和 ISO 17724。

——在表 1 中增加了绿旗及相应的规定，在表 2 中增加了绿色的色度坐标和亮度因数的规定。

本部分与 ISO 20712-2:2007 相比，作了下列编辑性修改：

——将第 4 章标题由“沙滩安全旗”改为“沙滩安全旗的含义、功能和外形”；

——在表 1 中为每种旗帜规定了名称，如红旗、黄旗等，同时增加了一个表注；

——在附录 A 中增加了绿色的颜色示例。

本部分由全国图形符号标准化技术委员会(SAC/TC 59)提出并归口。

本部分起草单位：中国标准化研究院、国家旅游局、国家海洋环境监测中心、中国纺织科学研究院。

本部分主要起草人：陈永权、白殿一、汪黎明、张微微、邹传瑜、张亮、郑宇英。

引　言

传递安全信息的系统亟需标准化，以便依赖尽可能少的文字就可以使其获得理解。随着我国贸易、旅游和人员流动的不断增长，迫切需要有一种通用的方式传递安全信息，而标准化的缺失可能会导致信息传递的混乱甚至发生事故。

使用标准化的沙滩安全旗并不能取代正确的工作方法、指示、事故预防训练和(或)措施等。对任何一个提供安全信息的系统来说，教育都是不可或缺的组成部分。

水域安全标志和沙滩安全旗 第2部分：沙滩安全旗颜色、形状、含义及性能的规范

重要提示：虽然 GB/T 25895 的本部分印刷版本中的颜色符合（根据目测检验在容许的偏差内）本部分的要求，但本部分的印刷版本不用于配色。

1 范围

GB/T 25895 的本部分规定了沙滩安全旗的形状和颜色要求，同时也规定了制作沙滩安全旗所用材料的色度属性和光度属性及其强度、色牢度等物理性能。本部分定义的沙滩安全旗主要用于传递有关风力条件、水域条件及其他危险情况的信息，或标明游泳区域以及从沙滩向水域延伸的其他水上活动区域的范围。

本部分适用于管理沿海和内陆水上活动时使用的沙滩安全旗。本部分不适用于射击场使用的旗帜、指示水质的旗帜或水上交通使用的信号旗。

2 规范性引用文件

下列文件对于本文件的应用是必不可少的。凡是注日期的引用文件，仅所注日期的版本适用于本文件。凡是不注日期的引用文件，其最新版本（包括所有的修改单）适用于本文件。

GB/T 250 纺织品 色牢度试验 评定变色用灰色样卡(GB/T 250—2008,ISO 105-A02:1993,IDT)

GB/T 251 纺织品 色牢度试验 评定沾色用灰色样卡(GB/T 251—2008,ISO 105-A03:1993,IDT)

GB/T 3920 纺织品 色牢度试验 耐摩擦色牢度(GB/T 3920—2008,ISO 105-X12:2001,MOD)

GB/T 3923.1 纺织品 织物拉伸性能 第1部分：断裂强力和断裂伸长率的测定 条样法(GB/T 3923.1—1997,neq ISO/DIS 13934-1:1994)

GB/T 3979 物体色的测量方法(GB/T 3979—2008,CIE 15:2004,NEQ)

GB/T 4146.1 纺织品 化学纤维 第1部分：属名(GB/T 4146.1—2009,ISO 2076:1999,MOD)

GB/T 4668—1995 机织物密度的测定

GB/T 4669 纺织品 机织物 单位长度质量和单位面积质量的测定(GB/T 4669—2008,ISO 3801:1977,MOD)

GB/T 5713 纺织品 色牢度试验 耐水色牢度(GB/T 5713—1997,eqv ISO 105-E01:1994)

GB/T 5714 纺织品 色牢度试验 耐海水色牢度(GB/T 5714—1997,eqv ISO 105-E02:1994)

GB/T 7742.1 纺织品 织物胀破性能 第1部分：胀破强力和胀破扩张度的测定 液压法(GB/T 7742.1—2005,ISO 13938-1:1999,MOD)

GB/T 8427　纺织品　色牢度试验　耐人造光色牢度：氙弧(GB/T 8427—2008,ISO 105-B02：1994,MOD)

GB/T 8429　纺织品　色牢度试验　耐气候色牢度：室外曝晒(GB/T 8429—1998,eqv ISO 105-B03：1994)

GB/T 15565(所有部分)　图形符号　术语

GB/T 20146　色度学用 CIE 标准照明体(GB/T 20146—2006,CIE S 005：1999,IDT)

GB/T 20147　CIE 标准色度观测者(GB/T 20147—2006,ISO/IEC 10527：1991,IDT)

BS 2F 127：1991　航空航天用天然或合成弹性体涂层尼龙织物规范(Specification for nylon fabrics suitable for coating with natural or synthetic elastomers for aerospace purposes)

BS 5441　针织品试验方法(Methods of test for knitted fabrics)

3　术语和定义

GB/T 15565 界定的以及下列术语和定义适用于本文件。

3.1

沙滩　beach

在海边、河边或湖边由砂质沉积物构成的岸线或斜岸区域。

3.2

沙滩安全旗　beach safety flag

通过一种或多种颜色与一定几何形状的组合传递特定安全信息，一端在旗杆或绳索上固定，并在沙滩上设置的旗帜。

注：旗帜可使用辅助支撑，如水平支撑等。

4　沙滩安全旗的含义、功能和外形

4.1　沙滩安全旗的含义、功能、形状和颜色

沙滩安全旗的含义、功能、形状和颜色应符合表 1 的规定。

4.2　沙滩安全旗的尺寸

4.2.1　矩形旗

矩形旗的尺寸应不小于 750 mm×900 mm。矩形旗的长度应至少超出宽度的 20%，但不应超出宽度的 35%。

4.2.2　锥体旗

锥体旗应为在较大一端有一个刚性圆环的截锥体形状，该截锥体长度应至少为 1 500 mm，小端的直径应至少为 250 mm，大端的直径应至少为 500 mm。截锥体大端直径、小端直径及长度三者之比应为 2∶1∶6。

表 1　沙滩安全旗的含义、功能、形状和颜色

编号	沙滩安全旗	名称和含义、功能、形状和颜色	
BF.00		名称和含义	绿旗，安全环境
		功能	表示该水环境适宜游泳或其他水上活动，可以人水
		形状和颜色	矩形，绿色
BF.01		名称和含义	红旗，危险环境
		功能	表示该水环境对游泳或其他水上活动非常危险，不宜人水
		形状和颜色	矩形，红色
BF.02		名称和含义	黄旗，一般警告
		功能	表示对危险的一般警告，需要使用辅助标志提示危险的详细信息
		形状和颜色	矩形，黄色
BF.03		名称和含义	红黄条形旗，有救生员巡逻的游泳和趴板冲浪区或有救生员值勤
		功能	旗帜成对使用表示有救生员巡逻的游泳和趴板冲浪的区域，单独一面旗帜表示有救生员值勤
		形状和颜色	矩形，红色和黄色。旗帜水平等分为两种颜色，上半部为红色
BF.04	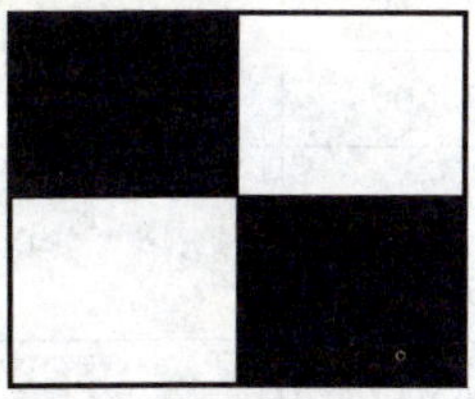	名称和含义	黑白方格旗，冲浪板和其他水上小艇的活动区域或者区域的边界
		功能	表示供冲浪板和其他水上小艇使用的区域(成对使用)或区域的边界
		形状和颜色	矩形，黑色和白色。旗帜表面等分为两黑两白四个矩形色块。上部的黑色矩形色块在旗杆一侧
BF.05	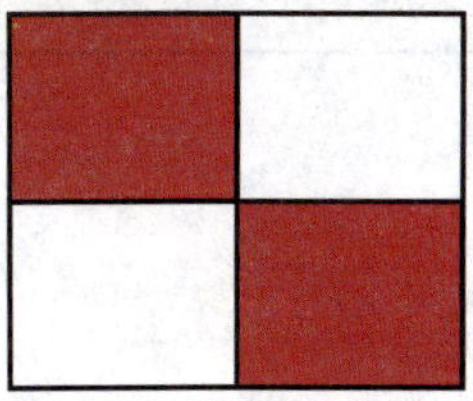	名称和含义	红白方格旗，紧急撤离
		功能	表示因发生紧急情况，宜撤离该水域
		形状和颜色	矩形，红色和白色。旗帜表面等分为两红两白四个矩形色块。上部的红色矩形色块在旗杆一侧
BF.06	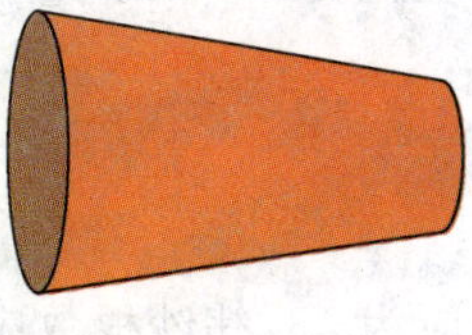	名称和含义	橙色风向袋，大风时禁止在水上使用充气物品
		功能	表示在大风或其他不安全的水域环境中使用充气物品非常危险，禁止在水上使用充气物品
		形状和颜色	截锥体，橙色
注：表中所有图示在印刷方法局限下尽可能保持了准确。			

5　沙滩安全旗的材料

5.1　一般要求

矩形旗应由 GB/T 4146 界定的涤纶材料经机织或针织制成。

注：涤纶针织物制成的旗帜较轻，因此更易干燥并易于在微风中飘扬。涤纶机织物制成的旗帜更耐用。

锥体旗应使用符合 BS 2F 127:1991 规定的尼龙织物 7 制成。

5.2　材料的色度属性和光度属性

在按照第 6 章的规定对材料进行测试时，颜色的色度坐标均应落在表 2 规定的相关颜色的范围内。颜色的亮度因数也应符合表 2 的规定。

注：关于颜色的实用信息参见附录 A。

表 2　沙滩安全旗材料的色度坐标和亮度因数

颜色	确定许用颜色范围的角点色度坐标：标准照明体 D65，CIE 2°标准观测者					亮度因数
		1	2	3	4	
红色	x	0.555	0.668	0.710	0.530	≥0.07
	y	0.345	0.332	0.290	0.315	
橙色	x	0.500	0.584	0.640	0.533	≥0.18
	y	0.390	0.416	0.360	0.350	
黄色	x	0.424	0.465	0.522	0.460	≥0.45
	y	0.479	0.534	0.477	0.430	
绿色	x	0.110	0.230	0.260	0.170	≥0.12
	y	0.455	0.440	0.470	0.500	
白色	x	0.385	0.300	0.260	0.345	≥0.70
	y	0.355	0.270	0.310	0.395	
黑色	x	0.385	0.300	0.260	0.345	≤0.03
	y	0.355	0.270	0.310	0.395	

5.3　涤纶材料的物理性能

5.3.1　单位面积质量

按照 GB/T 4669 对涤纶材料进行测试时，涤纶机织物的单位面积质量应为(155±8)g/m²，涤纶针织物的单位面积质量应为(115±6)g/m²。

5.3.2　涤纶机织物的密度

按照 GB/T 4668—1995 中的方法 B 进行测量时，每厘米内经纱根数应为 13，纬纱根数应为 12。

5.3.3 涤纶针织物的密度

按照 BS 5441 进行测量时，每厘米内的线圈纵行数应为 11，线圈横列数应为 18。

5.4 材料的色牢度

5.4.1 耐光色牢度

按照 GB/T 8427 进行测试时，材料耐光色牢度的等级应不小于 6 级。

5.4.2 耐淡水色牢度

按照 GB/T 5713 进行测试时，用 GB/T 250 规定的灰色样卡评定试样颜色变化，对应的色牢度应不小于 4～5 级；用 GB/T 251 规定的灰色样卡评定贴衬织物的沾色，色牢度应不小于 4～5 级。

5.4.3 耐盐水色牢度

按照 GB/T 5714 进行测试时，用 GB/T 250 规定的灰色样卡评定试样颜色变化，色牢度应不小于 4～5 级；用 GB/T 251 规定的灰色样卡评定贴衬织物的沾色，色牢度应不小于 4～5 级。

5.4.4 耐湿摩擦和耐干摩擦色牢度

按照 GB/T 3920 进行测试时，用 GB/T 251 规定的灰色样卡评定织物试样在干摩擦和湿摩擦后的摩擦沾色，色牢度应达到 5 级。

5.4.5 耐气候色牢度

按照 GB/T 8429 进行测试时，材料耐气候色牢度的等级应不小于 6 级。

5.5 强度

5.5.1 机织物的断裂强力

按照 GB/T 3923.1 进行测试时，经向断裂强力应不小于 1 050 N，纬向断裂强力应不小于 825 N。

5.5.2 针织物的胀破强力

按照 GB/T 7742.1 进行测试时，测试面积为 7.3 cm^2（即，直径为 30.5 mm），胀破强力应不小于 800 kPa。

6 色度坐标和亮度因数的测定

色度坐标和亮度因数应按照 GB/T 3979 的规定进行测量。测量应在以白色卡为衬底的单层材料上进行，白色卡的反射率应大于 0.75。被测材料应使用 GB/T 20146 中规定的标准照明体 D65 照明，并使用带有色泽阱的 de:8°光学几何结构的分光光度计去除镜面反射分量。所使用的分光光度计应可以测量反光材料，数据处理后应得到用于 GB/T 20147 中规定的标准照明体 D65 和 CIE 1931 2°标准观测者的 CIE x、y、Y 数据。

注 1：亮度因数通过公式 Y/100 得出。

注 2：CIE 1931 标准色度观测者使用 2°观测视野，因此被称为 CIE 2°标准色度观测者。

注 3：标准照明体 D65 代表平均昼光。

附 录 A
（资料性附录）
颜 色 示 例

表 2 通过色度坐标和亮度因数对颜色做出了规定，但是沙滩安全旗的材料生产商有可能需要对相关颜色有更直观的认识。表 A.1 给出了每种颜色的示例，这些示例不用于配色。

表 A.1 在表 2 规定的颜色范围内的颜色示例

颜色	Pantone[a] 标准色
红色	Red 032C 1788C 1795C 185C 186C 485C
橙色	021C 1505C 151C 158C 1585C 1595C 165C 166C 1645C 1655C 1665C 171C 172C 173C
黄色	Yellow C Yellow 012C 107C 108C 109C 110C 116C 1235C 124C 130C 136C

表 A.1（续）

颜色	Pantone[a] 标准色
绿色	Green C **327C** 3278C 328C 3288C **334C** 340C 341C
注：黑体字的 Pantone 标准色是推荐使用的颜色。	
[a] Pantone® 是 Pantone 公司的商标。表中给出的信息仅是为了方便 GB/T 25895 本部分的使用者，并不表示对该产品的认可。	

按照其他颜色分类体系识别标准色时，宜按照第 6 章进行测试，且符合表 2 的规定。

ICS 01.080.01
A 22

中华人民共和国国家标准

GB/T 25895.3—2010

水域安全标志和沙滩安全旗 第3部分:使用原则与要求

Water safety signs and beach safety flags—
Part 3:Principles and requirements for use

(ISO 20712-3:2008,Water safety signs and beach safety flags—
Part 3:Guidance for use,MOD)

2011-01-10 发布 2011-07-01 实施

中华人民共和国国家质量监督检验检疫总局
中国国家标准化管理委员会 发布

前　言

GB/T 25895《水域安全标志和沙滩安全旗》分为3个部分：

——第1部分：工作场所和公共区域用水域安全标志；

——第2部分：沙滩安全旗颜色、形状、含义及性能的规范；

——第3部分：使用原则与要求。

本部分为GB/T 25895的第3部分。

本部分按照GB/T 1.1—2009给出的规则起草。

本部分使用重新起草法修改采用ISO 20712-3:2008《水域安全标志和沙滩安全旗　第3部分：使用指南》。

本部分与ISO 20712-3:2008相比，作了如下结构调整：

——删除了原标准中的术语3.3、3.4、3.7和3.8，将原国际标准中的术语3.5调整为本部分中的3.3，3.6调整为3.4；

——新增6.2.1，将原标准中6.2.1～6.2.6的编号顺延；

——更改了附录的顺序，将原标准中的附录D调整为附录B，附录B调整为附录C，附录C调整为附录D。

本部分与ISO 20712-3:2008的技术性差异及其原因如下：

——关于规范性引用文件，本部分作了具有技术性差异的调整，以便于标准在我国的应用。调整的情况集中反映在第2章“规范性引用文件”中，具体调整如下：

- 使用与国际标准在技术内容上对应但没有采标关系的GB/T 10001(所有部分)和GB/T 15565(所有部分)代替原国际标准中的引用文件ISO 7001和ISO 17724；
- 增加规范性引用文件GB 5768.2。

——将原标准名称由“使用指南”改为“使用原则与要求”，相应地在标准中将某些助动词“宜”改为“应”，以便于标准的推行和使用；

——将5.1.4原文中的“注1”改为正文，见本部分5.1.4第一段的第二句；

——在7.2.3中增加了有关中文字体大小的规定，并给出了中文的最小字高；在7.2.6中增加了在适用一种以上文字时宜优先使用中文和英文的规定，以便使标准技术内容适应我国使用情况；

——将5.1.1、5.1.2、5.1.3、5.1.4、6.1、6.2、6.4.1、6.4.2、6.6、7.1、7.2.1、7.2.3、7.2.5及7.2.6等条中的部分助动词由原文的“宜”改为了“应”，例如，5.1.1中的第一段、第二段及最后一段中的助动词由原国际标准中的“宜”改为了本部分中的“应”；

——将5.1.7、5.2、6.3、6.7及7.3.1等条中的全部助动词由原文的“宜”改为了本部分中的“应”。

本部分与ISO 20712-3:2008相比，作了下列编辑性修改：

——删除已经包含在规范性引用文件GB/T 15565中的术语3.3、3.4、3.7和3.8；

——删除原文中的示例图1，其他示例图编号顺延；

——将正文中对示例图的说明“图中各部分的尺寸和比例不固定，外形也不固定”改为相关图的图注；

——在附录A中增加了有关中文文字的距离因数的规定，并将各表外的注改为表注。

本部分由全国图形符号标准化技术委员会(SAC/TC 59)提出并归口。

本部分起草单位：中国标准化研究院、国家旅游局、国家海洋环境监测中心。

本部分主要起草人：陈永权、白殿一、汪黎明、张微微、邹传瑜、张亮。

引　言

GB/T 25895 的本部分是应用水域安全标志和沙滩安全旗的经验总结。本部分给出了选择和设置水域安全标志及沙滩安全旗的示例,水域安全标志和沙滩安全旗的设计目的是提供与水有关的危险信息以及为避免这些危险所需行动的信息。

在工作环境及公共环境中通过标准化的方式使用水域安全标志及沙滩安全旗并辅以适当的辅助文字,有助于对水域安全标志和沙滩安全旗含义的理解和说明,也有助于采取恰当的行动以避免危险。本部分旨在确保水域安全标志和沙滩安全旗的规范使用,以便提高游客和公众对它们的熟悉程度,从而增强安全性。

本部分中的示例是按照公众可能不熟悉室内游泳池、室外游泳池或沙滩特点的情况进行设计的。图中不涵盖所有潜在危险情况,示例仅为标志使用的示例而不是最低要求。

使用水域安全标志和沙滩安全旗不能取代正确的工作方法、安全指示、事故预防训练和在紧急情况下采取的行动,也不宜取代救生员的作用。

本部分无意包含有关契约的所有必要条款,使用方有责任正确应用。

水域安全标志和沙滩安全旗
第3部分:使用原则与要求

重要提示:虽然 GB/T 25895 本部分印刷版本中的颜色符合(根据目测检验在容许的偏差内)GB/T 2893.1的要求,但本部分的印刷版本不用于配色。有关配色的要求,参照 GB/T 2893.1 中对安全色的色度属性和光度属性的规定及安全色在颜色体系中的参考值。

1 范围

GB/T 25895 的本部分给出了选择和使用水域安全标志和沙滩安全旗的原则与要求。本部分不仅规定了水域安全标志和沙滩安全旗的设置地点、安装位置、照明及维护的原则与要求,同时也规定了集合标志设计及设置的原则与要求。

本部分不适用于公路及水上交通中使用的交通标志,也不适用于射击场使用的旗帜或指示水质的旗帜。本部分不涉及应急导向标志及其照明的使用。

2 规范性引用文件

下列文件对于本文件的应用是必不可少的。凡是注日期的引用文件,仅注日期的版本适用于本文件。凡是不注日期的引用文件,其最新版本(包括所有的修改单)适用于本文件。

GB 5768.2 道路交通标志和标线 第2部分:道路交通标志

GB/T 10001(所有部分) 标志用公共信息图形符号

GB/T 15565(所有部分) 图形符号 术语

GB/T 25895.1 水域安全标志和沙滩安全旗 第1部分:工作场所和公共区域用水域安全标志(GB/T 25895.1—2010,ISO 20712-1:2008,MOD)

GB/T 25895.2 水域安全标志和沙滩安全旗 第2部分:沙滩安全旗颜色、形状、含义及性能的规范(GB/T 25895.2—2010,ISO 20712-2:2007,MOD)

3 术语和定义

GB/T 15565 界定的以及下列术语和定义适用于本文件。

3.1

沙滩 beach

在海边、河边或湖边由砂质沉积物构成的岸线或斜岸区域。

[GB/T 25895.2—2010,定义3.1]

3.2

沙滩安全旗 beach safety flag

通过一种或多种颜色与一定几何形状的组合传递特定安全信息,一端在旗杆或绳索上固定,并在沙滩上设置的旗帜。

注:旗帜可使用辅助支撑,如水平支撑等。

[GB/T 25895.2—2010,定义3.2]

3.3

池体　pool basin

〈游泳池〉可进行与水有关的活动的水池。

3.4

池缘　pool surround

〈游泳池〉池体周边供出入池体的区域及常规通行空间。

4　安全标志和安全旗的选择和设置指南

4.1　风险评估

应根据风险评估的结果选择和使用安全标志和安全旗。风险评估时宜考虑以下具体问题：

a)　水环境的危害及相关风险；

b)　相关法律或规定；

c)　水环境的运营和管理；

d)　使用者及其可预知的行为。

在特定环境中，进行风险评估时可能还需要考虑其他问题。

注：使用者可能对周围环境不熟悉、没有佩带常规的矫正眼镜或赤脚行走等。

宜根据风险评估的结果编制一份详尽的需求说明，并将其作为详细设计的基础及选择和使用安全标志和安全旗的规范。

4.2　设置

4.2.1　水域安全标志和集合标志

水域安全标志和集合标志的设置宜便于使用者认清危险，并能够采取适当的行动以避免危险。

设置水域安全标志和集合标志时宜考虑以下方面：

a)　危险所在位置及与危险相关的标志；

b)　设施入口的位置；

c)　任何其他标志的位置；

d)　可能遮挡标志或转移人们对标志注意力的建筑特征、装饰、建筑物、植物或人群所在的位置；

e)　正常及停电状态时的照明水平及特点；

f)　与水域安全标志一起使用的适当辅助文字；

g)　集合标志上的适当信息。

4.2.2　沙滩安全旗

沙滩安全旗的设置宜便于使用者认清危险，并能够采取适当的行动以避免危险。

设置沙滩安全旗时宜考虑以下方面：

a)　危险的性质、位置及与危险相关的标志；

b)　水上活动的区域或边界；

c)　可能遮挡安全旗或转移人们对安全旗注意力的建筑物、沙滩设施或植物所在的位置；

d)　旗杆的位置；

e)　集合标志上的适当信息，例如，对安全旗含义的解释或对救生服务的说明等。

5 水域安全标志

5.1 水环境下的一般要求

5.1.1 通则

设计者应确认危险所在的位置。

水域安全标志应符合 GB/T 25895.1 的规定。

安全标志所需的标志高,宜由不同外部照明条件下的最大观察距离和相关距离因数 z(参见附录 A 中的表 A.1)确定。

规划水域安全标志系统时宜考虑到以下原则,水域安全标志宜:

a) 醒目地设置在正常视野范围内;

b) 与周围环境形成明显对比;

注: 可通过使用标志衬边或将标志安装在颜色与周围环境形成明显对比的标志载体上来增加对比度和醒目度。

c) 在危害周围区域的任何位置都可见;

d) 在合理的前提下,以相同的高度在相关设施中设置;

e) 在适宜情况下,优先于除疏散路线标志外的所有其他标志;

f) 不因其设置而构成对人身的危害;

g) 在适宜情况下,设置在深度急剧变化的位置;

h) 在适宜情况下,使用照明确保标志的清晰和可见。

不应在同一位置设置过多的安全标志,这样会令观察者迷惑,导致某些安全信息不易被观察者注意和理解。

5.1.2 安装高度

安全标志无论附着式安装还是悬挂式安装,以下原则均能够帮助设施的使用者预知安全标志的位置:

a) 标志应安装在与观察者视野法向中心线垂直的平面上,且安装位置宜尽可能接近观察者的视野法向中心线。以站立的成年观察者为例,视野法向中心线的平均高度为观察者所处地面水平面上方 1.5 m,标志安装的高度范围宜为观察者注视标志的视线与视野法向中心线所形成的偏移角上下均约为 5°的范围。

b) 标志的安装高度不应对人构成潜在伤害。

c) 标志前方的空地上不应存在任何障碍物,以便使视力障碍者或未佩戴矫正眼镜的人能够走近标志以缩短他们的观察距离。

5.1.3 照明

如果提供人工照明,无论在正常状态还是停电状态下都应确保标志的有效照度。

可以使用多种方法确保标志获得满意的照度。

某些类型的光源,例如低压钠灯,不能保证有效的颜色识别,因此不宜用作水域安全标志的照明。

如果标志通过外部人工光源照明,在正常照明条件下其垂直照度的最小值宜为 100 lx。

5.1.4 标志高和最大观察距离

标志在最大观察距离上应醒目、清晰。标志达到醒目和清晰所必须的标志高取决于标志的观察距离和照度。表 1 给出了标志高的测量方法。

注: 在外部环境中,可通过使用具有较高颜色对比度的衬边或背景色使标志更加醒目。

表 1　标志高的测量方法

	标志类型			
	安全条件标志	指令标志	禁止标志	警告标志
标志高 h	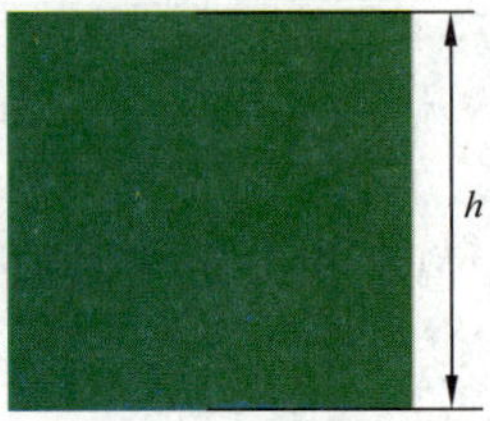	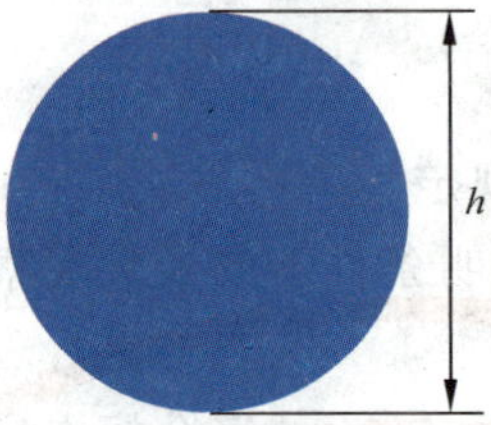		

标志所需的最大观察距离宜由标志在该区域内的位置决定，并宜考虑到视力正常和视力障碍者的需求。表 A.1 给出了在不同照明条件下及不同视敏度时的距离因数 z。

对于特定的标志高 h，最大观察距离按照如下公式计算：

$$l = zh$$

式中：

l——观察距离，单位为毫米(mm)；

z——距离因数(见表 A.1)；

h——标志高，单位为毫米(mm)。

表 2 给出了在常规人工照明或自然照明条件下，不同最小标志高对应的最大观察距离。

表 2　在常规人工照明或自然照明条件下不同最小标志高对应的最大观察距离

最小标志高 mm	最大观察距离 m	
	正常视敏度	视敏度 6/60
60	3.6	0.36
80	4.8	0.48
120	7.2	0.72
180	10.8	1.08
240	14.4	1.44

当最大观察距离的数值落在表 2 中相邻的两个数值之间时，宜选用两个最小标志高中的较大者。

表 2 中的最大观察距离与注视标志的视野法向中心线相关。当视线与视野法向中心线成 α 角时，最大观察距离将因缩小系数 $\cos\alpha$ 而减少。

相应的观察距离宜达到这样的效果，即在观察者接触危险之前即能获悉潜在的危险、安全防范措施和(或)为避免危险所需采取的行动。

设置在相关设施内的标志，其尺寸的任何变化都宜控制在最小值。

5.1.5　辅助文字的使用

辅助文字标志有助于确保人们充分理解水域安全标志的含义并可传递附加信息。有关辅助文字的指南，参见附录 B。

5.1.6 构造:耐久性和适宜性

宜根据使用环境选择合适的标志。

注:GB/T 26443 对安全标志的性能和耐久性进行了规定。

宜考虑的因素如下:

a) 基础材料的耐久性;

b) 图形内容制作材料的耐久性;

c) 色牢度;

d) 抗破坏性,如来自游泳者或清洁时的破坏;

e) 耐水性;

f) 抗腐蚀性,如来自海水的腐蚀;

g) 抗涂鸦性;

h) 阻燃性;

i) 配件的类型及适宜性;

j) 抗风压性。

安装的标志宜适合预期的环境条件。

安装者和设计者宜就以上方面从厂商处寻求足够的保障。

5.1.7 服务与维护

标志应定期清洗和目视检查,如有故障应采取修补措施。已毁坏或褪色的标志应进行更换。

不再需要某个标志的功能时,应取消该标志。

5.2 游泳池环境下的特别要求

标志系统的设计者应确认与游泳池及其设备相关的危险的位置。

宜考虑以下原则:

——标志的设置位置应确保使用者入水前在池缘及入水后在池体中都能看见该标志。

——水深标记的数量和位置应根据游泳池的大小及其外形确定。在浅水端和深水端应始终设有水深标记,其他标记应沿着游泳池的长度方向设置。

——标志可安装在地板上,标志的朝向应方便位于池缘的人面向水中时观看,标志与池体边的距离应在 0.5 m 范围内。

——在地板水平面和池体边上设置的所有标志都不应刮蹭或妨碍使用者。

——标志可安装在池壁上,并应与池缘范围内安装在地板上的标志对齐。

注:例如,可使用以下标志:

——“禁止跑动”(GB/T 25895.1,4-01),用在池缘和其他地面上有水的区域;

——“禁止跳水”(GB/T 25895.1,4-05),用在游泳池池缘的适当位置;

——水的深度:“当心深水”(GB/T 25895.1,5-05);“当心浅水(跳水)”(GB/T 25895.1,5-06);“当心水下坡度陡降”(GB/T 25895.1,5-08)。

附录 C 给出了游泳池标志系统的示例。

6 沙滩安全旗

6.1 一般要求

沙滩安全旗应符合 GB/T 25895.2 的规定。

沙滩安全旗应安放在所有观察者都能看见的位置。

注：观察距离会随气候和光照条件发生变化，因此旗帜的安放位置可根据需要进行相应调整。

为确保水域使用者和公众都能明白沙滩安全旗的含义，宜使用文字对沙滩安全旗的含义进行解释。文字解释宜设置在旗杆上、沿沙滩设置的集合标志上或沙滩的出入口处。

附录D给出了沙滩安全旗的设置示例。

宜由熟悉当地环境且有资质的合适人员使用和操作沙滩安全旗。

6.2 特定沙滩安全旗的应用

6.2.1 绿旗 BF.00

当水环境适合游泳和其他水上活动时，应使用绿旗。

注：BF.01是绿色安全旗在GB/T 25895.2中规定的编号，下同。

6.2.2 红旗 BF.01

当不安全的水环境对游泳和其他水上活动构成危险时，应使用红旗。此类不安全的水环境是指出现类似强浪和(或)强洋流等情况。该旗沿沙滩设置，用于标明游泳者不宜入水或不宜进行其他水上活动的区域。

6.2.3 黄旗 BF.02

当需要给出某种一般性的警告时，应使用黄旗。在接近该旗的位置宜设置一个标志，给出有关沙滩和游泳区域的附加信息以及其他特定的最新信息。

6.2.4 红黄条形旗 BF.03

红黄条形旗宜成对使用，用于标明沿沙滩监督和巡逻最严密的区域，该区域仅限于进行游泳和趴板冲浪活动。用于表示有救生员巡逻区域的红黄条形旗的设置位置宜由有资质的救生员指定。当没有救生员巡逻时，可使用单独一面红黄条形旗表示有救生员值勤。单独的红黄条形旗应设在有救生员值勤的救生站或瞭望台等处。

6.2.5 黑白方格旗 BF.04

当需要在沙滩上标明可使用冲浪板或其他水上小艇的水面区域或区域的边界时，应使用黑白方格旗。该旗应设置在红黄条形旗所标明的游泳区或趴板冲浪区域之外。

6.2.6 红白方格旗 BF.05

当需要表示因紧急情况人们宜离开这片水域时，应使用红白方格旗。这些紧急情况包括危险的海洋生物、有毒物质泄露引起的水质污染或发现本区域内存在某种水下危险等。

6.2.7 橙色风向袋 BF.06

当在风力较大的不安全水环境中使用充气式休闲用具有危险时，应使用橙色风向袋。该旗帜设置在沙滩上，用于标明禁止在水面上使用充气物品。

6.3 沙滩安全旗的材质

制作沙滩安全旗的织物应符合GB/T 25895.2的规定。

6.4 沙滩安全旗的安放、尺寸、升旗和降旗

6.4.1 安放位置

柔性旗帜的最低点与其周围地面的最小距离应为2.1 m，这有助于防止对旗帜的人为损坏，也可以防止因旗帜在人的头部位置来回摆动而导致的伤害。

每面旗帜都应系在直立的旗杆上，当旗帜低垂时旗帜的最低点与其周围最近地面的距离不应小于2.1 m。在使用风向袋BF.06的情形中，旗帜的最低点与其周围地面的最小距离不应小于2.3 m。旗帜宜安放在沙滩上和水中人都能容易看到的位置。旗帜应悬挂得足够高，以使任何障碍物都不会遮挡旗帜。

旗帜应安放在没有其他建筑物遮挡或可能被出现的动物或植物遮挡的位置，以便确保旗帜的显著性。

旗帜的安放位置宜谨慎选取，以确保旗帜本身尤其是旗杆不会对人身构成危害。

6.4.2 尺寸的确定

旗帜的尺寸不应小于GB/T 25895.2中规定的最小尺寸。旗帜的大小宜足以使其在风中飘扬而又不会引发危险。

6.4.3 升旗和降旗

升旗和降旗宜由熟悉当地环境的有资质的合适人员操作。

由于每天的环境状况不同，在一天之内也会有变化，因此宜对环境进行监测并相应地升旗和降旗。当使用旗帜划分沙滩某一区域或水上活动的区域时，宜对环境状况进行监测，并随环境条件的改变将旗帜移到合适的位置。

因为需要人员现场监测环境情况并可能更换旗帜，因此每天宜在预先指定并广泛公布的时段对旗帜进行操作。旗帜的使用也与季节性活动有关。

6.5 旗杆的选择和固定

宜选择适当的材料制作旗杆，旗杆应牢固固定，以便在通常气候条件下使旗杆足够稳定。

注1：可用长钉钉入沙中或者把旗杆放置在基座上使旗杆稳固。

注2：如果把旗帜固定在基座上，也可用于展示安全信息。

6.6 旗帜和旗杆的检查和维护

由于旗帜的使用寿命有限，尤其在恶劣的气候条件下，宜定期对旗帜和旗杆进行检查和维护。如旗帜有破损或褪色则应更换。

6.7 旗帜的贮存

如果需要贮存旗帜(如在季节结束时)，在贮存前应确保旗帜完全干燥。旗帜应贮存在干燥的环境中并远离热源及化学物品。贮存的旗帜在重新使用前应仔细检查。

7 集合标志

7.1 一般要求

设计者应确认所需集合标志的类型及其设置地点。

在编制和设计标志系统方案时，宜考虑7.2.1～7.2.6给出的指南和原则。集合标志的设计应符合7.3.1～7.3.4中给出的基本设计要求。

7.2 信息的呈现

7.2.1 通则

信息的呈现形式对于人们如何理解集合标志并对其作出反应是非常重要的。信息的布局和呈现方式在一组集合标志中应一致，这有助于人们阅读标志并尽快做出决定。信息归类会使其更容易理解。设计者在集合标志的设计中宜分区列举信息内容。

为使集合标志适应特定的水环境，集合标志宜以最适合的方式制作和固定。与集合标志构造有关的考虑因素见5.1.6。

7.2.2 字体

附录B给出了关于字体使用的建议。

7.2.3 文字尺寸

多种因素决定着标志上文字尺寸的选择。宜考虑的因素包括：

a） 预期的观察距离；

b） 阅读标志的速度；

c） 标志的设置位置；

d） 选择的字体；

e） 标志的颜色。

由于不同类型的标志及标志内不同分区的观察距离不同，所以选取不同的文字尺寸是非常必要的。最小字高的选择宜考虑到视力正常者和视力障碍者的需要。中文最小字高宜由所需的最大观察距离除以表A.2中给出的相关距离因数得出，字母最小字高宜由所需的最大观察距离除以表A.3中给出的相关距离因数得出。当文字多于一行时，文字的总行高（包括行间距）不应大于标志高。

中文的最小字高宜为30 mm，大写字母的最小字高宜为15 mm。

注：中文如果多于一行，文字的最大观察距离可能会小于图形标志的最大观察距离。

7.2.4 颜色

标志方案中颜色的使用可为该方案建立某种视觉外观。集合标志需要在水环境中易于发现，因此其颜色的选取是非常重要的。宜认真考虑文字颜色与标志衬底色之间的颜色对比，以确保标志的清晰性。

红色与黄色通常是与水环境及救生有关的颜色，因此宜用在集合标志上。安全符号及辅助文字的呈现方式宜确保使其具有最佳的清晰度。图1和图2所示是安全标志位于白色衬底色上的示例；宜选取一组颜色来显示标志上的其他信息，如本地区域信息或环境的信息。

7.2.5 符号的使用

水域安全标志应符合GB/T 25895.1的规定。沙滩安全旗应符合GB/T 25895.2的规定。公共信息符号应符合GB/T 10001的规定。

宜认真考虑符号在集合标志上的位置，符号的位置将对人们能否准确阅读并理解标志产生影响。建议在符号旁使用辅助文字解释符号的含义，所使用的辅助文字宜与相应安全标志或沙滩安全旗有明确的关联。

符号的最小高度宜考虑到视力正常者和视力障碍者的需要。表A.1给出了距离因数 z 的有关数值。符号的最小高度宜为65 mm。

7.2.6 术语和语言

方案设计者宜考虑到所有术语问题及适于沙滩标志系统的有关政策。集合标志上使用的术语，无论对沙滩的首次使用者还是经常接触沙滩的人都宜是易于理解的。当需要在集合标志上使用一种以上的语言时，宜首选中文和英文。

7.3 集合标志的类型

7.3.1 道路指引标志

道路指引标志的设计应符合 GB 5768.2 的规定。道路指引标志通常是导向性的标志，也有提示性或警告性的标志。

7.3.2 主入口标志

主入口标志宜设置在通往水环境的主要入口处，而且宜设在行人入口处。主入口标志的确切位置取决于所处环境的特点。图 1 为主入口标志的示例。

a)　　　　　　　　　　b)

注 1：红色区域中给出的是场所名称和应急信息；白色区域中给出的是安全危害及安全禁令；黄色区域中给出的是救生服务信息；蓝色区域中给出的是本地区域信息。

注 2：图中各部分的尺寸和比例不固定，外形也不固定。

图 1　主入口标志设计示例

标志面板可以是一块或两块，如果需要，可以在面板两面都显示信息。在集合标志中宜建立层级结构以便将信息分组。主入口标志中宜包含以下信息：

——场所名称；

——应急联系信息；

——安全危害和安全禁令；

——救生服务信息和(或)与公共安全有关的附加信息。

附加信息的内容可包括附加的禁令、本区域信息和公共设施信息。

7.3.3 次入口标志

次入口标志通常设置在行人入口处。次入口标志宜设置在除主要入口外的每个入口处，例如在小的步行便道、沙丘路或海岸步道的入口处。

如果该场所既小又偏僻，次入口标志也可设置在主入口处。次入口标志也可用来强调入口的范围，例如一个供公众散步用的沙滩，次入口标志可沿散步用的开放沙滩以规则的间隔设置。

图2为次入口标志的示例。除了如图所示的纵向版式，次入口标志也可采用横向版式。在集合标志中宜建立层级结构以便将信息分组。次入口标志中宜包含以下信息：

——场所名称；

——应急联系信息；

——安全危害和安全禁令；

——救生服务信息。

a)

b)

注1：红色区域中给出的是场所名称和应急信息；白色区域中给出的是安全危害及安全禁令；黄色区域中给出的是救生服务信息。

注2：图中各部分的尺寸和比例不固定，外形也不固定。

图2 次入口标志设计示例

7.3.4　导向标志

导向标志显示准确的信息且标志尺寸较小。根据条件或当地环境，可临时设置导向标志。导向标志通常将使用者指引到救生服务点或公共救援设备的所在位置。导向标志的安装位置通常较低，标志底部距地面的距离约为 1.5 m。导向标志宜以规则的间隔设置，以便使形成的一系列标志更好地引导人们前行。在导向标志上宜显示适当的符号、文字和以米为单位的到达设施的距离。

图 3 为导向标志的示例。除了如图所示的纵向版式，导向标志也可采用横向版式。在集合标志中宜建立层级结构以便将信息分组。导向标志中宜包含以下信息：

——符号；

——辅助文字；

——方向箭头。

注 1：红色区域中给出的是标志标题；黄色区域中给出的是方向及到达救生员巡逻区的距离。

注 2：图中各部分的尺寸和比例不固定，外形也不固定。

图 3　导向标志设计示例

8　海啸标志系统

在制定了海啸减灾计划并可供民事保护机构使用的地方，作为海啸减灾计划补充的海啸标志，可以在发生海啸（或洪水）的情况下警告处于该地段的人将会受到的特定影响。

附录 E 给出了海啸标志系统的示例。

附 录 A
（资料性附录）
距离因数 z

表 A.1 中的因数 z 与注视标志时的视野法向中心线有关。因数 z 取决于注视标志的视线与视野法向中心线间的夹角，当夹角为 α 时，表 A.1 中的因数 z 宜乘以 $\cos\alpha$。例如，当视线与视野法向中心线间的夹角分别为 30°、45°或 60°时，表 A.1 中的因数 z 宜分别乘以 0.87、0.71 或 0.5。

表 A.1 在外部照明条件下常规材料安全标志的距离因数 z

照明条件	距离因数 z	
	正常视敏度	视敏度 6/60
常规或自然照明	60	6
建筑物中的紧急照明或低亮度照明	30	3
注 1：不适用于水下使用的标志，标志位于水下时需考虑折射作用和水环境。 注 2：因数 z 与 GB/T 2893.1—2004 中规定的因数 z 不同。		

表 A.2 和表 A.3 中的因数 z 与注视文字的视野法向中心线有关。因数 z 取决于视线与文字视野法向中心线间的夹角，当夹角为 α 时，表 A.2 和表 A.3 中的因数 z 宜乘以 $\cos\alpha$。例如，当视线与文字视野法向中心线间的夹角分别为 30°、45°或 60°时，表 A.2 和表 A.3 中的因数 z 宜分别乘以 0.87、0.71 或 0.5。

表 A.2 在外部照明条件下中文的距离因数 z

照明条件	距离因数 z	
	正常视敏度	视敏度 6/60
常规或自然照明	120	12
建筑物中的紧急照明或低亮度照明	60	6
注：不适用于水下使用的标志，标志位于水下时需考虑折射作用和水环境。		

表 A.3 在外部照明条件下字母的距离因数 z

照明条件	大写字母的距离因数 z		小写字母的距离因数 z	
	正常视敏度	视敏度 6/60	正常视敏度	视敏度 6/60
常规或自然照明	250	25	350	35
建筑物中的紧急照明或低亮度照明	120	12	170	17
注：不适用于水下使用的标志，标志位于水下时需考虑折射作用和水环境。				

附 录 B
（资料性附录）
辅 助 文 字

安全标志的辅助文字不宜比图形符号显著。不宜用辅助文字的字高确定最大观察距离(参看 5.1.4)。辅助文字不宜单独使用,在需要使用一种以上的语言时宜首选中文和英文。

文字辅助标志的设计宜符合 GB/T 2893.1 的相关规定。图 B.1 所示是安全标志“禁止跳落入水”的示例。

英文第一个词的首字母宜大写,其余字母小写。如果与警告标志一起使用的文字辅助标志中使用了警示语,则警示语后的文字宜另起一行;另起一行的英文第一个词的首字母宜大写,其余字母宜小写。

注:如果信息简短,可全部使用大写字母。

中文字体宜使用黑体。

文字辅助标志中的英文字体宜使用无衬线字体或具有如下特征的细衬线字体:

——整个字母笔画宽度的变化不超过 10%;

——字母的笔画宽度至少是字母高度的 1/6;

——最小字母“x”的宽度不小于字母高度的 70%;

——非压缩体、阔体、斜体、手写体、轮廓体或带阴影字体;

——字母独立书写且不连接。

图 B.1 带有辅助文字的水域安全标志示例

集合标志中使用的英文字体宜基于以下原则选取:

——无衬线字体或细衬线字体;

——较大的 x 高度;

——笔画粗细一致;

——常规字体或半粗体;

——敞开的字谷。

注:字谷在英文字体中指字母的内部空间,也称为字怀。如果字谷开口太紧会影响字母的易读性,如可能会把“c”误读为“o”。

图 B.2 所示是适合用在沙滩标志上的英文字体示例。

ABCDEFGHIJKLMNOPQRSTUVWXYZabcdefghijklmnopqrstuvwxyz

a） Roman 字体

ABCDEFGHIJKLMNOPQRSTUVWXYZabcdefghijklmnopqrstuvwxyz

b） Bold 字体

图 B.2 英文字体示例

附 录 C
（资料性附录）
游泳池水域安全标志设置示例

图 C.1 和图 C.2 给出了水域安全标志在游泳池的设置示例。

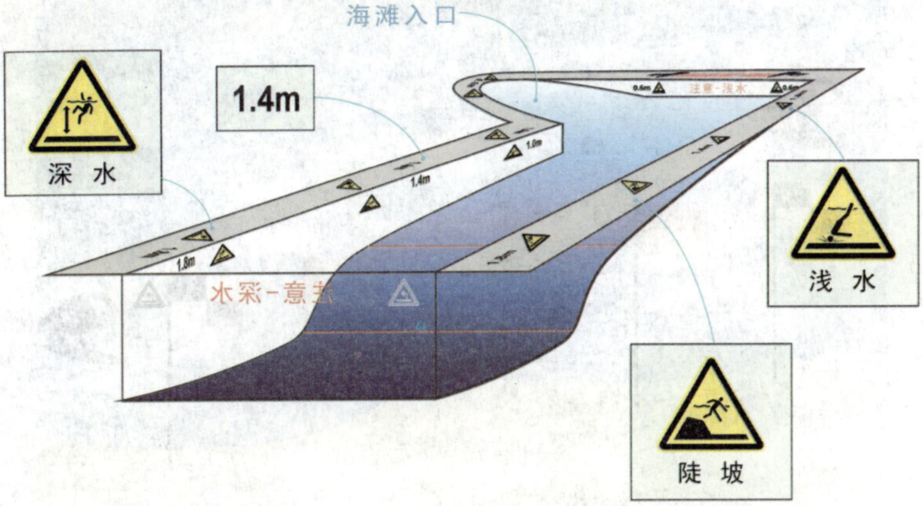

注：示例的标志大小与游泳池不成比例。

图 C.1 水域安全标志在池缘和带有海滩入口的池体的设置示例

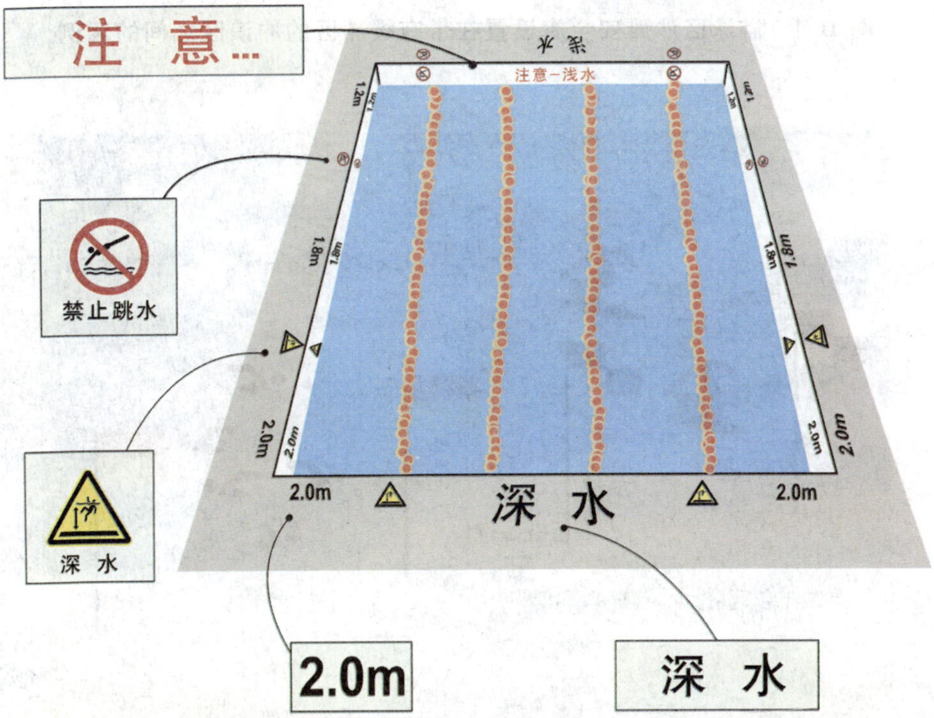

注：示例的标志大小与游泳池不成比例。

图 C.2 水域安全标志在池缘和池体的设置示例

附 录 D
（资料性附录）
沙滩安全旗设置示例

图 D.1 和图 D.2 给出了沙滩安全旗的设置示例。

图 D.1 游泳区沙滩安全旗设置在带有缓冲区的冲浪区之间的示例

图 D.2 游泳区沙滩安全旗设置在带有缓冲区的冲浪区旁边的示例

b) 灾害区域图

图 E.4（续）

图 E.5 所示是更详细的灾害区域图，该图给出了海啸标志（未显示辅助文字）的设置位置示例，用以指引人们朝着安全区域、避灾区域或海啸避灾建筑撤离。

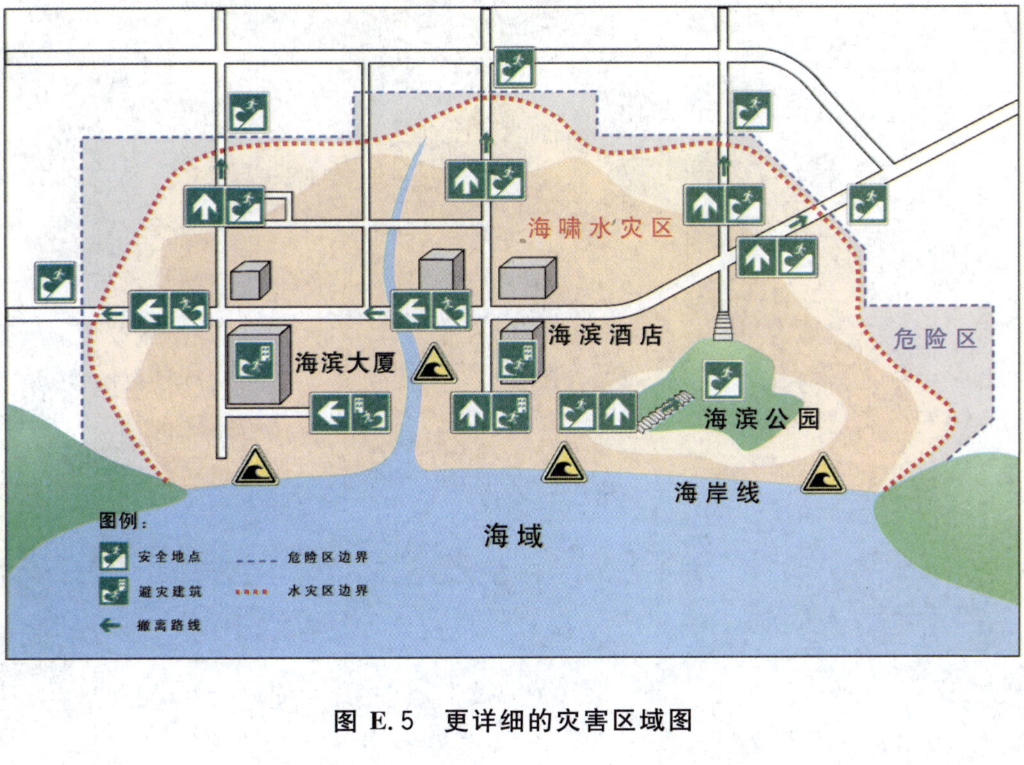

图 E.5 更详细的灾害区域图

参 考 文 献

［1］ GB/T 2893.1 图形符号 安全色和安全标志 第1部分:工作场所和公共区域中安全标志的设计原则

［2］ GB/T 26443 安全色和安全标志 安全标志的分类、性能和耐久性(GB/T 26443—2010，ISO 17398:2004,MOD)

［3］ ISO 7010 图形符号 安全色和安全标志 用于工作场所和公共区域的安全标志